Welt der Zahl 5

Berlin Brandenburg

Herausgegeben von

Max Schröder

Bernd Wurl

Alexander Wynands

Schroedel

Welt der Zahl 5

Berlin Brandenburg

Herausgegeben und bearbeitet von

Kerstin Cohrs-Streloke, Klaus Frankenberg, Magitta Hirschfelder, Dr. Martina Lenze, Anette Lessmann, Hartmut Lunze, Ludwig Mayer, Rosemarie Reiß, Jürgen Ruschitz, Dr. Max Schröder, Prof. Bernd Wurl, Prof. Dr. Alexander Wynands

in Zusammenarbeit mit der Verlagsredaktion

Die Bände Welt der Zahl 1 – 4 werden herausgegeben von Prof. Dr. Hans-Dieter Rinkens und Kurt Hönisch

Zum Schülerband erscheint: Materialien: Best.-Nr. 84191
Lösungen: Best.-Nr. 84189
Arbeitsheft: Best.-Nr. 84187

Passend zum Lehrwerk: Welt der Zahl-Unterrichtssoftware Bruchrechnung

Bildquellenverzeichnis
Umschlagfoto: zefa images (H. Reinhard), Hamburg
Dieter Rixe, Braunschweig: S. 8, 9, 17 (2, Gummibärchen, Mikroskop), 18 (Briefmarken), 20 (2 , Rad, Streichhölzer); 22 (Streichhölzer), 30, 34, 35 (4), 37, 42, 50, 61, 75, 87 (7), 88 (3), 93 (2), 95, 98 (3), 102 (3), 108 (3), 115 (2, Mädchen, Geld), 117 (2), 118 (4, Mensch, Postkarte, Finger, Blätter), 124 (8), 125 (4), 126 (3), 128 (4), 135, 136 (4, Trikots), 139 141, 145, 154, 159, 162, 163 (2), 165 (5), 167, 172, 173 (Schwimmer), 174, 183, 184;
Getty Images, München: S. 14 (Borussia Dortmund); Astrofoto/van Ravenswaay, Sörth: S. 18, 130; © Disney: S. 19; Alexander Wynands, Bonn: S. 17 (2, Baumstämme), 115 (Baum); Zefa – H. Mante, Düsseldorf: S. 17 (Menschenmenge); Mauritius – H. Schmied, Mittenwald: S. 20 (Stau); © Goscinny/Uderzo, Großer Asterix-Band VI: Tour de France. © DELTA Verlag GmbH, Stuttgart 1991. Übers. aus dem Französischen: Gudrun Penndorf M. A. © DARGAUD EDITEUR S.A., Paris 1965: S. 22 (Asterix); mauritius images (D. Scott), Mittenwald: S. 43 (Pyramide); Michael Fabian, Hannover: S. 43 (6), S. 52 (Kantenmodelle), S. 118, 122 (Schraube), 173 (Tafel); Ulrike Wiedmann, Aichhalden: S. 65, 136 (Mannschaft); Tourist Information und Stadtmarketing, Detmold: S. 70; Sylvio Dittrich, Dresden: S. 87 (Dresdenmotiv); Zefa – Barone, Düsseldorf: S. 91 (Turm von Pisa); © 1980 United Feature Syndicate Inc.: S. 91 (Peanuts); Minden Pictures, California, USA: S. 91 (Spiegelung); Riecke PHOTOGRAPHIE, Berlin: S. 101, Sven Simon, Essen: S. 115 (Gewichtheber), 123 (Berlin-Marathon), 133 (Triathlon); Freigegeben durch die Regierung von Oberbayern Nr. G7/89915 und Photogrammetrie GmbH München, als Hersteller: S. 118 (Stadion); Peter Ploszynski: S. 122 (Normelle); DB, Berlin: S. 123; Imagine – Hoa Qui, Hamburg: S. 127; Deutsches Museum, München: S. 129; Imagine – Waldkirch, Hamburg: S. 133 (Stadion); Bilderdienst Süddeutscher Verlag, München: S. 133 (Max Schmeling); Guinness Buch der Rekorde 1993: S. 134 (2, Bratwurst, Burg aus Bierdeckeln); Guinnes Book of Records 1991: S. 134 (Auto); PIPPI LANGSTRUMPF von Astrid Lindgren, Illustrationen von Rolf Rettich, © Verlag Friedrich Oetinger, Hamburg 1987: S. 152; Adidas Deutschland, Herzogenaurach: S. 188

Trotz entsprechender Bemühungen ist es nicht in allen Fällen gelungen, den Rechtsinhaber ausfindig zu machen. Gegen Nachweis der Rechte zahlt der Verlag für die Abdruckerlaubnis die gesetzlich geschuldete Vergütung.

Druck A ^{4} / Jahr 2009
Alle Drucke der Serie A sind im Unterricht parallel verwendbar.

Illustration: Hans-Jürgen Feldhaus
Zeichnungen: Michael Wojczak
Satz-Repro: More*Media* GmbH, Dortmund
Druck und Bindung: westermann druck GmbH, Braunschweig

ISBN 978-3-507-**84185**-7

Merksätze
Merksätze stehen auf einem grauen Hintergrund und sind durch rote Balken gekennzeichnet.

Beispiele
Musterbeispiele als Lösungshilfen stehen auf einem grauen Hintergrund und sind durch einen gelben Balken gekennzeichnet.

Tipp
Nützliche Tipps und Hilfen sind besonders gekennzeichnet.

TIPP

Testen, Üben, Vergleichen (TÜV)
Jedes Kapitel endet mit einer TÜV-Seite, bestehend aus den wichtigsten Ergebnissen und typischen Aufgaben dazu. Die Lösungen dieser Aufgaben sind zur Selbstkontrolle für die Schülerinnen und Schüler am Ende des Buches angegeben.

TESTEN · ÜBEN · VERGLEICHEN

Diagnosetest
Zur Vorbereitung auf die zentralen Diagnosearbeiten am Ende von Klasse 6 und 9 gibt es nach der TÜV-Seite eine Seite mit Grund- und Erweiterungsaufgaben zu Inhalten des jeweiligen Kapitels. Am Ende des Schülerbandes findet sich eine umfangreichere Diagnosearbeit zu den Inhalten des gesamten Schuljahres. Die Lösungen dieser Aufgaben sind zur Selbstkontrolle am Endes des Buches angegeben.

DIAGNOSETEST

Lesen, Verstehen, Lösen
Hier geht es vor allem darum, notwendige Informationen aus verschiedenen Quellen (Text, Bild, Tabelle, ...) zu entnehmen, einen Lösungsweg oder auch zunächst eine eigene Fragestellung selbst zu entwickeln, beides auch im Dialog mit Mitschülerinnen und Mitschülern.

LVL

Bleib fit
Zum Wiederholen gibt es regelmäßig Aufgabenseiten zu Inhalten aus früheren Kapiteln.

Bleib FIT!

Differenzierung
Bei besonders schwierigen Aufgaben ist die Aufgabennummer mit einem gelben Quadrat unterlegt.

4.

INHALTSVERZEICHNIS

INHALTSVERZEICHNIS

1 Zahlen und Daten

Die neue Klasse 5a

LVL

Fragebogen: Wie heißt du? Wie alt bist du? Welcher Nationalität gehörst du an?
Wie kommst du zur Schule? Welches ist dein Lieblingsfach?

Strichliste, Tabelle und Diagramm

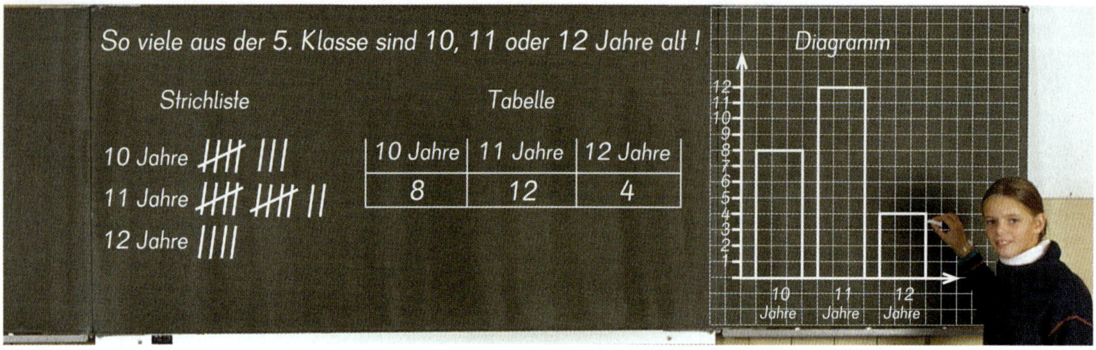

Aufgaben

1. Die Klasse 5a hat die Steckbriefe ihrer Schülerinnen und Schüler (Seite 7) ausgewertet.

a) Die meisten Kinder sind 11 Jahre alt. Wie viele sind das?

b) Wie viele sind 10 Jahre alt? Wie viele Kinder sind insgesamt in der Klasse 5a?

c) Übertrage die Tabelle und das Diagramm von der Tafel in dein Heft.

2. Die Steckbriefe auf Seite 7 zeigen, wie die Kinder der 5a zur Schule kommen.

a) Übertrage die Tabelle in dein Heft. Ergänze die fehlenden Werte.

b) Zeichne ein Diagramm.

mit Bus	mit Fahrrad	zu Fuß
𝍸 𝍸 |		
11		

3. Das Diagramm zeigt, welche Nationalitäten die Schülerinnen und Schüler der Klasse 5a haben. Trage die Werte in eine Tabelle ein.

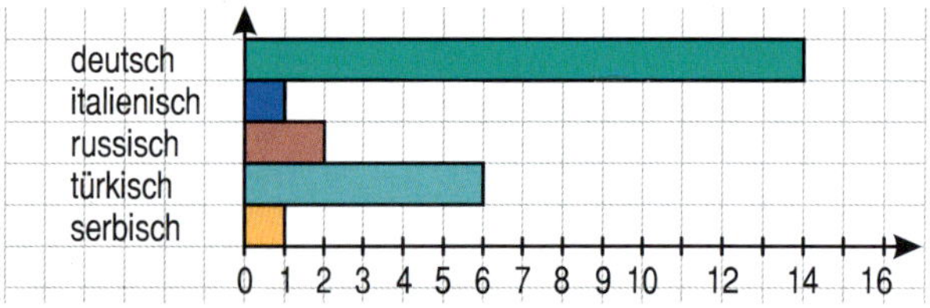

4. Zum Lieblingsfach in der Klasse 5a:
Erstelle (mit den Steckbriefen auf Seite 7) eine Tabelle und ein Diagramm

a) nur für die Mädchen; b) nur für die Jungen; c) für alle Kinder.

5. In der Parallelklasse 5b wurde nach dem Lieblingssport gefragt.

a) Wie viele Kinder haben geantwortet?

b) Ordne nach der Beliebtheit, dann zeichne ein Diagramm.

Fußball	𝍸 ||||	9
Badminton	𝍸	5
Schwimmen	𝍸 ||	7
Tischtennis	𝍸	5
Basketball	||	2

LVL **6.** In allen 5. Klassen wurde nach dem Lieblingssport gefragt. Für jedes Kind wurde 1 mm gezeichnet. Was kannst du aus diesem Diagramm ablesen? Stelle drei Fragen und beantworte sie.

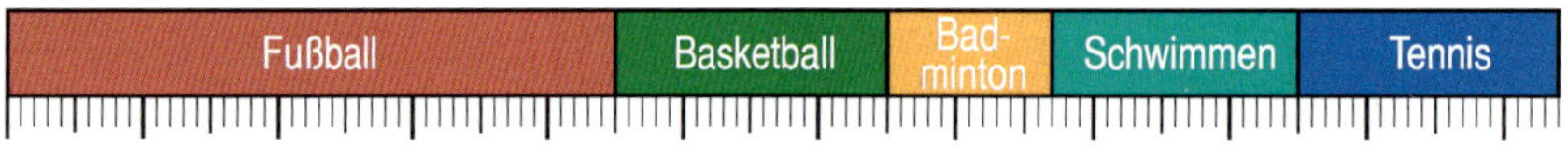

Natürliche Zahlen

Adam Ries(e) schrieb 1550 sein drittes Rechenbuch. Er war damals 58 Jahre alt. Ries machte die arabischen Ziffern und das Rechnen damit bekannt. Unsere zehn Ziffern stammen aus Indien. Die Araber brachten sie im 12. Jahrhundert nach Europa.

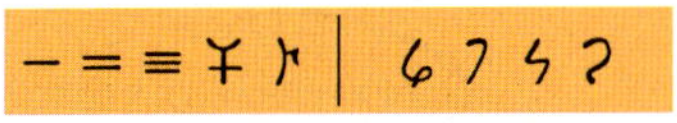
Indisch (Brahmi) 3. Jh. v. Chr.

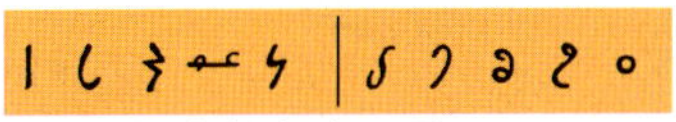
Westarabisch (Gobär) 11. Jh.

Europäisch (Dürer) 16. Jh.

0, 1, 2, 3, ... heißen **natürliche Zahlen.** Jede natürliche Zahl lässt sich mit den Ziffern 0, 1, 2, 3, 4, 5, 6, 7, 8 und 9 schreiben; z. B. 43 ist eine 2-stellige natürliche Zahl mit den Ziffern 4 und 3. Die natürlichen Zahlen lassen sich am Zahlenstrahl darstellen.

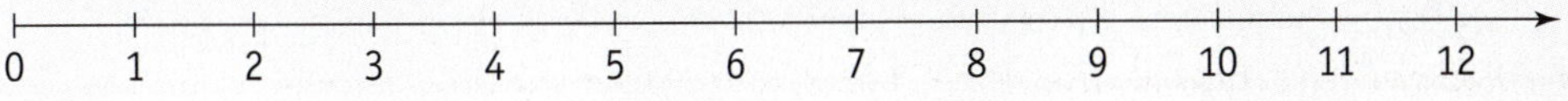

Aufgaben

1. a) Schreibe jeweils die nächste Kilometerzahl auf.
109 km 316 km 499 km 6 090 km 9 999 km

b) Wie heißt die jeweils vorhergehende Kilometerzahl?
208 km 460 km 500 km 3 070 km 9 900 km

2. Schreibe die vorangehende und die nachfolgende Zahl auf.
a) 70 b) 89 c) 100 d) 289 e) 1 099 f) 30 g) 450 h) 7 010 i) 1 000

3. Wie heißt die um 10, wie die um 100 größere Zahl?
a) 560 b) 400 c) 390 d) 980 e) 1 270 f) 3 990

2 570 + 10 = 2 580
2 570 + 100 = 2 670

4. Wie groß ist die um 10 (um 100) kleinere Zahl?
a) 600 b) 790 c) 990 d) 1 000 e) 2 710 f) 8 100

3 600 – 10 = 3 590
3 600 – 100 = 3 500

5. Zeichne den Zahlenstrahl in dein Heft. Trage die fehlenden Zahlen ein.

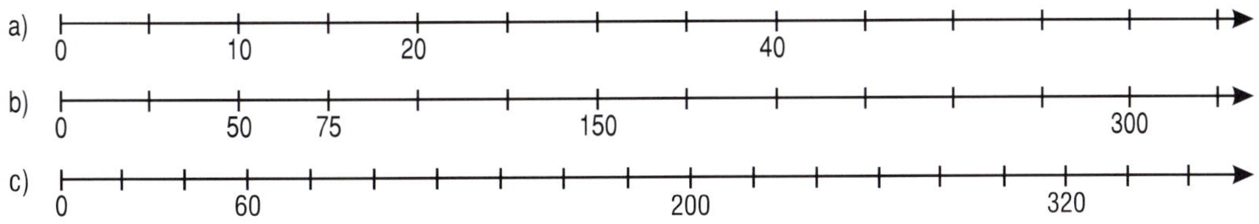

6. Schreibe auf: a) die größte 3-stellige Zahl; b) die kleinste 6-stellige Zahl.

LVL **7.** Schreibe die nächsten drei Zahlen auf. Gib die Regel an.
a) 15, 30, 45, 60, 75, 90, 105, ...
b) 153, 141, 129, 117, 105, 93, 81, ...
c) 20, 19, 16, 15, 12, 11, 8, ...
d) 3, 5, 6, 5, 12, 5, 24, ...
e) 17, 12, 34, 18, 68, 24, 136, ...
f) 6, 14, 18, 12, 54, 10, 162, ...

Zahlen vergleichen und ordnen

Am Zahlenstrahl liegt von zwei Zahlen die kleinere Zahl links von der größeren.

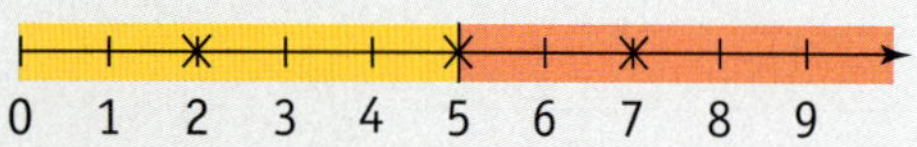

Beispiele: $2 < 5$ „2 ist kleiner als 5"
$7 > 5$ „7 ist größer als 5"

Aufgaben

1. Zeichne einen Zahlenstrahl bis 15 und kennzeichne farbig alle Zahlen
a) größer als 12; b) kleiner als 5; c) größer als 5 und kleiner als 12.

2. a) Ordne die Lottozahlen: 43, 7, 17, 19, 5, 47 (1. Ziehung)
18, 46, 21, 4, 19, 31 (2. Ziehung)
b) Sortiere die Hausnummern: 120, 304, 32, 164, 409, 22, 12, 54, 210, 355

3. Ordne die Lebensalter (in Jahren): 12, 18, 42, 28, 35, 44, 37, 82, 48, 13

4. Sortiere die Zahlen. Beginne mit der kleinsten.

a) 

b) 

c) 

d) 

5. Kleiner, größer oder gleich? Setze ein: <, > oder =.

a) 99 ■ 100
289 ■ 298
550 ■ 505

b) 2 + 7 ■ 12
459 – 60 ■ 389
990 – 91 ■ 899

c) 1 043 ■ 1 034
1 010 ■ 1 001
1 011 ■ 1 101

d) 24 · 2 ■ 48
144 : 12 ■ 10
256 : 4 ■ 65

6. Bestimme die beiden benachbarten Zehnerzahlen.
Unterstreiche die nächstgelegene.
a) 273 b) 456 c) 708 d) 981 e) 97 f) 111

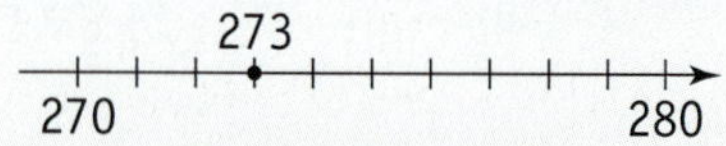

<u>270</u> < 273 < 280

LVL **7.** Schreibe alle vierstelligen Zahlen auf, die du mit den vier Ziffernkärtchen legen kannst. Es sind 18 Zahlen möglich. Ordne die Zahlen der Größe nach.

Zehnersystem

Zahlen schreiben wir im Zehnersystem (Dezimalsystem).
Jede Ziffer hat einen Stellenwert: 1, 10, 100, 1 000, 10 000 ...

lies: 10 hoch 4
10^4 ist eine **Zehnerpotenz**, $10^4 = 10 \cdot 10 \cdot 10 \cdot 10$

$(= 10^4)$ 10 000 ←·10— $(= 10^3)$ 1 000 ←·10— $(= 10^2)$ 100 ←·10— $(= 10^1)$ 10 ←·10— 1

ZT (10^4)	T (10^3)	H (10^2)	Z (10^1)	E (1)
7	1	4	2	3

$7 \cdot 10^4 = 7 \cdot 10\,000 = 70\,000$
$1 \cdot 10^3 = 1 \cdot 1\,000 = 1\,000$
$4 \cdot 10^2 = 4 \cdot 100 = 400$
$2 \cdot 10^1 = 2 \cdot 10 = 20$
$3 \cdot 1 = 3 \cdot 1 = 3$
Summe $= 71\,423$

H	Z	E	Zerlegt in Stellenwerte		Kurzschreibweise
5	8	2	$5\,H + 8\,Z + 2\,E = 5 \cdot 100 + 8 \cdot 10 + 2 \cdot 1$	=	582
5	0	2	$5 \cdot 10^2 + 0 \cdot 10^1 + 2 \cdot 1 = 500 + 0 + 2$	=	502

Aufgaben

1. Schreibe die Zahlen aus der Stellenwerttafel zerlegt in Stellenwerte und in Kurzschreibweise.

ZT	T	H	Z	E
	4	7	0	3
	5	4	9	1
3	2	0	7	2
5	4	2	1	1
	3	9	0	4
7	0	3	4	3

2. Schreibe die Zahlen zerlegt in Stellenwerte.

a) 8 029; 9 572   b) 10 371; 23 059   c) 90 305; 73 001   d) 53 872; 40 002

3. Lege eine Stellenwerttafel an, trage ein und schreibe als natürliche Zahl in Kurzschreibweise.

a) 3 T + 3 H + 7 E   b) 2 ZT + 4 T + 8 E   c) 5 ZT + 6 T + 8 H + 9 E   d) 9 ZT + 6 T + 8 H + 9 E
e) 4 T + 7 Z + 9 E   f) 7 T + 5 H   g) 8 ZT + 3 H + 7 E   h) 8 T + 7 E

4. Lies die Zahlen und zerlege sie in Zehnerpotenzen.

a) 86; 75; 99   b) 101; 902; 484   c) 7 031; 2 643; 1 875   d) 4 908; 8 020; 26 980   e) 12 754; 31 000; 99 900

$2\,505 = 2 \cdot 10^3 + 5 \cdot 10^2 + 0 \cdot 10^1 + 5 \cdot 1$

5. Schreibe die Zahlen mit Ziffern.

a) fünftausendzweiunddreißig   b) fünfzehntausendfünfzig   c) dreißigtausendsiebenhundert
d) zweihundertneunundsechzig   e) elftausendeinhunderteins   f) neuntausendneunzehn

6. Kai wünscht sich ein Fahrrad, das 298 € kostet. Wie viele Geldscheine reichen, wenn er nur mit
a) 100-€-Scheinen;   b) 10-€-Scheinen;   c) 50-€-Scheinen;   d) 20-€-Scheinen zahlt?

LVL **7.** Den Geldbetrag sollst du mit möglichst wenigen Banknoten und Münzen bezahlen.
a) 18,50 €   b) 32,15 €   c) 49,90 €   d) 270,70 €   e) 1 150,72 €

Vermischte Aufgaben

1. Ordne die Kärtchen des Kartenjongleurs rechts, dann siehst du, welche Zahl es ist.

2. Ordne ebenso und schreibe die Zahl im Zehnersystem.

a)

b)

c)

3. Schreibe die Zahlen mit Ziffern.

a) vierhundertfünfzig
eintausensiebenhundert

b) fünfundzwanzigtausendsiebzig
dreißigtausendeinhundert

c) achttausendsiebenhundertdreißig
sechzigtausendundfünf

d) fünfhundertvierzigtausend
elftausendeinhundertelf

4.

5. Ordne die Zahlen. Beginne mit der kleinsten Zahl.

a) 3 443 4 433 3 344 3 434 4 343 3 333 4 444

b) 19 562 56 219 21 956 15 629 12 956 52 196 59 126

3 333 < 3 344 < …

6. Bei der Schafzählung erhalten die Schafe Nummern auf dem Rücken.

a) Welche Nummer hat das vorherige Schaf?

b) Welche Zahl erhält das nachfolgende Schaf?

c) Der Schäfer zählt 12 Schafe weiter. Wie lautet die Nummer?

d) Sein Lieblingsschaf hat eine um 100 kleinere Nummer.

7. Welche Zahl ist um 10 größer, welche um 10 kleiner?

a) 99
199

b) 1 909
1 999

c) 23 897
76 998

d) 12 073
15 805

e) 3 100
5 900

299 + 10 = 309
299 − 10 = 289

8. Welche Zahl ist um 100 größer, welche um 100 kleiner?

a) 799
899

b) 1 099
2 999

c) 12 990
34 558

d) 15 683
10 108

e) 8 990
9 090

1 990 + 100 = 2 090
1 990 − 100 = 1 890

9. Vertausche die Ziffern für Hunderter und Zehner und vergleiche.

a) 1 254 b) 3 074 c) 3 005 d) 12 345 e) 603 408 f) 1 345 063

1457 < 1547

10. Wie hoch ist das Jahresgehalt (in Euro) mindestens, wie hoch höchstens?

a) Facharbeiter: 5-stelliges Gehalt b) Fußballstar: 6-stelliges Gehalt c) Rockstar: 7-stelliges Gehalt

11. Welche Zahlen gehören zu den Buchstaben auf dem Zahlenstrahl?

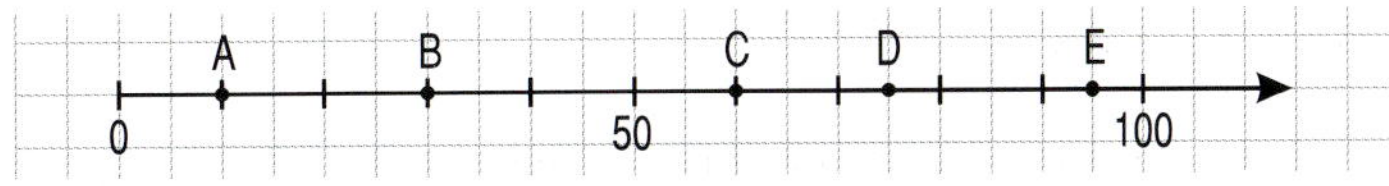

12. Zeichne einen Zahlenstrahl wie in Aufgabe 1. Trage ein: 15, 30, 45, …, 90.

13. Zeichne einen Zahlenstrahl von 10 cm Länge, wähle eine Einheit und trage die Zahlen ein.

a) 150, 300, 450, 600, 750, 900　　b) 500, 2 000, 4 500, 7 000, 9 500

14. Zeichne einen Zahlenstrahl. Trage die Zahlen so genau wie möglich ein.

a) 68, 104, 151, 199　　b) 125, 330, 417, 905　　c) 1 208, 3 570, 6 099, 9 059

15. Zähle in gleichen Schritten weiter. Ergänze die fehlenden Zahlen.

a) 50, 100, 150, …, 500　　b) 80, 120, …, 480　　c) 90, 180, …, 900

d) 1 000, 950, …, 500　　e) 800, 650, …, 50　　f) 1 000, 910, …, 10

16. Zahlenmix: Ordne, beginne mit der kleinsten Zahl.

123 < 132 < 213 < …

a)

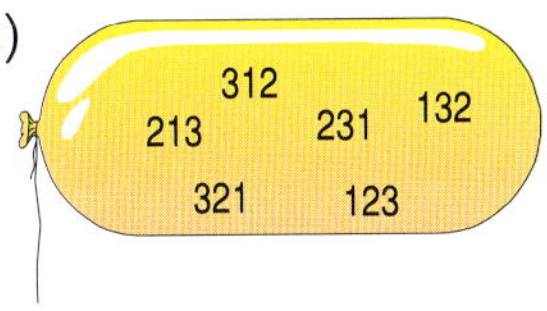

b)

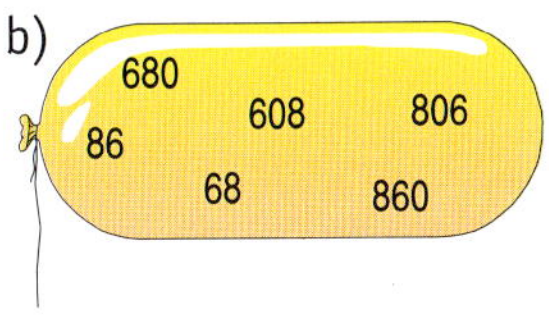

c)

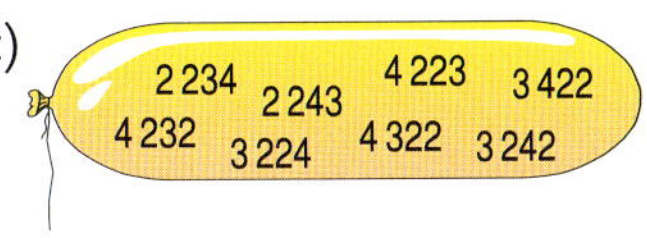

17. Gib die Nachbarzehner an. Unterstreiche den nächstgelegenen.

480 < 486 < <u>490</u>

a) 186　b) 238　c) 681　d) 199　e) 103　f) 792　g) 998

18. Gib die Nachbarhunderter an. Unterstreiche den nächstgelegenen Hunderter.

a) 2 345　b) 6 309　c) 1 099　d) 7 061　e) 9 901　f) 13 706　g) 19 095　h) 11 099

19. Maike und Dora würfeln mit vier Würfeln. Wer aus seinen Würfeln die größte Zahl legen kann, hat gewonnen.

20. Hier werden Zahlen gesucht.

a) die größte zwei-, vier- und sechsstellige Zahl

b) die kleinste vierstellige Zahl ohne 0

c) die kleinste vierstellige Zahl ohne 1

d) die größte sechsstellige Zahl ohne 9

e) die kleinste sechsstellige Zahl ohne 0

f) die größte fünfstellige Zahl ohne 8 und 9

LVL **21.** Schreibe die nächsten drei Zahlen auf. Gib auch die Regel an.

a) 15, 10, 20, 15, 25, 20, 30, 25, …

b) 1, 5, 2, 10, 4, 15, 8, 20, …

c) 8, 7, 9, 6, 10, 5, 11, 4, …

d) 3, 9, 6, 18, 15, 45, 42, 126, …

LVL **22.** Frau Feldhan möchte einen Zaun entlang der Straße errichten. Er soll 18 m lang werden. Sie möchte die Pfähle im Abstand von 3 m setzen und überlegt, wie viele Zaunpfähle sie braucht. Überlege, zeichne und begründe.

Zahlen runden

Man rundet ab (lässt die Ziffer unverändert), wenn die nächste Ziffer 0, 1, 2, 3 oder 4 ist.
Man rundet auf (nimmt die nächstgrößere Ziffer), wenn die nächste Ziffer 5, 6, 7, 8 oder 9 ist.

Beispiele:

gerundet auf Zehner	gerundet auf Hunderter	gerundet auf Tausender
$41\,7\boxed{4}5 \approx 41\,750$	$41\,\boxed{7}45 \approx 41\,700$	$4\boxed{1}\,745 \approx 42\,000$
↑ entscheidet	↑ entscheidet	↑ entscheidet

Aufpassen: gerundet auf Zehner $1\,3\boxed{9}8 \approx 1\,400$

Aufgaben

1. a) Runde auf Zehner: 35 802 153 685 957 10 996
b) Runde auf Hunderter: 235 3 027 1 532 5 650 9 555 7 961
c) Runde auf Tausender: 1 267 8 900 17 627 29 475 49 500 99 787

2. Runde auf Zehner (Hunderter, Tausender).
a) 1 654 b) 575 c) 7 992 d) 5 095 e) 7 949 f) 1 994 g) 1 998

LVL **3.** Welche Angaben werden häufig gerundet, welche werden nicht gerundet? Überlege mit anderen.
Einwohnerzahlen, Telefonnummern, Hauspreise, Lebensalter, Meerestiefen, Autokennzeichen, Schuhgrößen, Länge des Schulwegs

4. Schreibe alle natürlichen Zahlen auf, die beim Runden auf Zehner auf 420 gerundet werden.

5. Beim Runden auf Hunderter ergab sich die Zahl 4 600. Welche der folgenden genauen Angaben könnten es gewesen sein? 4 549, 46 003, 4 617, 4 598, 462, 45 870, 4 648, 7 599, 4 062

LVL **6.** Wie viele Zuschauer waren mindestens, wie viele höchstens in den Stadien?
Überlege, begründe und vergleiche mit den Antworten anderer.

Bor. Dortmund – Schalke 04 2:0
Zuschauer: 48 800

Werd. Bremen – Bayern München 3:2
Zuschauer: 29 700

VFB Stuttgart – Hertha BSC 2:1
Zuschauer: 31 400

LVL **7.** Das Schaubild zeigt dir die Zuschauerzahlen von Fernsehsendungen. Ein 🚶 steht für 100 000 Personen. Wie viele Zuschauer waren es mindestens, wie viele höchstens?

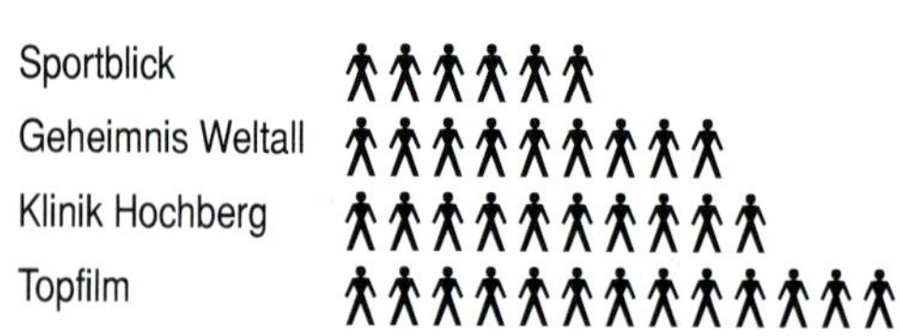

Runden und Darstellen am Zahlenstrahl

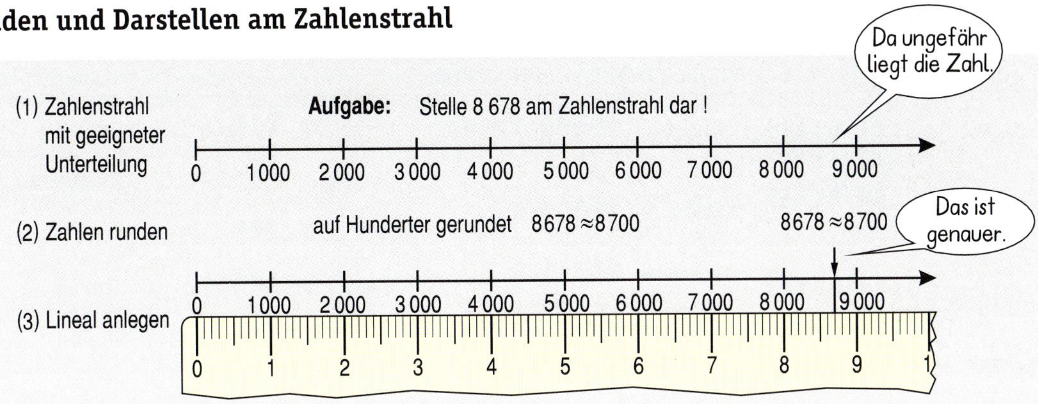

Aufgaben

1. Auf welchen Zahlen sitzen die Tiere?

2. Notiere im Heft zu jedem Buchstaben die zugehörige Zahl.

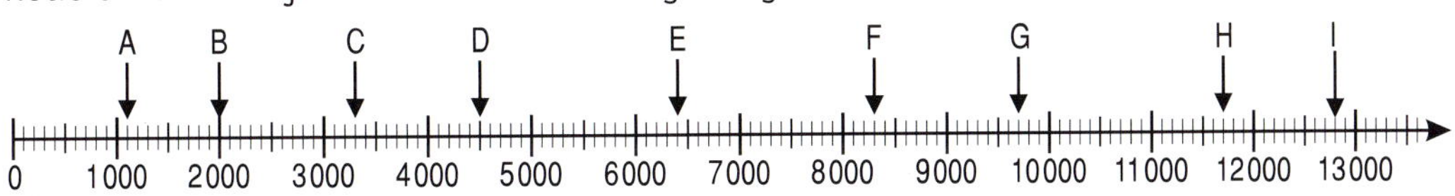

3. Der Unterschied zwischen zwei langen Teilstrichen des Zahlenstrahls ist 100 000.
a) Wie groß ist der Unterschied zwischen den kleinen Teilstrichen?
b) Wie groß ist der Unterschied zwischen A und B (C und D bzw. E und F)?

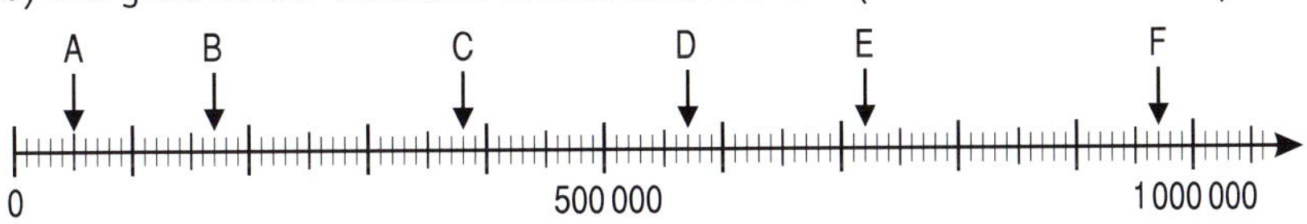

LVL **4.** Hier ist ein Ausschnitt aus einem Zahlenstrahl.
a) *Ohne Lupe:* Zwischen welchen Zahlen auf dem Zahlenstrahl liegt der Wert A? Welchen gerundeten Wert hat A?
b) *Mit Lupe:* Zwischen welchen Zahlen liegt der Wert von A? Gib jetzt den gerundeten Wert an.

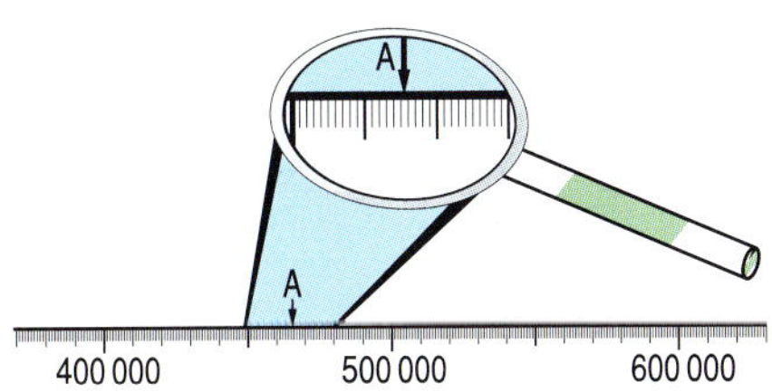

5. Zeichne einen Zahlenstrahl bis 100 000 (1 cm für 10 000) und trage auf Tausender gerundet ein:
D = 94 510 E = 99 630 N = 80 980 R = 67 800 U = 75 671

6. Zeichne einen Zahlenstrahl bis 100 000 (1 cm für 10 000).

a) Trage ein:	A = 15 000	B = 34 000	C = 47 000	D = 3 000
b) Runde auf Tausender und trage ein:	N = 51 260	G = 62 080	H = 90 076	F = 82 549
	U = 50 907	Ä = 88 880	E = 79 350	R = 94 082

Diagramme lesen und zeichnen

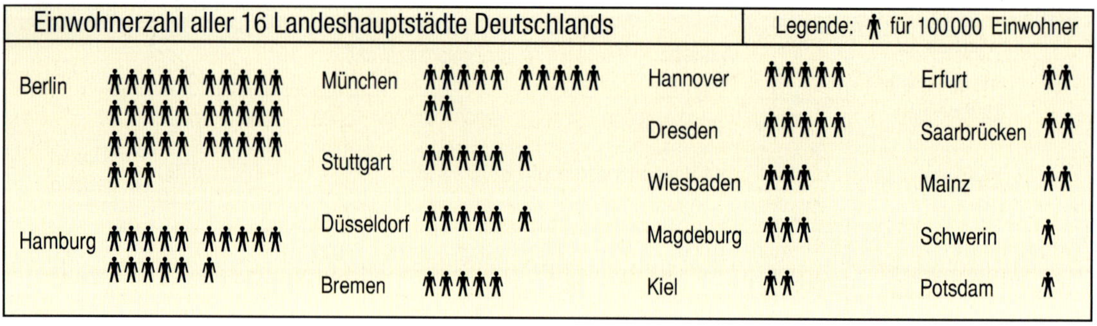

Aufgaben

Berlin: rund 3 300 000
3 250 000 bis 3 349 999

1. Wie viele Menschen leben ungefähr in den einzelnen Hauptstädten der Bundesländer, wie viele mindestens, wie viele höchstens?

2. Runde die Einwohnerzahlen auf Zehntausender. Zeichne ein Diagramm (🯅 für 10 000).

Cottbus	103 000	Brandenburg	76 300	Potsdam	130 400	Senftenberg	31 400
Frankfurt/Oder	70 300	Luckenwalde	22 400	Wittenberg	49 000	Rathenow	28 800

3.

In 100 Tüten Gummibärchen wurden die gelben, roten, weißen, grünen, rosa und orangen Bärchen gezählt.

a) Runde die Zahlen auf Hunderter.

b) Zeichne ein Schaubild (Bärchen für 100).

4. Das Streifenbild zeigt die Länge einiger Flüsse.

a) Dies sind die gerundeten Längen. Ordne zu.
1 200 km   2 700 km   3 700 km   6 200 km

LVL b) Welche Flusslängen stehen im Lexikon? Wurde hier richtig gerundet?

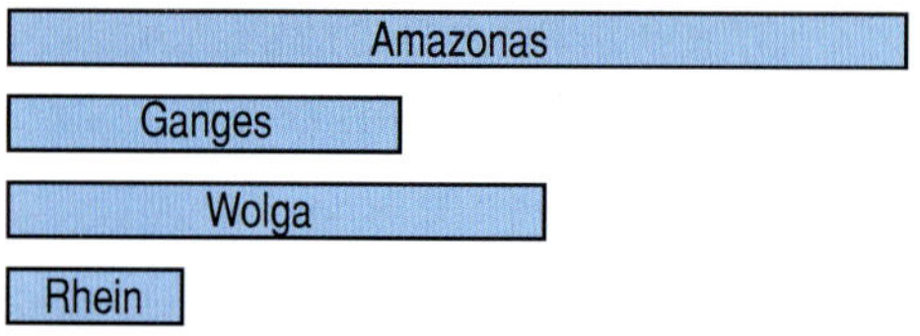

5. Zeichne für die Flusslängen ein Streifenbild (1 cm für 100 km). Runde auf 10 km.

a) Havel 325 km   b) Elbe 1 165 km   c) Weser 432 km   d) Spree 382 km

6. Hier kannst du an der Säulenhöhe ablesen, wie alt einige Tiere werden können (1 mm für 2 Jahre).

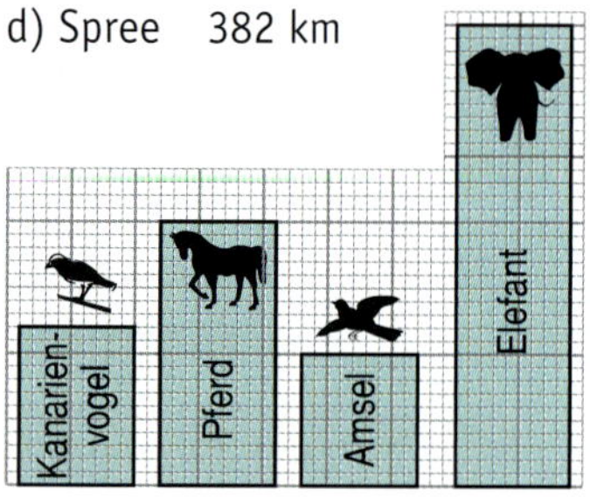

7. So alt können diese Tiere werden. Zeichne Säulen (1 mm für 1 Jahr).

Hund	ca. 20 Jahre	Goldhamster	ca. 3 Jahre
Schaf	ca. 15 Jahre	Schimpanse	ca. 30 Jahre

8. Zeichne Säulen für die Höhe der Bauwerke. Runde zuerst auf Zehner, dann wähle eine Kästchenhöhe für 10 m.

a)
Freiburger Münster	116 m
Straßburger Münster	142 m
Kölner Dom	157 m

b)
Fernsehturm in Berlin	365 m
Eiffelturm in Paris	300 m
Sears Tower Chicago	442 m

Schätzen durch Rastern

Schätzen: 1. In gleiche Felder unterteilen
2. Ein Feld auszählen
3. Multiplizieren mit der Feldanzahl
4. Ergebnis runden

Beispiel: 12 Felder
44 Baumstämme links oben
$44 \cdot 12 = 528$
rund 530 Baumstämme

Aufgaben

1. Zu welcher Schätzung kommt man, wenn man oben im Beispiel ein anderes der 12 Felder abzählt?
a) links unten b) Mitte links c) Mitte rechts d) rechts unten e) rechts oben

2.

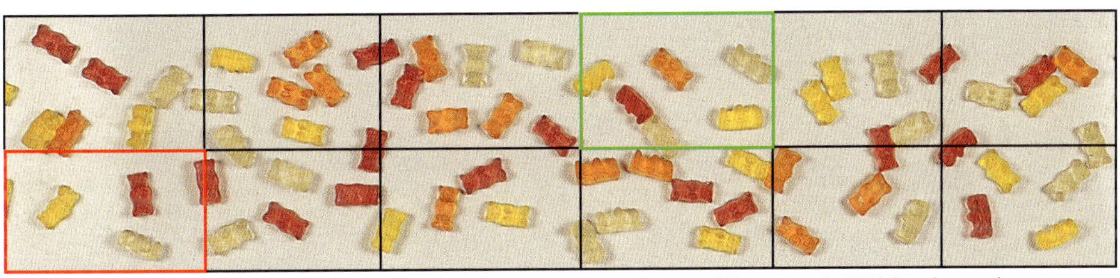

a) Maike zählt im roten Feld. Welches ist ihr Schätzwert?
b) Nina zählt im grünen Feld. Welches ist ihr Schätzwert?
c) Wähle ein anderes Feld und schätze selbst.

3. Schätze die Blutkörperchen zuerst mit dem Feld links oben, dann mit dem rechts unten.

a) 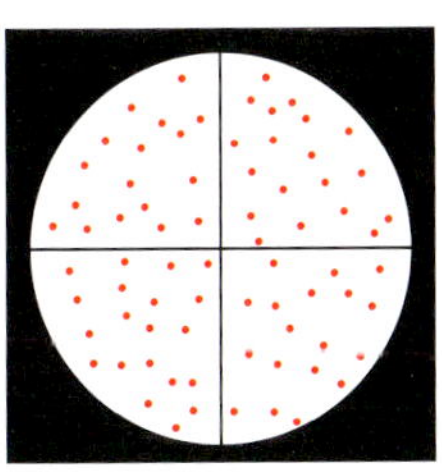
b) 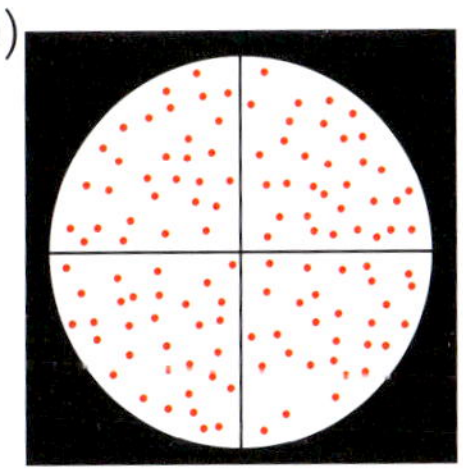
c) 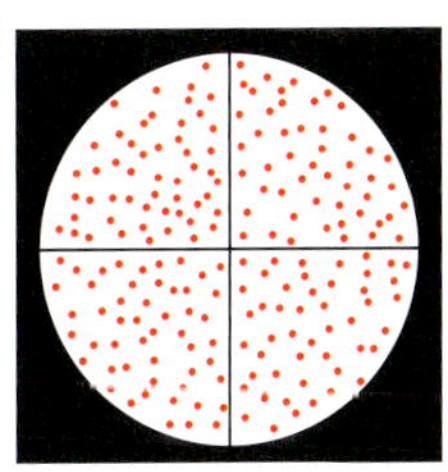

LVL **4.**

Große Zahlen im Zehnersystem

Und wie liest man das heute?

So schrieb Adam Ries(e) 1522 in seinem 2. Rechenbuch die Zahl 86 789 325 178: 86789325178 und in Worten:

sechs und achtzig tausent tausent mal tausent / siebenhundert tausent mal tausent / neun und achtzig tausent mal tausent / Drey hundert tausent / funft und zwenzig tausent / ein hundert und acht und siebentzig.

1 000 000 000 000 $\xleftarrow{:1000}$ 1 000 000 000 $\xleftarrow{:1000}$ 1 000 000 $\xleftarrow{:1000}$ 1000 $\xleftarrow{:1000}$ 1

Billion (B.)			Milliarde (Mrd.)			Million (Mio.)			Tausend (T)					
HB.	ZB.	B.	HMrd.	ZMrd.	Mrd.	HMio.	ZMio.	Mio.	HT	ZT	T	H	Z	E
		3	0	8	6	7	8	9	0	0	0	0	0	0

3 Billionen sechsundachtzig Milliarden siebenhundertneunundachtzig Millionen

Aufgaben

1. Lies die 13-ziffrige Zahl in der obigen Stellenwerttafel. Welchen Vorteil hat die Schreibweise mit Ziffern?

2. Schreibe die Zahlen aus der Stellenwerttafel mit Ziffern in 3er-Blöcken.

B.	HMrd.	ZMrd.	Mrd.	HMio.	ZMio.	Mio.	HT	ZT	T	H	Z	E
						5	6	8	0	4	0	0
			3	4	9	4	3	4	5	5	0	0
1	0	4	9	5	4	7	5	5	5	0	0	0

5 Mio. 680 T 400
= 5 680 400

3. Lies die Zahlen. Schreibe sie in 3er-Blöcken.

a) 6122000
34590000
79998021

b) 1234567
89012345
987654321

c) 10203040506
4206200300040
7910987654321

1034507
= 1 034 507
= 1 Mio. 34 T 507

4. Nach dem 1. Weltkrieg wurde in Deutschland alles sehr teuer. Im Jahr 1923 stieg das Briefporto auf 500 000 Reichsmark. Schreibe die Portopreise auf a) mit Ziffern b) in Worten.

5. Die Entfernungen der Planeten von unserer Sonne wurden gemessen (in km).

Erde	150 Mio.	Saturn	1 Mrd. 428 Mio.
Jupiter	778 Mio.	Neptun	4 Mrd. 502 Mio.
Mars	228 Mio.	Pluto	5 Mrd. 917 Mio.
Merkur	58 Mio.	Uranus	2 Mrd. 873 Mio.
Venus	108 Mio.		

a) Ordne die Planeten nach ihrer Entfernung von der Sonne.

b) Schreibe die Kilometerzahlen für die Entfernungen mit Ziffern.

LVL c) Prüfe: Die Bahn der Venus ist fast doppelt so weit von der Sonne entfernt wie die Bahn des Merkur. Schreibe mindestens drei weitere solche Vergleiche auf.

6. Vor so vielen Jahren lebten die Dinosaurier.
Schreibe zu den Namen die Zahlen in Worten.

7. Schreibe ab und notiere dabei die Altersangaben mit Ziffern in 3er-Blöcken.

Alter der Welt: fünfzehn Milliarden
Erdalter: vier Milliarden fünfhundert Millionen
erste Fischarten: fünfhundert Millionen
erste Säugetiere: zweihundert Millionen
älteste Werkzeuge: zwei Millionen
Mensch (Homo sapiens): dreißigtausend

8. Schreibe die Zahlen in 3er-Blöcken und in Worten.

a)	b)	c)	d)
91000000	100010000	2468000000	2357010000
215690000	10200030000	98765400000	1654192300000
1022010000	2069909900000	109006000000	12543741430000

9. Schreibe in 3er-Blöcken, dann runde auf Millionen und schreibe kürzer.

a)	b)	c)
1357924680	2357111317	1087650000
708009010	19232931037	9269998500000
20456700000	241434751530	5419999876543
3790050000	9080073125	9999999999999

1234567890
= 1 234 567 890
≈ 1 235 000 000
= 1 Mrd. 235 Mio.

10. Die Panzerknacker haben Dagobert Duck eine Million Taler aus dem Tresor gestohlen. Wie viele Säckchen mit je tausend Talern mussten sie dafür schleppen?

11. Die Panzerknacker sind geldgierig und wollen insgesamt eine Milliarde Taler von Dagobert Duck haben. Wie oft müssen sie den Panzerknackerwagen mit einer Million Taler beladen?

12.

a)	b)	c)
10 · 10 Tausend	10 · 3 Mio.	10 · 100 Mrd.
100 · 10 Tausend	200 · 4 Mio.	200 · 10 Mrd.
200 · 10 Tausend	500 · 2 Mio.	200 · 100 Mrd.

300 · 10 Mio.
= 3 000 Mio. = 3 Mrd.

13. Kleiner, größer oder gleich. Setze ein: <, > oder =.

a)	b)	c)
34 563 654 ☐ 345 636 654	300 000 ☐ 3 Mio.	30 B. ☐ 300 · 10 000
1 100 100 ☐ 10 100 100	15 000 000 ☐ 15 Mrd.	1 B. ☐ 1 000 Mrd.
99 990 990 ☐ 99 999 999	25 000 000 ☐ 25 Mio.	10 Mio. ☐ 1 000 · 1 000

LVL **14.** Überlege, diskutiere mit anderen, begründe:
In einem Land gibt es 10 Bundesstaaten.
In jedem Bundesstaat gibt es 10 Ranchen.
Auf jeder Ranch stehen 10 Bäume.
Unter jedem Baum liegen 10 Cowboys.
Jeder Cowboy hat 10 Hunde.
Jeder Hund bewacht 10 Kühe.
Jede Kuh hat 10 Kälbchen.
Jedes Kälbchen hat 10 Bremsenstiche.

Wie viele a) Bäume; b) Cowboys; c) Hunde; d) Kühe; e) Kälbchen; f) Bremsenstiche gibt es?

Vermischte Aufgaben

1. a) Ferienanfang: Im Radio wurden 100 km Stau gemeldet. Schätze, wie viele Autos auf den sechs Fahrspuren stehen.

b) Wie viele Personen sind wohl durchschnittlich in einem Auto? Wie viele sind es dann im Stau?

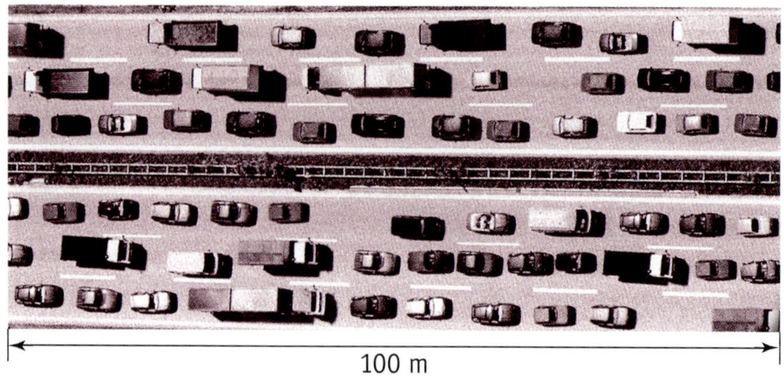

2. Runde auf volle €-Beträge. Reichen 20 € für die drei Preise zusammen aus?

a) 1,99 € 0,78 € 15,98 € b) 13,85 € 2,79 € 4,85 €

3. Runde auf Hunderter-Beträge. Reichen 10 000 € für die Summe?

a) 498 € 2 958 € 5 045 € b) 988 € 4 098 € 5670 €

4. Maike hätte gerne das neue Fahrrad. Sie nennt ihrer Mutter als Preis rund 300 €.

a) Wie hat Maike gerundet?

b) Je nach Ausstattung kostet das Fahrrad 25 € mehr oder weniger als der angegebene Preis.

5. Pro Tag verbrauchen die Einwohner folgender Städte viele Liter Wasser zum Duschen und Baden.

Bonn	14 260 000 *l*	Dresden	22 172 000 *l*	Leipzig	22 678 000 *l*
Bremen	25 576 000 *l*	Potsdam	5 980 000 *l*	Cottbus	4 761 000 *l*

a) Runde die Zahlen auf Millionen Liter. b) Zeichne ein Schaubild (1 Tropfen 💧 für 1 Mio. Liter).

6. Gib den Vorgänger und den Nachfolger der Zahl an. Gib auch die benachbarten Tausender an.

245 998 < 245 999 < 246 000
245 000 < 245 999 < 246 000

a) 4 435 699, 123 876 999 b) 3 876 000 000, 123 900 001 c) 700 000 000, 700 000 999 d) 79 000 000, 799 999 999 e) 1 Mio., 2 Mio.

LVL **7.** a) Welche ist die kleinste, welche die größte Zahl, die du mit den Zahlenkärtchen legen kannst?

b) Welche kleinste 6-stellige Zahl erhältst du mit einem Teil der Kärtchen?

LVL **8.**

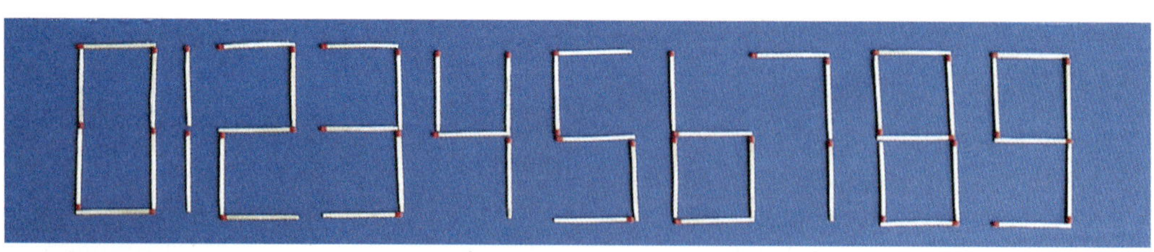

a) Du hast 10 Streichhölzer zur Verfügung. Welche Zahlen kannst du damit legen?

b) Nenne die größte Zahl, die man mit 15 Streichhölzern legen kann.

c) Schreibe die kleinste und die größte Zahl auf, die du mit 19 Streichhölzern legen kannst.

Zweiersystem

Im Computer werden Zahlen nur mit den Ziffern 0 und 1 dargestellt. Die „Null“ kannst du dir vorstellen als „Lampe aus“, die „Eins“ als „Lampe an“.

Zehnersystem

Stellenwerte: $10^2 \xleftarrow{\cdot 10} 10^1 \xleftarrow{\cdot 10} 1$

H	Z	E
9	0	5

$9 \cdot 10^2 + 0 \cdot 10^1 + 5 \cdot 1 = 905$

Zweiersystem

Stellenwerte: $2^3 = 8 \xleftarrow{\cdot 2} 2^2 = 4 \xleftarrow{\cdot 2} 2^1 = 2 \xleftarrow{\cdot 2} 1$

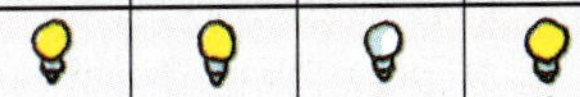

1	1	0	1

$1 \cdot 8 + 1 \cdot 4 + 0 \cdot 2 + 1 \cdot 1 = 13$

Aufgaben

1. Die Tabelle zeigt dir, wie man im Zweiersystem zählt. Prüfe: $101 = 1 \cdot 4 + 0 \cdot 2 + 1 \cdot 1 = 5$. Schreibe ebenso die Zweierzahlen:

a) 110 b) 100 c) 10 d) 11 e) 111

Zweiersystem	Zehnersystem
1	1
10	2
11	3
100	4
101	5
110	6
111	7

2. Schreibe die Tabelle in dein Heft. Setze fort bis 1111 im Zweiersystem.

3. Schreibe die Zweierzahlen als Zehnerzahlen.

a) 1001 b) 1101 c) 1011 d) 1100 e) 1010

4. Für Ruderer gibt es Einer-, Zweier-, Vierer- und Achter-Boote.

a) 13 Ruderer sollen auf möglichst wenige Boote verteilt werden.

b) Verteile ebenso: 9 Ruderer, 7 Ruderer, 12 Ruderer, 15 Ruderer

5. Ute verschlüsselt gerne Zahlenangaben im Zweiersystem. Geheimnisvoll behauptet sie: Mutter ist 101000, Vater ist 101011, Opa ist 1001010 und meine Oma ist sogar 1010001 Jahre alt.

6. Schreibe die Tabelle in dein Heft. Ergänze 7 weitere Reihen bis 10 000 000 000 (Zweiersystem) für die Zahl 1 024.

Stufenzahlen des Zweiersystems geschrieben im	
Zweiersystem	Zehnersystem
1	1
10	2
100	4
1000	8

7. Schreibe die Zahlen im Zweiersystem.

a)	b)	c)	d)
12	30	50	129
16	34	70	520
25	48	90	1 030

LVL **8.** Für Teamarbeit: 8 Schüler bilden eine „Maschine“ zur Darstellung von Zahlen im Zweiersystem.
1: Rechter Arm oben, 0: Rechter Arm unten
Eine Person zählt und klopft dabei auf den Tisch. Die erste Person in der „Maschine“ (ganz rechts) ändert bei jedem Klopfen die Stellung des rechten Armes („oben“ oder „unten“). Jede andere Person in der „Maschine“ ändert die Stellung des rechten Armes, wenn ihr linker Nachbar den Arm senkt.

Römische Zahlzeichen

Die Römer benutzten 7 Zahlzeichen.
Diese verwendete man in Europa bis ins 16. Jahrhundert.
Danach erst setzten sich die indisch-arabischen Ziffern des Zehnersystems durch.

I = 1 V = 5 X = 10 L = 50 C = 100 D = 500 M = 1000

Regel:
Die Werte der Zahlzeichen werden addiert.
Ausnahmen: Steht I, X oder C links von einem Zeichen mit größerem Wert, wird subtrahiert.

Beispiele:
CCLXVIII = 200 + 50 + 10 + 5 + 3
MMIV = 2000 + (5 – 1)
MCMXC = 1000 + (1000 – 100) + (100 – 10)

Aufgaben

1. Übersetze in unser Zehnersystem.

a) XXVIII
LXXVI

b) CCLXXV
MDCCLX

c) XIV
CXC

d) LXIX
CMXCIV

e) MDCCCXL
MMXXVII

2.

Eiffelturm
MDCCCLXXXIX

Tempel in Athen
CDXLVII

Tower Bridge
MDCCCXCIV

Arc de Triomphe
MDCCCXXXVI

3. Schreibe mit römischen Zahlzeichen. Kein Zeichen darf mehr als dreimal nebeneinander stehen.

a) 17
31

b) 53
112

c) 713
832

d) 1832
2053

e) dein Geburtsjahr
die heutige Jahreszahl

4. a) Am Schloss in Darmstadt findet man nebenstehende Inschrift[1]. Addiere die Werte der großen Buchstaben, dann erhältst du die Jahreszahl der Wiedererbauung.

b) Schreibe die Jahreszahl der Wiedererbauung mit römischen Zahlzeichen auf.

AB ERNESTO LVDoVICo
LanDgraVio hassIae
PRAESENS ARX
LoCo aLterIVs
VVLCanI fVrore abreptae
eXstrVCta est

LVL **5.** Scherzhaftes mit römischen Zahlzeichen.

a) Die Hälfte von „zwölf" ist „sieben". Wie ist das möglich?

b) Kannst du mit vier Streichhölzern „tausend" legen?

c) Zeige mit Streichhölzern: „zwei und eins ist sechs".

d) Nimm von „neun" eins weg, dann hast du „zehn".

[1] Bedeutung des Chronogramms: Von Ernst Ludwig/Landgraf Hessens/wurde diese Burg/am Ort der anderen/durch Feuer zerstörten/errichtet.

1. Schreibe die Stufenzahlen des Zehnersystems bis 1 Billion in Worten.

2. Bis eine Million schreibt man die Zahlworte aneinander. Schreibe in Worten.

a) 12
315

b) 12 300
324 000

c) 907 000
1 200 000

3. Schreibe die Zahlen aus der Stellenwerttafel mit den Abkürzungen und in 3er-Blöcken.

4. Schreibe in 3er-Blöcken und lies die Zahlen.

a) 12034670
305780129

b) 1357000890
1037419300000

5. Zeichne den Zahlenstrahl in dein Heft und ergänze die fehlenden Zahlen.

6. Welche natürlichen Zahlen liegen zwischen

a) 19 996 und 20 005;
b) 3 989 und 4 000;
c) 335 793 und 335 801;
d) 4 444 998 und 4 445 005?

7. a) Lies die Werte ab für A, B, C und D.
b) Zwischen welchen Zahlen liegt E?

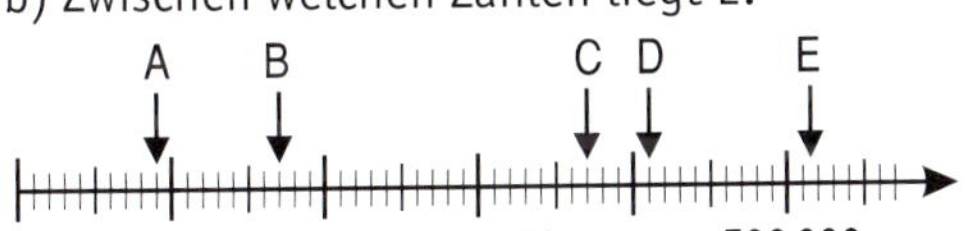

8. Kleiner, größer oder gleich? Setze ein: <, >, =.

a) 608 ▒ 615
b) 852 ▒ 851
c) 1 000 ▒ 10 · 100
d) 100 · 100 ▒ 1 Mio

9. Runde die Zahlen

a) auf Tausender:	2 307	12 905	139 501
b) auf Hunderter:	491	1 249	49 970
c) auf Zehner:	17	349	7 896

10. Runde die Flusslängen auf 10 km. Zeichne ein Diagramm (1 cm für 100 km).

Rhein	1 325 km	Neckar	371 km
Mosel	545 km	Lahn	245 km
Main	524 km	Dahme	95 km

11. Wie weit ist es ungefähr? (1 cm für 100 km)

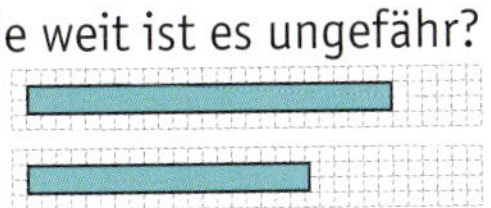

a) Cottbus – Prenzlau
b) Berlin – Dresden

Stufenzahlen im Zehnersystem

1 10 100 1 000
1 Mio. = 1 000 · 1 000 = 1 000 000
1 Mrd. = 1 000 · 1 Mio. = 1 000 000 000
1 Billion = 1 000 · 1 Mrd.
= 1 000 000 000 000

Stellenwerttafel

Billionen B.			Milliarden Mrd.			Millionen Mio.			Tausend T			H	Z	E
				1	2	0	7	8	9	0	5	3	4	6
			1	0	0	2	6	9	0	0	1	4	0	7
		3	2	6	7	3	1	0	0	3	8	7	6	0

12 Mrd. 78 Mio. 905 T 346 = 12 078 905 346

Jede **natürliche** Zahl lässt sich mit den **Ziffern** 0, 1, 2, 3, 4, 5, 6, 7, 8 und 9 schreiben.

Natürliche Zahlen lassen sich vergleichen und ordnen. Am **Zahlenstrahl** liegt von zwei Zahlen die kleinere Zahl links von der größeren.

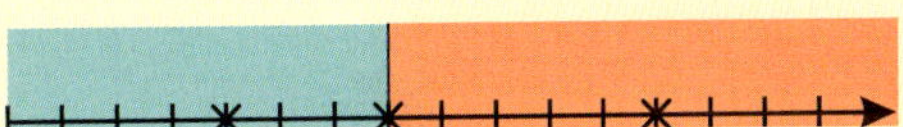

4 < 7 „4 ist kleiner als 7"
12 > 7 „12 ist größer als 7"

Man **rundet ab,** wenn die nächstfolgende Ziffer 0, 1, 2, 3 oder 4 ist.
Man **rundet auf,** wenn die nächstfolgende Ziffer 5, 6, 7, 8 oder 9 ist.

genaue Zahl	gerundet auf Tausender	gerundet auf Hunderter	gerundet auf Zehner
8 457	8 000	8 500	8 460

Zahlen kann man in **Diagrammen** (Schaubildern) darstellen.

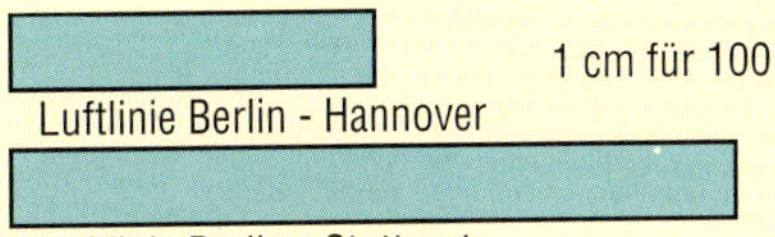

DIAGNOSETEST

1. Welchen Stellenwert hat die unterstrichene Ziffer? a) 23 456 000 b) 10 987 643 210

2. Schreibe mit Ziffern in 3er-Blöcken:
a) zweihundertzwanzigtausendfünfhundert; b) sieben Millionen fünfzehntausendeins.

3. Lies die markierten Zahlen vom Zahlenstrahl ab.

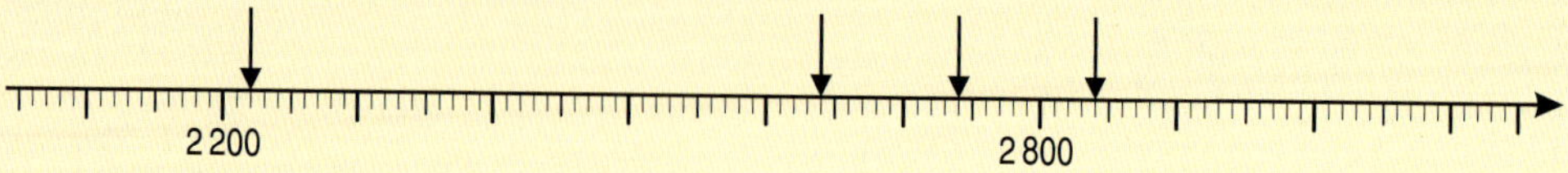

4. Runde 76 563 210 a) auf Hunderter, b) auf Zehntausender.

5. Schreibe die nächsten zwei Zahlen auf. a) 11, 16, 15, 20, 19, ... b) 45, 30, 60, 45, 75, ...

Wähle weitere 5 Aufgaben aus

1. Schreibe die Zahl mit Ziffern auf: a) $1 \cdot 10^5 + 5 \cdot 10^3 + 1 \cdot 10^1$; b) 52 Mio. 42 T 6 E.

2. Schreibe als Zahlwort: a) 15 324; b) 2 501 071.

3. Ordne die Zahlen der Größe nach. Beginne mit der kleinsten Zahl.
5 460, 5 046, 5 406, 4 560, 6 540, 5 604

4. Schreibe die jeweils kleinste und größte Zahl auf, die auf Hunderter gerundet folgende Zahl ergibt:
a) 31 000 b) 270 500

5. Bei der Klassensprecherwahl der Klasse 5a erhielt Ulrike 3 Stimmen. Notiere die Zahl der Stimmen, die Dieter, Uta und Kerstin jeweils erhalten haben.

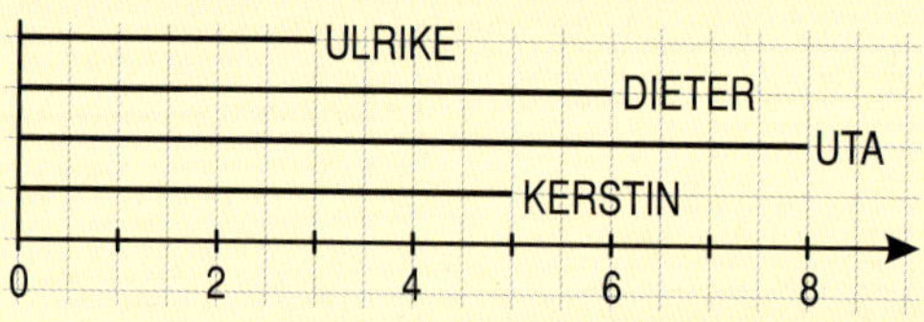

6. In der Klasse 5b gewinnt Tobias mit 7 Stimmen die Klassensprecherwahl. Emily erhält 5, Tim und Marita erhalten je 4 Stimmen. Zeichne ein Diagramm (1 cm für eine Stimme).

7. a) Schreibe mit Ziffern im Zehnersystem: XIV MDCCCLXV
b) Schreibe mit römischen Zahlzeichen: 1959 2009

8. Schreibe mit Ziffern auf:
a) die kleinste 4-stellige Zahl ohne 0; b) die größte 6-stellige Zahl ohne 9.

9. In der Stadt Freiburg wurden 34 200 t Wertstoffe gesammelt, darunter:
1 836 t Kunststoffe 1 278 t Metalle 21 298 t Papier und Pappe 7 326 t Glas
a) Runde alle Angaben auf Tausender.
b) Ordne die gerundeten Zahlen der Größe nach. Beginne mit der größten Zahl.

10. a) Schreibe 153 als Zweierzahl. b) Schreibe die Zweierzahl 1011101 als Zehnerzahl.

2

Addition und Subtraktion

Addition und Subtraktion am Zahlenstrahl

Addition 7 + 9 = 16

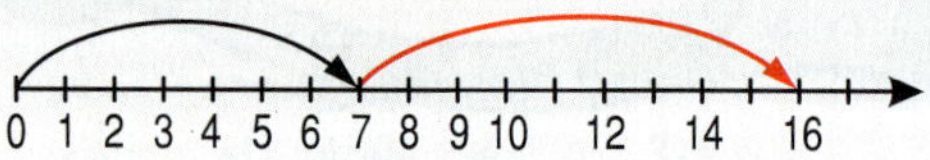

Der Addition entspricht eine Vorwärtsbewegung am Zahlenstrahl.

Subtraktion 16 – 9 = 7

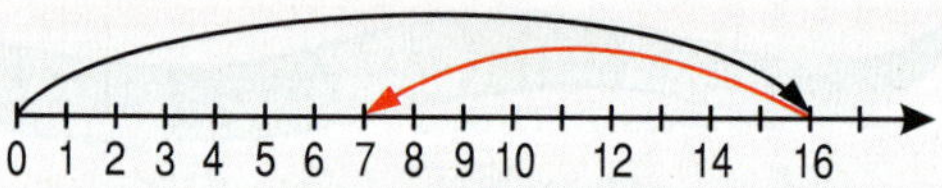

Der Subtraktion entspricht eine Rückwärtsbewegung am Zahlenstrahl.

Aufgaben

1. Welche Aufgaben sind hier gezeichnet? Schreibe die Rechenaufgabe in dein Heft.

a)

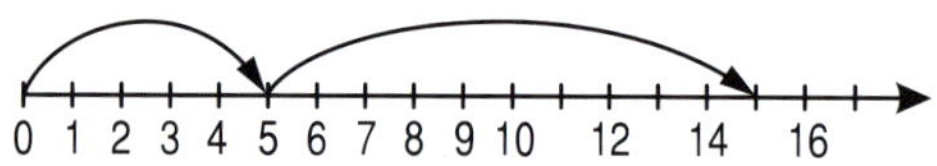

b)

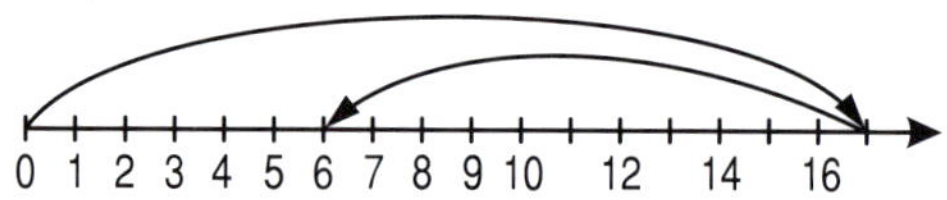

c)

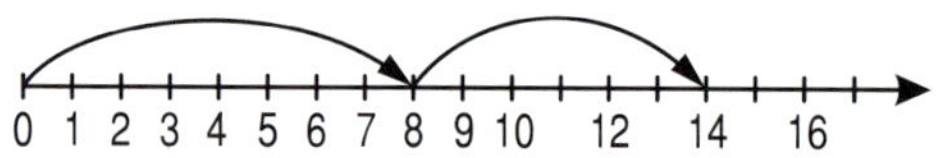

d)

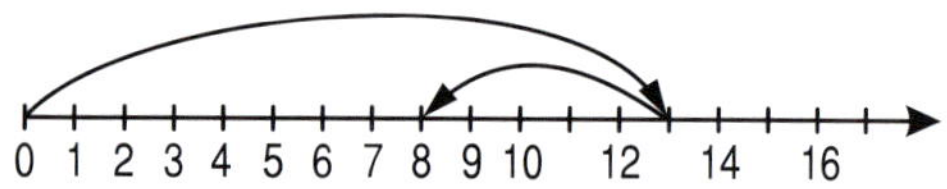

2. Stelle die Aufgabe am Zahlenstrahl dar. Wähle für eine Einheit eine Kästchenbreite.

a) 6 + 5 b) 17 – 4 c) 4 + 11 d) 14 – 9 e) 2 + 13 f) 12 – 6

3. Welche Aufgaben sind hier gezeichnet?

a)

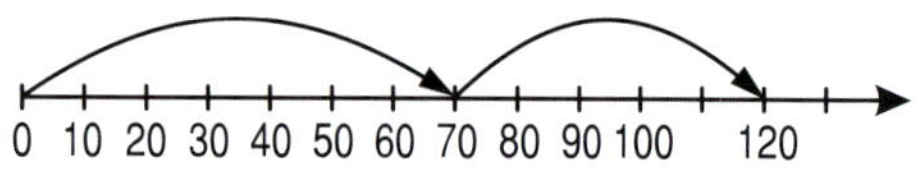

b)

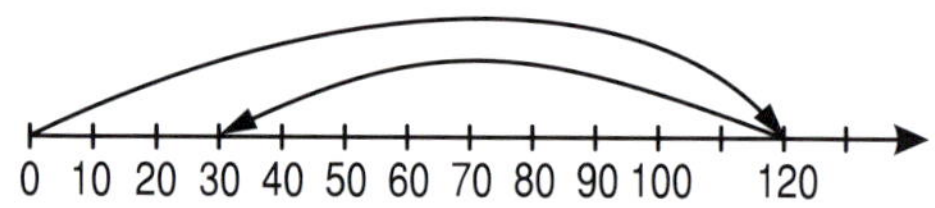

c)

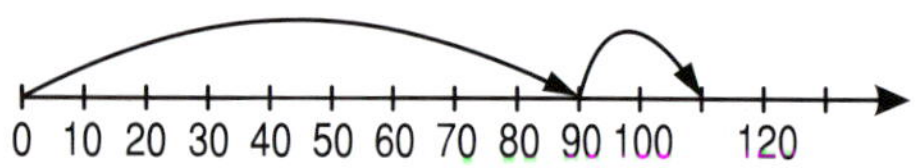

d)

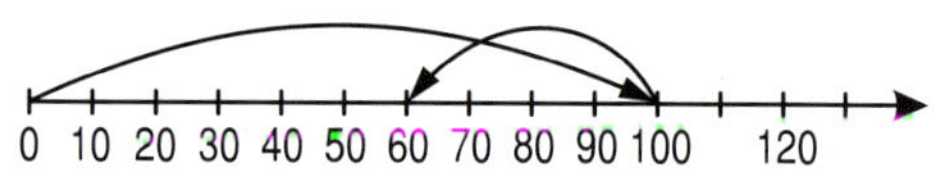

4. Stelle die Aufgabe am Zahlenstrahl dar. Wähle eine Kästchenbreite für 10.

a) 30 + 90 b) 70 – 50 c) 30 + 80 d) 150 – 70 e) 40 + 60

LVL **5.** Ute, Kai und Eva sind begeisterte Radfahrer.
Überlege dir jeweils zwei verschiedene Fragen und berechne die Lösungen.

a) Ute fährt mit dem Rad am ersten Tag 65 km, am zweiten 53 km und am dritten Tag 47 km.
b) Kai ist in drei Tagen 168 km gefahren. Am ersten Tag fuhr er 69 km, am zweiten 56 km.
c) Eva möchte in fünf Tagen 298 km fahren. Am ersten Tag fuhr sie 54 km.

LVL **6.** Jan möchte in drei Tagen 175 km fahren. Gib drei mögliche Tagesstrecken an, von denen sich die kürzeste und die längste um weniger als 20 km unterscheiden.

Bleib FIT!

Die Ergebnisse der Aufgaben 1 bis 8 ergeben drei Berliner Stadtbezirke.

1. Berechne im Kopf.

a) 18 + 23 = ▢
b) 55 + 37 = ▢
c) ▢ + 13 = 85
d) 46 + ▢ = 99

2. Berechne im Kopf.

a) 18 · 5 b) 12 · 11 c) 26 · 6

3. Berechne im Kopf.

a) 95 : 5 b) 126 : 3 c) 135 : 9

4. Lies die Zahlen am Zahlenstrahl ab.

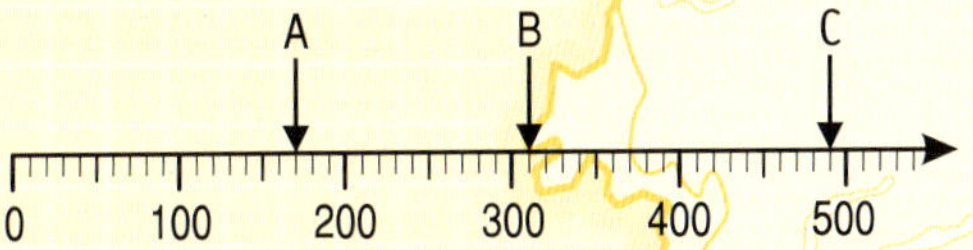

5. Wie heißt der fehlende Vorgänger/Nachfolger?

a) 3 998 3 999 ----
b) ---- 8 100 8 101

6. Schreibe in Ziffern.

a) zweitausendfünfhundert
b) eintausendsiebenhundertelf
c) zwei Millionen vierhunderttausend

7. Ordne die Zahlen, die kleinste zuerst.

10 101 11 001 10 110

8. Runde.

a) 124 auf Zehner
b) 1259 auf Hunderter
c) 23509 auf Tausender
d) 149024 auf Zehntausender

15	N
17	W
19	T
41	C
42	E
53	R
72	A
90	L
92	H
120	I
132	O
156	T
170	B
490	R
310	U
1711	N
1 300	T
2 500	A
4 000	G
8 099	P
10 101	O
10 110	W
11 001	M
24 000	T
150 000	E
2 400 000	K

Operatoren

Jede Addition oder Subtraktion kann mit **Plus-** oder **Minusoperatoren** geschrieben werden, dazu verwendet man Pfeile.

Beispiele:

$20 \xrightarrow{+7} 27$ $13 \xrightarrow{-6} 7$ $26 \xrightarrow{+5} 31 \xrightarrow{-8} 23$

$20 + 7 = 27$ $13 - 6 = 7$ $(26 + 5) - 8 = 31 - 8 = 23$

Aufgaben

1. a) $36 \xrightarrow{+9} \square$ b) $54 \xrightarrow{-12} \square$ c) $75 \xrightarrow{+25} \square$ d) $97 \xrightarrow{-36} \square$
e) $48 \xrightarrow{-6} \square$ f) $75 \xrightarrow{+20} \square$ g) $62 \xrightarrow{-23} \square$ h) $23 \xrightarrow{+45} \square$

2. Welcher Plus- oder Minusoperator fehlt hier?
a) $17 \longrightarrow 30$ b) $30 \longrightarrow 5$ c) $13 \longrightarrow 45$ d) $46 \longrightarrow 33$
e) $52 \longrightarrow 100$ f) $100 \longrightarrow 66$ g) $24 \longrightarrow 42$ h) $65 \longrightarrow 19$

3. a) $127 \xrightarrow{+3} \square \xrightarrow{+40} \square$ b) $84 \xrightarrow{+16} \square \xrightarrow{-80} \square$ c) $58 \xrightarrow{+12} \square \xrightarrow{+23} \square$
d) $158 \xrightarrow{-58} \square \xrightarrow{-23} \square$ e) $65 \xrightarrow{-25} \square \xrightarrow{+22} \square$ f) $49 \xrightarrow{+31} \square \xrightarrow{+28} \square$

4. Katrin wohnt in der 13. Etage. Sie fährt sehr gern Fahrstuhl.
a) Von ihrer Etage fährt sie erst 8 Etagen aufwärts, dann 5 Etagen abwärts und noch 3 Etagen aufwärts. Wen besucht Katrin?
Stelle die Fahrstuhlfahrt als Operatorkette dar.
$13 \longrightarrow \square \longrightarrow \square \ldots$

LVL b) Erfinde selbst zwei Fahrstuhlfahrten von Katrin und lasse dann deine Mitschülerinnen und Mitschüler herausfinden, wen Katrin besucht.

5. Wenn du den Operator zerlegst, rechnest du oft vorteilhafter.
a) $58 \xrightarrow{+26} \square$ b) $67 \xrightarrow{+48} \square$ c) $24 \xrightarrow{+67} \square$
d) $116 \xrightarrow{+78} \square$ e) $184 \xrightarrow{+32} \square$ f) $146 \xrightarrow{+28} \square$

$58 \xrightarrow{+26} \square$; $58 \xrightarrow{+20} \square \xrightarrow{+6} \square$

6. a) $77 \xrightarrow{-53} \square$ b) $64 \xrightarrow{-23} \square$ c) $95 \xrightarrow{-46} \square$
d) $110 \xrightarrow{-65} \square$ e) $158 \xrightarrow{-49} \square$ f) $130 \xrightarrow{-65} \square$

$77 \xrightarrow{-53} \square$; $77 \xrightarrow{-50} \square \xrightarrow{-3} \square$

Umkehroperator

Viele Gleichungen kann man mit Operatoren darstellen und ihre Lösungen mit Umkehroperatoren berechnen

Gleichung: $\square + 20 = 66$

Operator: $\square \xrightarrow{+20} 66$

Umkehroperator: $46 \xleftarrow[-20]{} 66$ $\quad 66 - 20 = 46$

Aufgaben

1. Bestimme die fehlende Zahl und den Umkehroperator.

$25 \underset{\square}{\overset{+13}{\rightleftarrows}} \square$

25 + 13 = 38 38 − 13 = 25

a) $24 \underset{\square}{\overset{+12}{\rightleftarrows}} \square$ b) $112 \underset{\square}{\overset{+25}{\rightleftarrows}} \square$ c) $883 \underset{-36}{\overset{\square}{\rightleftarrows}} \square$

2. Löse die Gleichung.

a) $x + 6 = 34$ b) $y - 8 = 12$ c) $a + 11 = 24$ d) $b - 15 = 33$

3. Wie viel war es vorher? Schreibe zuerst die Gleichung auf und löse dann.

a)

b)

c)

4. Bestimme Operator und Umkehroperator.

a) $48 \underset{\square}{\overset{\square}{\rightleftarrows}} 67$ b) $135 \underset{\square}{\overset{\square}{\rightleftarrows}} 88$ c) $124 \underset{\square}{\overset{\square}{\rightleftarrows}} 201$ d) $143 \underset{\square}{\overset{\square}{\rightleftarrows}} 56$

e) $75 \underset{\square}{\overset{\square}{\rightleftarrows}} 112$ f) $146 \underset{\square}{\overset{\square}{\rightleftarrows}} 22$ g) $15 \underset{\square}{\overset{\square}{\rightleftarrows}} 87$ h) $83 \underset{\square}{\overset{\square}{\rightleftarrows}} 24$

5. Bestimme die Umkehroperatoren, dann rechne schrittweise.

a) $\square \underset{\square}{\overset{+65}{\rightleftarrows}} \square \underset{\square}{\overset{+8}{\rightleftarrows}} 178$ b) $\square \underset{\square}{\overset{-140}{\rightleftarrows}} \square \underset{\square}{\overset{-9}{\rightleftarrows}} 251$

6. Zahlenrätsel. Schreibe zuerst die Gleichung auf und löse dann.

a) Petra denkt sich eine Zahl, addiert zuerst 13, dann subtrahiert sie 25 und erhält 100.

b) Kai subtrahiert von einer Zahl zuerst 18, dann addiert er 21 und nennt 50 als Ergebnis.

c) Wenn Kati 85 zu ihrer Zahl addiert und anschließend 91 subtrahiert, erhält sie 9.

Rechenregeln

Was in Klammern steht, wird zuerst ausgerechnet.
Sonst wird schrittweise von links nach rechts gerechnet.

① $12 - 3 + 2$
$= 9 \quad + 2$
$= 11$

② $12 - (3 + 2)$
$= 12 - \quad 5$
$= 7$

③ $20 - (10 + 2) - 6$
$= 20 - \quad 12 \quad - 6$
$= 2$

Aufgaben

1. Rechne aus. Berechne zuerst, was in der Klammer steht.

a) $36 + (17 - 7)$ b) $(25 + 32) - 17$ c) $(149 + 51) - 61$ d) $14 + (62 - 42) + 19$
e) $65 - (24 + 16)$ f) $46 + (32 + 28)$ g) $238 + (48 + 57)$ h) $78 - (23 + 47) + 110$

2. a) $(48 - 12) + (24 - 18)$ b) $98 - (27 + 34) + 46$ c) $(53 + 36) - (41 + 22)$ d) $(58 + 26) - (24 - 12)$

3. Rechne aus und vergleiche.

a) $24 - (13 - 6)$
$24 - 13 - 6$

b) $63 - 14 + 9$
$63 - (14 + 9)$

c) $23 + (18 + 27)$
$23 + 18 + 27$

d) $78 - 36 - 16$
$78 - (36 - 16)$

4. Schreibe für das Restgeld einen Rechenweg mit Klammern und einen ohne Klammern auf.

a) Mit 50 € zahlt Frau Klein 7 € für Strümpfe und 24 € für einen Schal.

b) Herr Klein kauft für 12 € Fleisch, für 7 € Käse und für 9 € Getränke.
Er zahlt mit einem 10-€-Schein und mit einem 20-€-Schein.

5. Hier hat das „Klammer-Monster" Klammern entfernt.
Setze sie wieder so, dass es richtig wird.

a) $43 - 25 - 18 = 36$ *f* b) $72 - 31 - 22 = 63$ *f*
c) $96 - 38 + 13 = 45$ *f* d) $28 - 18 - 15 = 25$ *f*
e) $65 - 24 + 15 = 26$ *f* f) $38 - 12 - 12 = 38$ *f*

$91 - 42 - 33 = 82$ *f*
$91 - (42 - 33) = 82$ ✓

6. Ordne der sprachlichen die richtige mathematische Schreibweise zu. Du erhältst ein Lösungswort.

① Addiere zur Zahl 57 die Summe von 28 und 13.
② Addiere zur Differenz von 57 und 28 die Zahl 13.
③ Subtrahiere von der Differenz von 57 und 28 die Zahl 13.
④ Addiere zur Summe von 57 und 28 die Zahl 13.
⑤ Subtrahiere von 57 die Differenz von 28 und 13.
⑥ Subtrahiere von 57 die Summe von 28 und 13.
⑦ Subtrahiere die Zahl 13 von der Summe von 57 und 28.

$(57 - 28) - 13$ N
$(57 + 28) + 13$ S
$57 - (28 + 13)$ E
$57 - (28 - 13)$ T
$(57 + 28) - 13$ R
$57 + (28 + 13)$ M
$(57 - 28) + 13$ O

Rechengesetze – Rechenvorteile

Kommutativgesetz
In einer Summe dürfen die Zahlen beliebig vertauscht werden.

Assoziativgesetz
In einer Summe dürfen Klammern beliebig gesetzt oder auch weggelassen werden.

$4 + 17 = 17 + 4 = 21$

$(25 + 98) + 3 = 25 + (98 + 3) = 25 + 101 = 126$

$73 + 68 + 27 = 73 + 27 + 68 = (73 + 27) + 68 = 100 + 68 = 168$

Aufgaben

TIPP
Summanden kann man in jeder beliebigen Reihenfolge addieren.

1. Vertausche die Summanden so, dass du geschickt rechnen kannst.
a) 49 + 27 + 11 b) 248 + 13 + 27 + 12 c) 154 + 58 + 22 + 36
d) 35 + 15 + 64 e) 156 + 17 + 44 + 33 f) 581 + 73 + 19 + 27

2. Setze die Klammern so, dass du geschickt rechnen kannst.
a) 83 + 25 + 75 b) 128 + (12 + 38) c) (45 + 23) + 37 d) 137 + 23 + 57
e) 67 + 44 + 16 f) 256 + (44 + 89) g) 78 + (22 + 93) h) 251 + 19 + 48

3. Schreibe so, wie du rechnest. Du darfst Klammern weglassen und Summanden vertauschen.
a) (54 + 23) + 36 b) (32 + 35) + 38 c) 283 + (128 + 117) d) 158 + (277 + 242)
e) (47 + 34) + 66 f) (43 + 37) + 63 g) (516 + 174) + 284 h) (151 + 279) + 221

4. Mona kennt viele Wege zum Ergebnis. Prüfe nach.

88 + 24 =
88 + 20 + 4 =
88 + 4 + 20 =
88 + 2 + 22 =
88 + 12 + 12 =

5. Schreibe mindestens drei Rechenwege und das Ergebnis auf.
a) 78 + 26
29 + 85
36 + 77
b) 156 + 45
188 + 24
179 + 82
c) 49 + 195
56 + 299
74 + 388

LVL **6.** Überlege zusammen mit anderen: Die Zahlen von 1 bis 19 sollen geschickt addiert werden. Schreibe dazu die Zahlen einzeln auf Kärtchen und lege immer zwei davon untereinander. Findest du weitere Zahlenreihen, die du geschickt addieren kannst?

Schriftliches Addieren

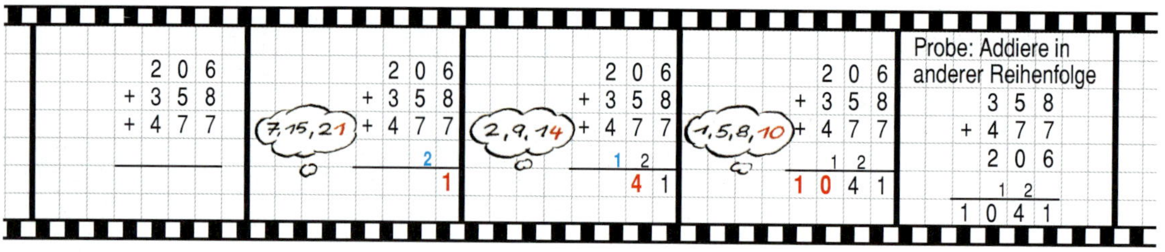

Aufgaben

1. a) 534 + 243 b) 326 + 463 c) 234 + 432 d) 3 062 + 5 826 e) 6 347 + 2 052 f) 49 382 + 30 016

2. Addiere schriftlich. Achte auf den Übertrag.

a) 357 + 436 + 108 b) 242 + 397 + 432 c) 768 + 156 + 684 d) 2 307 + 885 + 964 e) 5 926 + 2 264 + 581 f) 53 287 + 37 813 + 13 488

3. Berechne die Summen, dann ordne der Größe nach. Du erhältst ein Lösungswort.

U 425 + 234 | M 529 + 298 | S 132 + 255 | E 357 + 471 | M 149 + 678

4. a) 326 + 258 b) 5 264 + 348 c) 78 + 5 067
d) 453 + 775 e) 369 + 2 670 f) 432 + 3 624

H	Z	E
3	2	6
+ 2	5	8

5. a) 3 594 + 5 489 b) 608 + 2 953 c) 6 389 + 546
d) 625 + 7 699 e) 3 507 + 438 f) 78 + 4 835

LVL **6.** Überlege dir drei Fragen und berechne die Lösungen:
Zur Nachmittagsvorstellung am Sonntag besuchten 428 Kinder und 354 Erwachsene den Zirkus. In die Abendvorstellung gingen 812 Personen. Am Samstag zuvor besuchten insgesamt 1 680 Personen den Zirkus. Beide Vorstellungen waren ausverkauft.

7. a) 12 + 4 120 + 41 200
34 + 4 340 + 43 400
456 + 4 560 + 45 600

b) 123 + 1 230 + 12 300
423 + 4 230 + 42 300
567 + 5 670 + 56 700

8. a) 3 5 □ + □ 4 3 = 1 0 □ 5
b) 5 8 □ □ + 2 6 3 5 = □ □ 7 6
c) 1 3 4 5 + 5 2 6 4 = □ □ □ □
d) 4 □ 8 7 + 3 □ 9 = 4 6 4 6
e) 5 2 + 6 8 3 = □ □ □

LVL **9.** Aus den sechs Ziffern sollen zwei dreistellige Zahlen zusammengesetzt werden.
a) Die Summe der beiden Zahlen ist so groß wie möglich.
b) Die Summe der beiden Zahlen ist möglichst klein.
c) Es kommt kein Übertrag beim Addieren vor.
d) Die Summe der beiden Zahlen ist möglichst nah an 1 000.

Überschlagsrechnen

Um das Ergebnis ungefähr abschätzen zu können, führt man eine Überschlagsrechnung durch. Dazu rundet man die Zahlen so, dass man im Kopf rechnen kann.

① 381 + 549
Überschlag: 400 + 500 = 900
genau:

$$\begin{array}{r} 381 \\ +\,549 \\ {\scriptstyle 1\,1} \\ \hline 930 \end{array}$$

② 2 834 + 276 + 4 586
Überschlag: 3 000 + 300 + 5 000 = 8 300
genau:

$$\begin{array}{r} 2\,834 \\ +\;\;276 \\ +\,4\,586 \\ {\scriptstyle 1\,1\,1} \\ \hline 7\,696 \end{array}$$

Aufgaben

1. Führe erst eine Überschlagsrechnung durch. Rechne auch genau.

a) 358 + 116
b) 564 + 217
c) 236 + 345
d) 4 268 + 1 267
e) 5 982 + 2 326
f) 628 + 216

2. Überschlage erst den Rechnungsbetrag. Rechne dann genau.

a) Photo-Blitz
369,– €
+ 18,– €
+ 146,– €

b) Schuh-Land
126,– €
+ 63,– €
+ 78,– €

c) Flotte-Lotte
148,– €
+ 24,– €
+ 168,– €

d) Comput-Freak
639,– €
+ 109,– €
+ 218,– €

LVL **3.** Reicht das Geld? Wo genügt der Überschlag, wo musst du genau rechnen?

a)

b)

c)

Schriftliches Subtrahieren

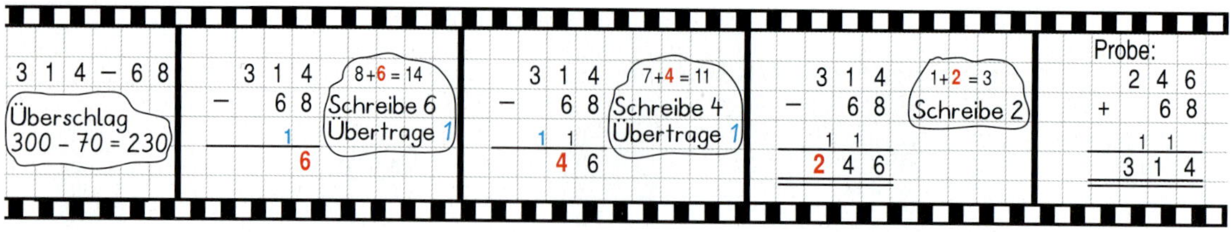

Aufgaben

1. Subtrahiere. Kontrolliere durch Überschlag oder Probe.

a) 458 − 23 b) 564 − 261 c) 968 − 427 d) 4 628 − 512 e) 2 357 − 1 024 f) 49 388 − 30 016

2. a) 554 − 36 b) 847 − 392 c) 756 − 278 d) 8 307 − 885 e) 5 901 − 2 294 f) 43 283 − 37 813

3. Schreibe richtig untereinander. Kontrolliere durch Überschlag oder Probe.

a) 354 − 49 b) 634 − 351 c) 5 364 − 538 d) 537 − 58
e) 308 − 137 f) 1 087 − 498 g) 628 − 69 h) 718 − 253

4. a) 4 325 − 627 b) 5 371 − 788 c) 4 584 − 2 873 d) 2 408 − 863
e) 4 247 − 1 360 f) 7 638 − 357 g) 3 523 − 948 h) 2 306 − 1 223

5. a) b) c) d) e)

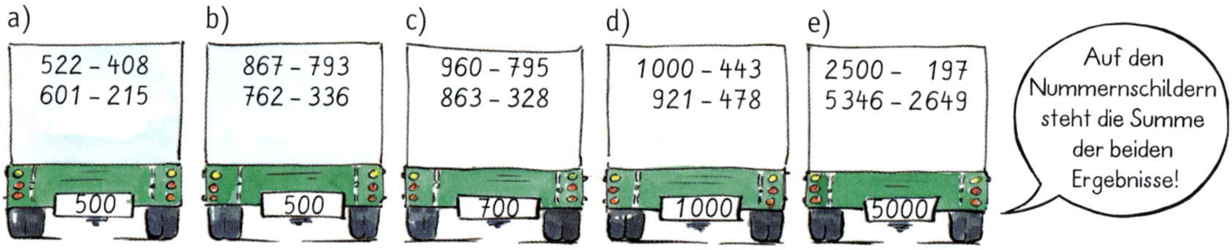

6. Tim hat ein spannendes Buch mit 826 Seiten zu seinem Geburtstag bekommen. Nach einer Woche hat er bereits 356 Seiten gelesen. Wie viele Seiten hat er noch vor sich?

7. Frau Herzog kauft ein neues Auto für 21 360 €. Für ihr altes Auto bekommt sie noch 3 550 €, und sie hat 19 278 € gespart.

8. Familie Pfaff aus Konstanz möchte sich in den Sommerferien die deutsche Hauptstadt Berlin anschauen. In Nürnberg machen sie Zwischenstation. Wie viele Kilometer müssen sie von Nürnberg noch nach Berlin fahren?

9. Familie Rau aus Berlin fährt in den Sommerferien nach Kiel an der Ostsee. In Hannover machen sie Zwischenstation. Wie viele Kilometer liegen noch vor ihnen?

LVL **10.** Die Zugspitze ist der höchste Berg Deutschlands mit 2 963 m, der Montblanc der höchste Berg der Alpen mit 4 807 m und der Mount Everest der höchste Berg der Erde mit 8 848 m. Stelle zwei Fragen und berechne die Lösungen.

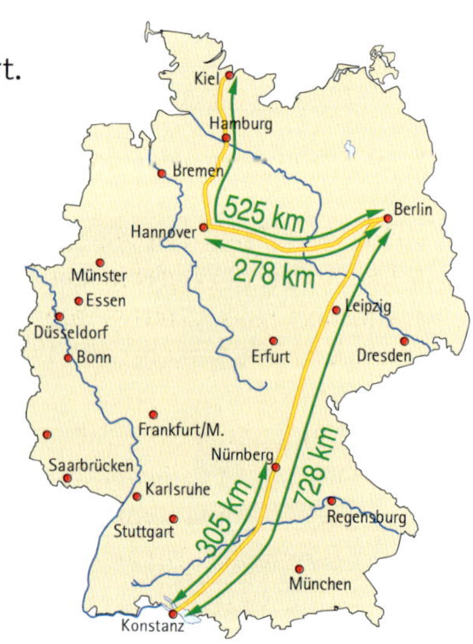

LVL 11. Anna, Udo und Mike haben dieselbe Aufgabe gerechnet, jeder anders. Welcher Weg gefällt dir am besten? Besprich die Vor- und Nachteile der drei Wege mit anderen.

12. Überschlage das Ergebnis. Rechne dann genau.

a) 789 – 38 – 87 b) 848 – 246 – 163 c) 648 – 217 – 328
e) 629 – 349 – 78 f) 946 – 485 – 94 g) 809 – 65 – 587

13. a) 853 – 75 – 678 b) 629 – 396 – 182 c) 648 – 317 – 89
e) 609 – 84 – 232 f) 367 – 52 – 216 g) 809 – 205 – 169

Überschlagsrechnung:
Runde so, dass du im Kopf rechnen kannst.
Beispiel:
789 – 238 – 87
≈ 800 – 200 – 100 = 500

14. a) Berechne die Differenz aus der Zahl 2 532 und der Summe aus 734 und 254.

b) Addiere die Zahlen 347 und 486. Subtrahiere anschließend die Summe von 1 055.

c) Subtrahiere von der Zahl 4 156 die Differenz von 3 156 und 2 423.

d) Berechne die Differenz von der Summe von 476 und 532 und der Summe von 351 und 238.

15. Reicht eine Überschlagsrechnung? Setze ein: < oder >.

a) 1 000 – 365 – 590 ■ 100
1 000 – 89 – 710 ■ 200

b) 979 – 430 – 210 ■ 300
815 – 450 – 180 ■ 300

c) 834 – 89 – 261 ■ 400
641 – 231 – 156 ■ 250

LVL 16. Frau Söhrens hat auf ihrem Konto 12 628 €. Davon soll sie die drei Rechnungen bezahlen. Überlege dir zwei Fragen und berechne die Lösungen.

17. Die Firma Falco muss für einen Auftrag 7 450 Faltkartons herstellen. Der Auftrag kann in drei Tagen erledigt werden. Wie viele Faltkartons müssen am dritten Tag noch produziert werden? Überschlage erst und rechne dann genau.

Auftragsbericht Nr.: 234/09

Datum	Artikel	Menge
3.4.	Kartons	2686
4.4.	Kartons	2328
5.4.	Kartons	

18. Herr Löhr hat leider den Kontoauszug beim Öffnen der Post beschädigt.

a) Welcher Betrag wurde insgesamt von seinem Konto abgebucht?

b) Überschlage erst den neuen Kontostand und rechne dann genau.

Kontonummer: 234567

Abbuchung	Miete	656,– €
Abbuchung	Überweisung	1 747,– €

alter Kontostand:	4 898,– €
neuer Kontostand:	

LVL

Autorallye

1. Bei der Autorallye durch Afrika muss der gesamte Rundkurs an 6 Tagen, also in 6 Etappen bewältigt werden.

a) Wie viel Kilometer sind es vom Start bis zum Ziel?

b) Welche Länge haben die beiden Bergetappen zusammen?

c) Um wie viel Kilometer unterscheidet sich die kürzeste von der längsten Etappe?

2. a) Von welchem Ereignis handelt der Zeitungsbericht?

b) Was erfährst du über die beiden Tribünen?

c) Berechne die Zahl aller Zuschauer beim Zieleinlauf.

Am Ziel der ersten Etappe wurden alle Fahrer von einer jubelnden Menschenmenge empfangen. Die Tribüne, ausreichend für 2 647 Personen, war ausverkauft. Auch die kleine Tribüne für 946 Personen war voll besetzt.

3. Überprüfe und berichtige falls notwendig. Begründe deine Entscheidung.

a) Am 2. Tag besuchten deutlich mehr Zuschauer das Rennen als am 1. Tag.

b) Es herrschte anhaltender Regen während des 2. Renntages.

c) Die beiden Tribünen können zusammen etwa 3 000 Zuschauer fassen.

d) Am 2. Tag verfolgten insgesamt 1 670 Zuschauer das Rennen.

e) Am 2. Renntag konnten 1 035 Karten nicht verkauft werden.

Durch den anhaltenden Regen am 2. Tag besuchten weniger Zuschauer als erwartet die Tribünen. Die große Tribüne, ausreichend für 2 067 Personen, wurde nur von 1 384 Zuschauern besetzt. Auf der kleinen Tribüne, ausreichend für 728 Personen, blieben 352 Plätze unbesetzt. Im nächsten

LVL

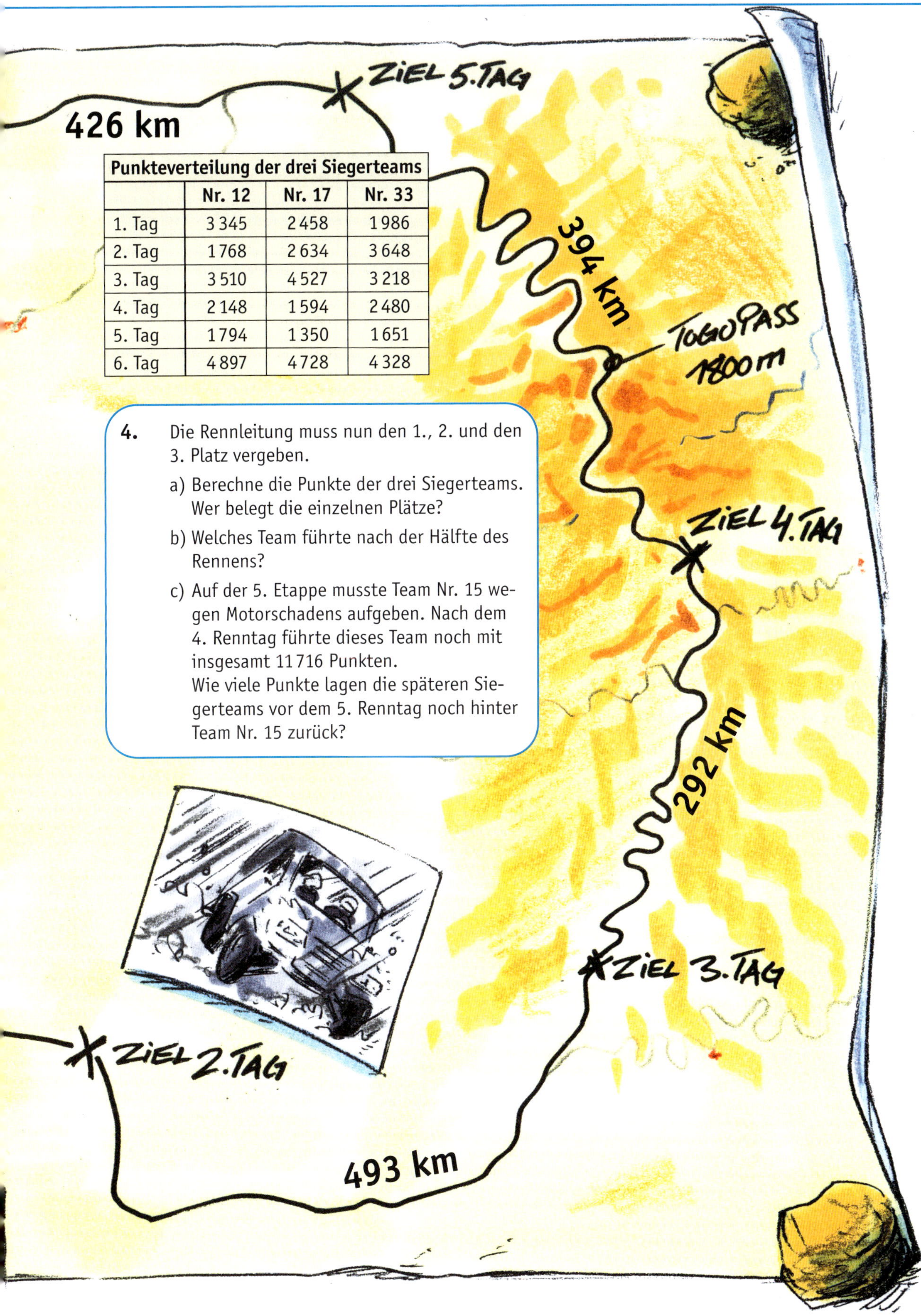

Punkteverteilung der drei Siegerteams			
	Nr. 12	Nr. 17	Nr. 33
1. Tag	3 345	2 458	1 986
2. Tag	1 768	2 634	3 648
3. Tag	3 510	4 527	3 218
4. Tag	2 148	1 594	2 480
5. Tag	1 794	1 350	1 651
6. Tag	4 897	4 728	4 328

4. Die Rennleitung muss nun den 1., 2. und den 3. Platz vergeben.

a) Berechne die Punkte der drei Siegerteams. Wer belegt die einzelnen Plätze?

b) Welches Team führte nach der Hälfte des Rennens?

c) Auf der 5. Etappe musste Team Nr. 15 wegen Motorschadens aufgeben. Nach dem 4. Renntag führte dieses Team noch mit insgesamt 11 716 Punkten.
Wie viele Punkte lagen die späteren Siegerteams vor dem 5. Renntag noch hinter Team Nr. 15 zurück?

Sachrechnen mit Geldbeträgen

Beim Addieren und Subtrahieren von Geldbeträgen schreibt man **Komma unter Komma.**
Dann rechnet man wie mit natürlichen Zahlen.

98,50 € – 14,25 € – 9,89 €
Überschlag (auf Zehner gerundet):
100 € – 10 € – 10 € = 80 €

genau:

```
  14,25 €        98,50 €
+  9,89 €      – 24,14 €
   1 1 1         111 1
  24,14 €        74,36 €
```

Aufgaben

1. Mache eine Überschlagsrechnung. Dann rechne genau.

a) 137,38 € + 24,15 € b) 64,50 € – 9,86 € c) 7,79 € + 8,46 € d) 263,50 € – 79,90 €

2. a) 116,60 € – 49,89 € b) 22,93 € – 9,75 € c) 1 248,47 € – 883,92 €

3. Wie viel Euro besitzen die Schülerinnen und Schüler?

4. Ilona kauft ein T-Shirt für 14,95 € und ein Paar Jeans für 49,50 €. Sie bezahlt mit einem 100-€-Schein. Wie viel Euro bekommt sie zurück? Überschlage, dann rechne genau.

Beim Überschlag auf ganze Euro-Beträge runden.
14,95 € ≈ 15 €
49,50 € ≈ 50 €

5. Überschlage den Rechnungsbetrag. Rechne dann genau.

6. Reicht das Geld? Wie viel Euro sind es zu viel oder zu wenig?

a)
b)
c)

TESTEN · ÜBEN · VERGLEICHEN

1. Bilde die Summe von
a) 30 und 70; b) 26 und 32; c) 48 und 26.

2. Bilde die Differenz von
a) 90 und 50; b) 75 und 24; c) 52 und 37.

3. Addiere zu 37 die Zahl 25.

4. Subtrahiere von 27 die Zahl 18.

5. Rechne aus.
a) $23 \xrightarrow{+8} \blacksquare$ b) $46 \xrightarrow{+18} \blacksquare$
c) $57 \xrightarrow{-5} \blacksquare$ d) $63 \xrightarrow{-15} \blacksquare$

6. a) $76 \xrightarrow{+24} \blacksquare \xrightarrow{+13} \blacksquare$
b) $58 \xrightarrow{-18} \blacksquare \xrightarrow{-12} \blacksquare$

7. Löse die Gleichung mit dem Umkehroperator.
a) $a + 35 = 80$ b) $x - 9 = 32$
c) $b - 22 = 50$ d) $y + 24 = 78$

8. a) $8 - (2 + 5)$ b) $20 - (16 - 8) + 10$
$14 - (13 - 9)$ $67 + 33 - (12 + 18)$

9. Fasse geschickt zusammen, dann rechne.
a) $8 + 3 + 7$ b) $23 + 16 + 4$
$59 + 41 + 27$ $99 + 11 + 29$

10. Wie kannst du vertauschen? Rechne geschickt im Kopf.
a) $79 + 17 - 9$ b) $127 - 73 - 27$
$138 + 53 - 38$ $509 - 91 - 9$

11. Rechne aus. Mache zuerst einen Überschlag.
a) 372 + 451 b) 41 187 + 95 + 1 228
c) 457 − 183 d) 28 584 − 238 − 1 347
e) 12 041 + 99 887 f) 34 806 − 1 487 − 17 054

12. a) Ich denke mir eine Zahl und addiere 24. Mein Ergebnis lautet 47.
b) Von meiner gedachten Zahl subtrahiere ich 33 und erhalte 56.

13. Tobias hat für 26,54 € Lebensmittel, für 15,30 € Getränke und für 5,52 € Schulsachen eingekauft. Er hat 50 € dabei.

14. a) 8 156 − 712 − 1 448 − 2 033 − 961
b) 29 238 − 5 144 − 7 581 − 3 876

Addition: $25 + 40 = 65$
65 ist die **Summe** von 25 und 40.

Subtraktion: $65 - 25 = 40$
40 ist die **Differenz** von 65 und 25.

Jede Addition oder Subtraktion kann mit **Operatoren** geschrieben werden.

$20 \xrightarrow{+7} 27$ $20 + 7 = 27$

$13 \xrightarrow{-6} 7$ $13 - 6 = 7$

$26 \xrightarrow{+5} 31 \xrightarrow{-8} 23$
$26 + 5 - 8 = 31 - 8 = 23$

Zu jedem **Plus-** oder **Minusoperator** gibt es einen **Umkehroperator.**

$46 \underset{-20}{\overset{+20}{\rightleftarrows}} 66$ $37 \underset{+11}{\overset{-11}{\rightleftarrows}} 26$

Was in der Klammer steht, wird zuerst ausgerechnet. Sonst wird von links nach rechts gerechnet.
$43 - (13 + 10) = 43 - 23 = 20$
$43 - 13 + 10 = 30 + 10 = 40$

In Summen dürfen ...

Zahlen vertauscht werden	Klammern beliebig gesetzt werden
Kommutativgesetz	**Assoziativgesetz**
$4 + 17 = 17 + 4$	$(18 + 17) + 3 = 18 + (17 + 3)$

Schriftliche Addition
mit **Überschlagsrechnung**

$$\begin{array}{r} 264 \\ +\ 98 \\ +\ 109 \\ {}_{1\,2} \\ \hline 471 \end{array} \qquad \begin{array}{r} 264 \approx 300 \\ 98 \approx 100 \\ 109 \approx 100 \end{array} \qquad \begin{array}{r} 300 \\ +\ 100 \\ +\ 100 \\ \hline 500 \end{array}$$

Mehrfaches Subtrahieren
543 − 227 − 168

Überschlag	1. Methode		2. Methode	
500	543	316	227	543
− 200	− 227	− 168	+ 168	− 395
− 200	1	1 1	1	1 1
100	316	148	395	148

DIAGNOSETEST

1. Löse die Gleichung.

a) $x + 78 = 235$ b) $y - 112 = 464$

2. a) $68 - (18 + 23)$ b) $53 - 16 + 14$

3. $18 + 274 + 32 + 26 + 50$

4. Berechne schriftlich. a) $8\,504 + 1\,774 + 647$ b) $8\,437 - 562 - 1\,043$

5. Berechne.

a) Die Differenz aus der Zahl 4 321 und der Summe aus 1 042 und 583.

b) Addiere zu 1 206 die Summe aus 384 und 827.

Wähle weitere 5 Aufgaben aus

1. Ein Tankwagen ist mit 9 780 *l* Rapsdiesel beladen und muss zwei Kunden beliefern. Bei der ersten Tankstelle werden 3 720 *l* geliefert, bei der zweiten 5 812 *l*. Mit wie viel Litern fährt der Tankwagen zurück?

2. Am Eis-Stadion gibt es zwei Parkplätze. Auf Platz 1 stehen 124 Autos, auf Platz 2 stehen 15 Autos weniger. Wie viele Autos sind insgesamt geparkt?

3. Frau Berg kauft ein Auto für 18 200 €. Für ein Radio mit CD-Spieler muss sie noch 300 € extra bezahlen. Ihr Händler nimmt ihr altes Auto mit 5 800 € in Zahlung. Rechne aus, welchen Betrag Frau Berg noch zahlen muss.

4. Kontrolliere, ob das Ergebnis stimmt.

a) $9\,632 - 754 - 6\,109 = 2\,769$ b) $20\,025 - 102 - 9\,756 = 11\,167$

5. Reicht das Geld? Wie viel Euro sind es zu viel oder zu wenig?

a)

Käse	17,98 €
Wurst	8,79 €
Obst	3,98 €

b)

Fahrrad	389,00 €
Helm	29,90 €
Schloss	19,50 €

6. Emily macht eine Fahrradtour. Jeden Abend schreibt sie den Stand ihres Kilometerzählers auf.

a) Wie viele Kilometer ist sie am 3. Tag geradelt?

b) Wie lang ist ihre Radtour insgesamt gewesen?

Start:	1 357
1. Tag	1 422
2. Tag	1 479
3. Tag	1 565
4. Tag	1 641

7. Frau Rissler erhält monatlich 1 690 € ausgezahlt. Davon sind 420 € Miete zu zahlen. 640 € braucht sie für ihren Haushalt, 170 € für Strom, Wasser, Heizung und Telefon und außerdem noch 140 € für Benzin. In diesem Monat möchte sich Frau Rissler ein neues Fernsehgerät für 425 € kaufen. Reicht ihr Monatsverdienst dafür? Begründe.

3

Körper, Flächen und Linien

Flächen, Kanten und Ecken

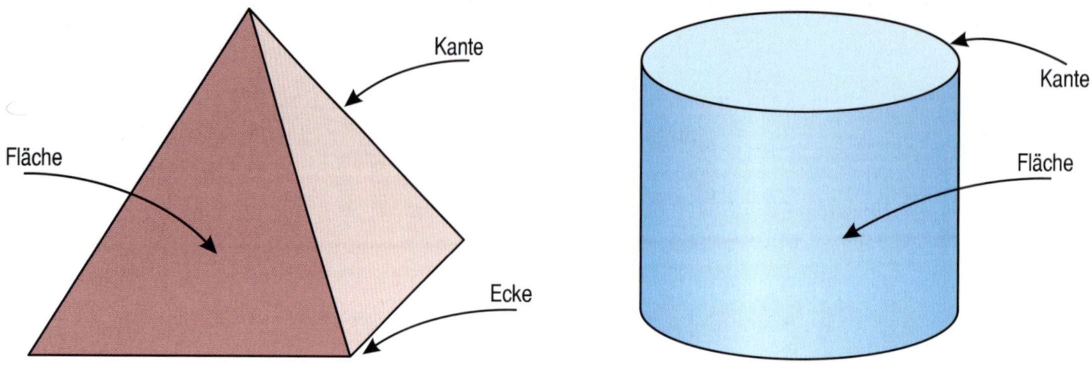

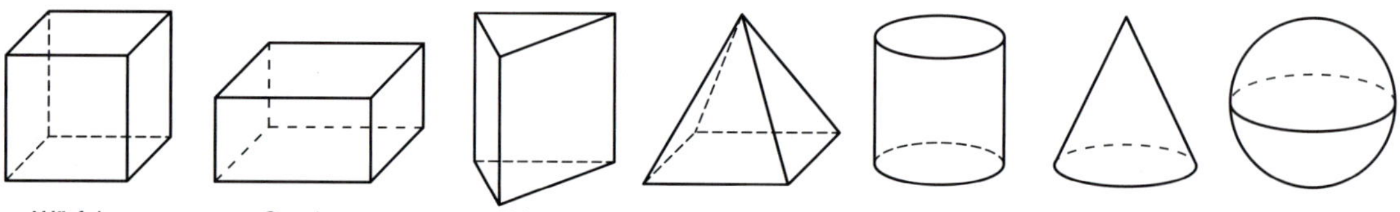

Aufgaben

1. a) Welche Körper haben nur gerade Kanten?
b) Welche Körper haben sowohl gerade als auch gebogene Kanten?
c) Welche Körper haben keine einzige gerade Kante?

2. Zu welchen Körpern kann die abgebildete Fläche gehören?

a) 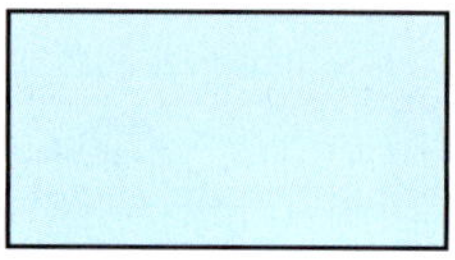
b) 
c) 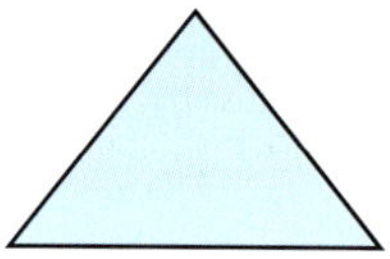
d) 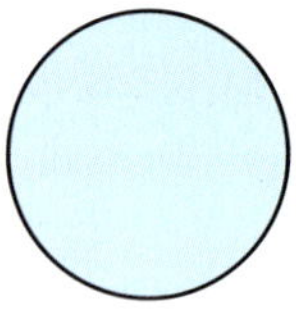

3. a) Welche Körper haben nur ebene Flächen?
b) Welche Körper haben sowohl ebene als auch gewölbte Flächen?
c) Welche Körper haben keine einzige ebene Fläche?

4. Auf welche Körper trifft die Kennkarte zu?

a) Alle zwölf Kanten sind gleich lang.
b) Es gibt zwei kreisförmige Flächen.
c) Es gibt genau 5 Ecken.
d) Es gibt nur eine Ecke.

LVL **5.** Verpackte Ware wird im Supermarkt in ein Regal einsortiert und gestapelt. Welche Verpackungsform ist besonders günstig, welche weniger günstig? Überlege und nenne Vor- und Nachteile.
① Quader ② Zylinder ③ Pyramide ④ Würfel ⑤ Kegel ⑥ Kugel

6. Auf welche Körper trifft die Kennkarte zu?

a) Nur ebene Flächen und jede hat genau 4 Eckpunkte.
b) Nur ebene Flächen und jede hat 3 oder 4 Eckpunkte.
c) Nur gerade Kanten und in jeder Ecke treffen sich drei.
d) Nur gerade Kanten, in einer einzigen Ecke treffen sich vier.

7. Stell dir vor, du sollst aus einer Kartoffel mit einem Messer einen Körper mit ebenen Flächen schneiden. Wie oft musst du (mindestens) schneiden für

a) einen Würfel; b) einen Quader; c) ein Prisma; d) eine Pyramide?

LVL **8.** Man sagt „Würfel“ oder „Kegel“, aber ist es wirklich ein Würfel oder Kegel?

a) Würfelzucker b) Spielwürfel c) Suppenwürfel d) Lichtkegel e) Kegelbahn

9. Welcher Körper kann es sein?

a) Er hat genau zwei Kanten, beide sind gebogen.

b) Er hat genau eine Fläche, und sie ist gewölbt.

c) Er hat genau zwei Flächen, die eine ist eben, die andere gewölbt.

d) Er hat mehr als zwei Flächen, aber nur zwei sind eben.

LVL **10.** Kannst du *ohne abzusetzen* den Würfel längs einiger Kanten in einem Schnitt so zerschneiden, dass beim Auseinanderfalten ein Netz entsteht (und keine losen Teilflächen)? Notiere mithilfe der Eckpunkte, wie du schneidest, z. B.: A-B-C für den Schnitt von A über B zu C.

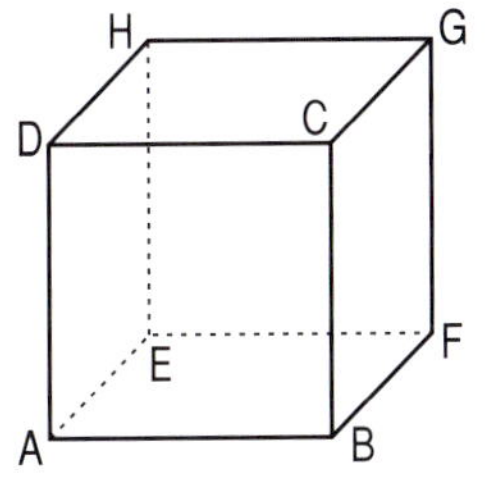

11. Stell dir vor, zwei Würfel mit derselben Kantenlänge werden genau passend aufeinander gesetzt. Was für ein Körper entsteht?

12. Stell dir vor, auf zwei gegenüberliegenden Flächen eines Würfels wird je eine Pyramide mit genau passender Grundfläche aufgesetzt. Wie viele Flächen, Kanten und Ecken hat der neue Körper?

13. Stell dir eine quaderförmige Blechdose ohne Deckel vor. Wie viele Ecken, Kanten und Flächen hat sie?

14. Wenn man eine Kugel am „Äquator“ durchschneidet, erhält man zwei Halbkugeln. Wie viele Flächen, Kanten und Ecken hat eine Halbkugel? Wie viele ihrer Flächen sind eben, wie viele ihrer Kanten sind gerade?

15. Ein Kegel wird mit einem Schnitt durch die Spitze senkrecht zu seiner ebenen Fläche halbiert. Wie viele Kanten und Ecken hat die Schnittfläche?

16. Ein Zylinder wird mit einem Schnitt halbiert. Wie viele Kanten und Ecken hat die Schnittfläche?

a) Schnitt erfolgt senkrecht zum Boden. b) Schnitt erfolgt parallel zum Boden.

LVL **17.** Ein an der Oberfläche rot gefärbter Holzwürfel wurde in kleine Würfel zerschnitten.

a) Wie viele Schnitte waren jeweils mindestens erforderlich?

b) Lege eine Tabelle an und fülle sie mit den jeweiligen Anzahlen der kleinen Würfel aus.

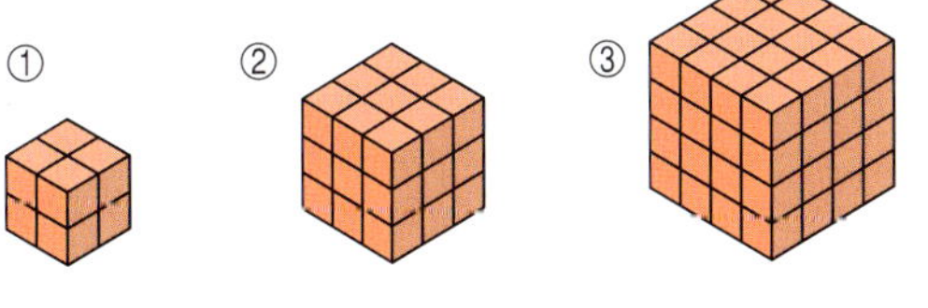

Anzahl		So viele kleine Würfel haben			
großer Würfel	aller kleinen Würfel	3 rote Flächen	2 rote Flächen	1 rote Fläche	0 rote Flächen
①					

Schrägbilder zeichnen

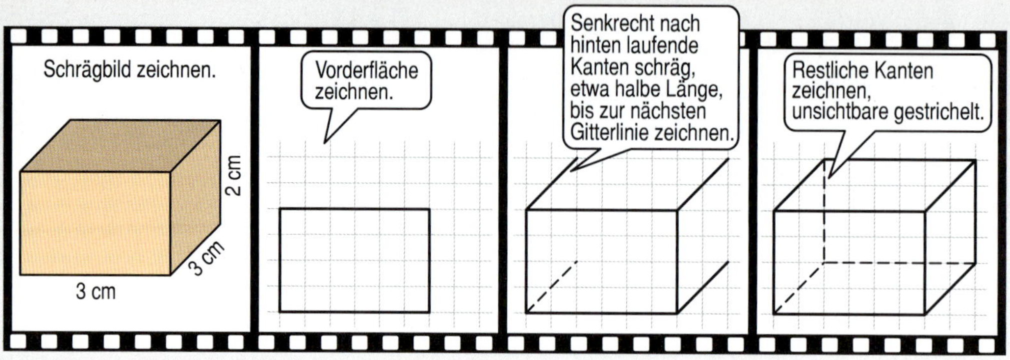

Aufgaben

1. Zeichne das Schrägbild des Quaders mit doppelten Längen, die unsichtbaren Kanten gestrichelt.

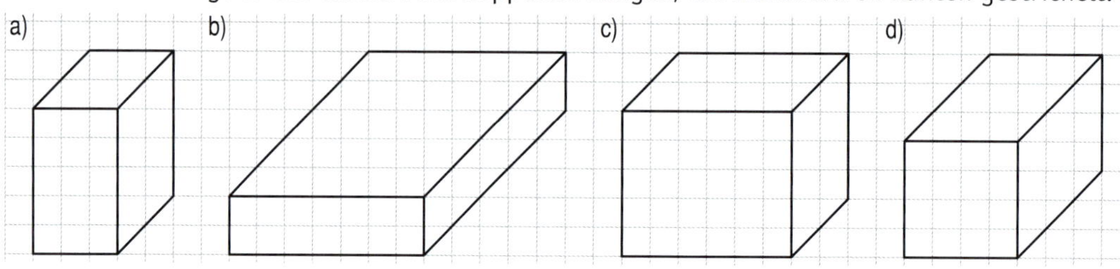

2. Zeichne drei Schrägbilder desselben Quaders, jedes mit einer anderen Fläche als Vorderfläche.

a) a = 8 cm b = 6 cm c = 2 cm

b) a = 10 cm b = 5 cm c = 3 cm

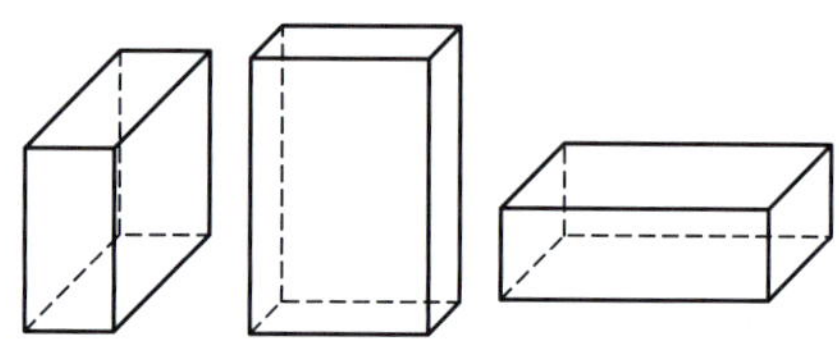

3. Zeichne das Schrägbild eines Würfels mit der Kantenlänge a) 4 cm; b) 7 cm; c) 5,5 cm.

4. Zeichne das Schrägbild des Buchstabens mit doppelten Längen. Lass unsichtbare Linien weg.

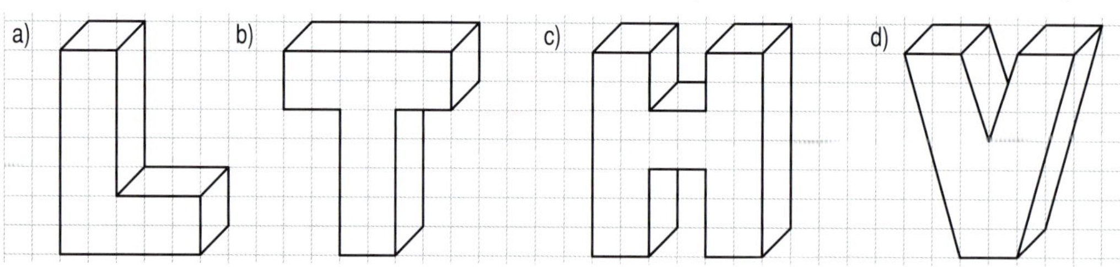

LVL **5.** Ist die Fläche mit den Ecken ABCD vorne oder hinten oder lässt sich das nicht feststellen – und wenn ja, warum nicht?

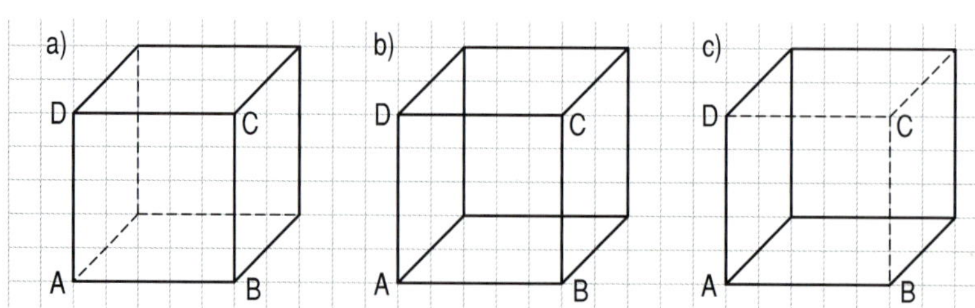

LVL

Bastelanleitung für Würfel und Quader

> Tipp: Karopapier auf Karton kleben!

Würfel

① Zeichne das Netz (Maße beachten) mit Klebelaschen auf Karopapier.

> Schneiden (durchgezogene Linie)
> Falten (gestrichelte Linie)
> Kleben (graue Fläche)

② Falte und klebe zu einem Würfel.

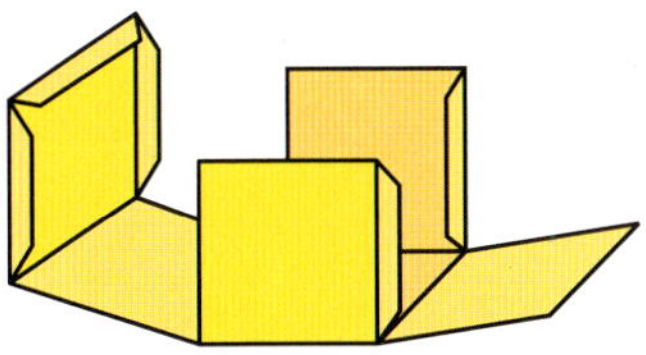

③ Bevor du den Deckel schließt, kannst du eine Überraschung in den Würfel packen.

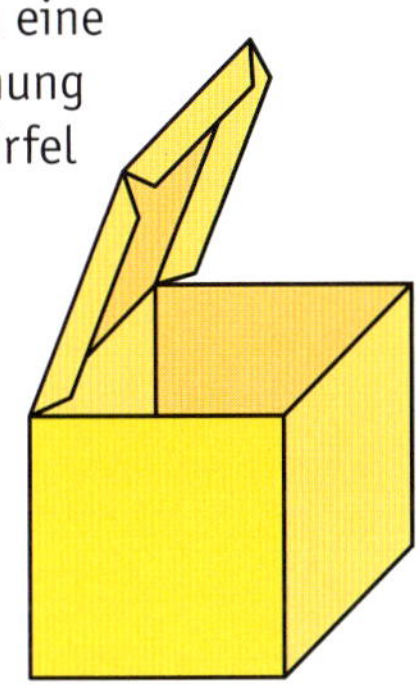

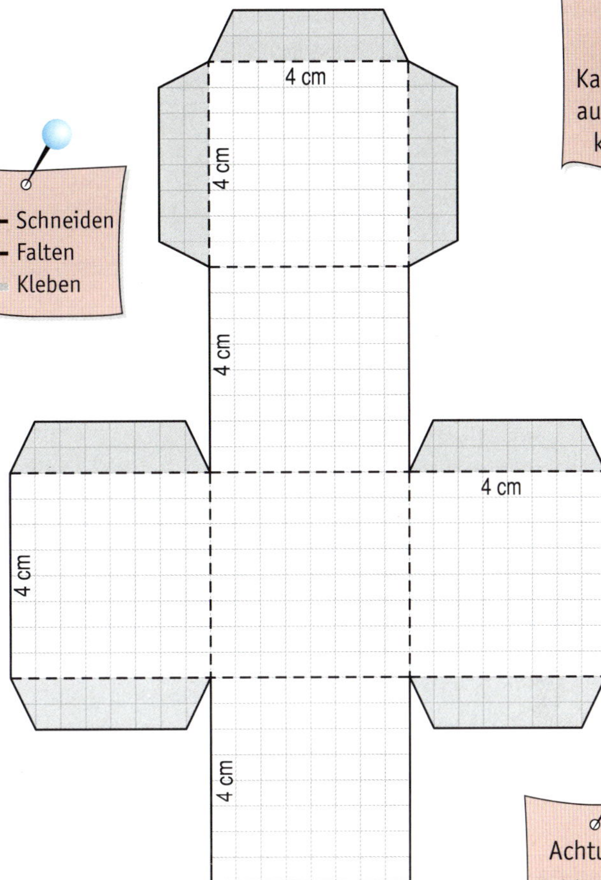

> Achtung: Beide Netze sind hier verkleinert!

Quader

① Zeichne das Netz (Maße beachten) mit Klebelaschen auf Karopapier

② Falte und klebe zum Quader.

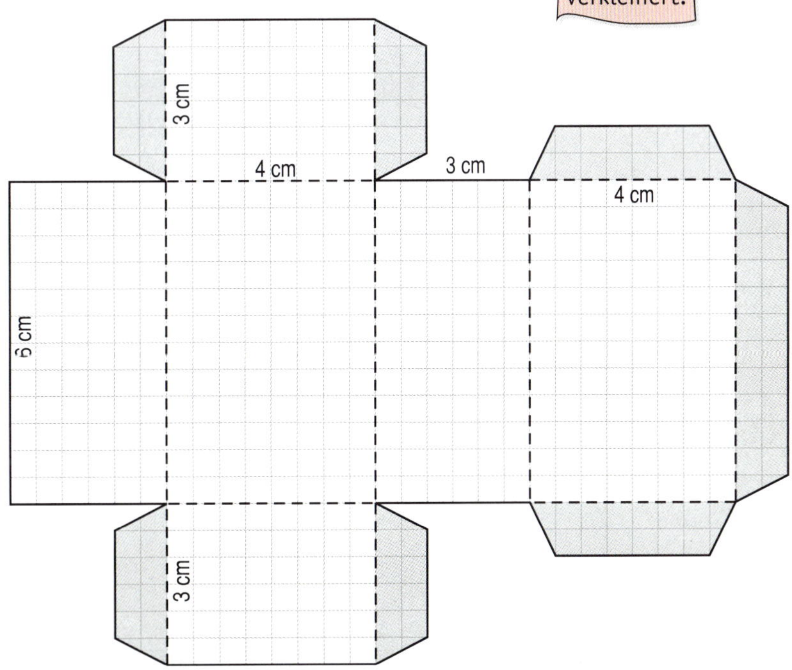

Vermischte Aufgaben

1. Zeichne das Netz, schneide es aus und falte es zu einem Würfel. Klebe mit Klebeband.

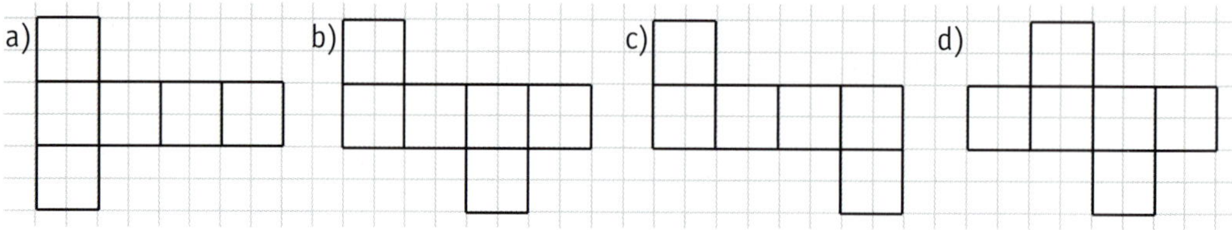

2. Prüfe, ob sich aus dem Netz wirklich ein Würfel falten lässt. Falte nur in Gedanken. Nur wenn du unsicher bist, kontrolliere durch Zeichnen, Ausschneiden und wirkliches Falten.

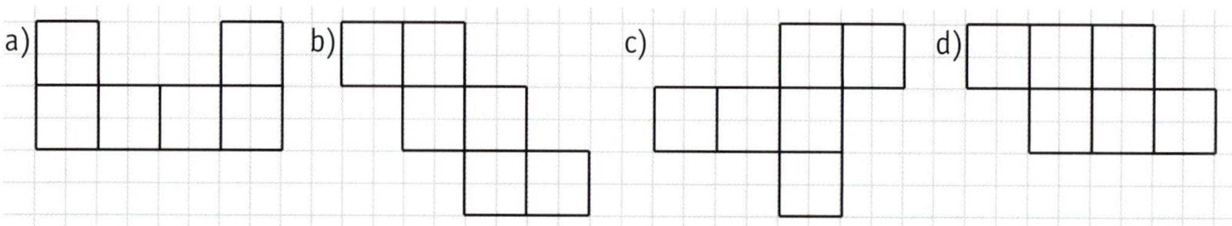

3. Stell dir vor, das Würfelnetz ist mit der Fläche G festgeklebt. Die anderen Flächen werden zu einem Würfel hochgefaltet. Welche Fläche ist dann am Würfel vorne, hinten, links, rechts oder oben? Schreibe wie im Beispiel.

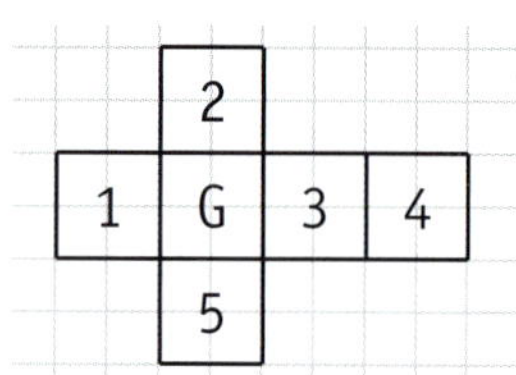

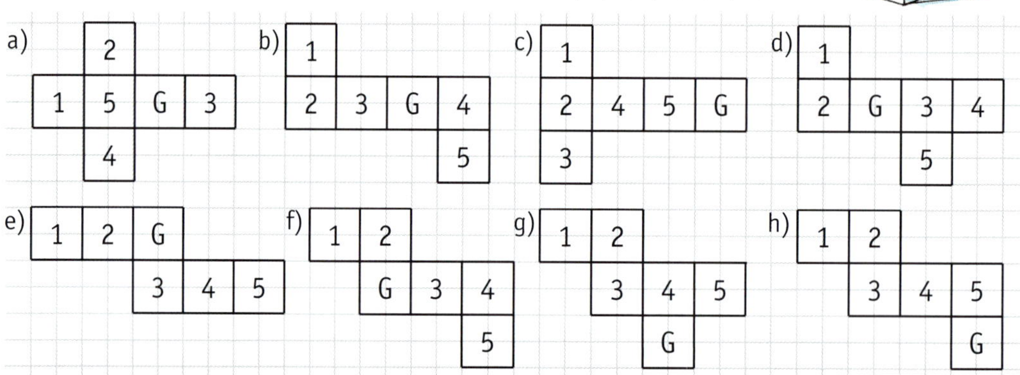

4. Zeichne das Würfelnetz ins Heft und färbe es (markierte Fläche D oben).

a)

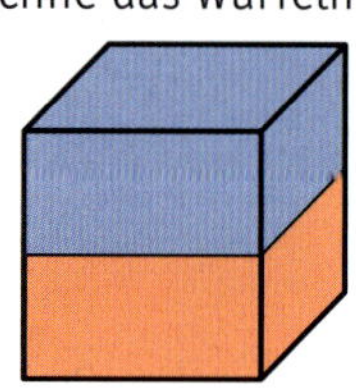

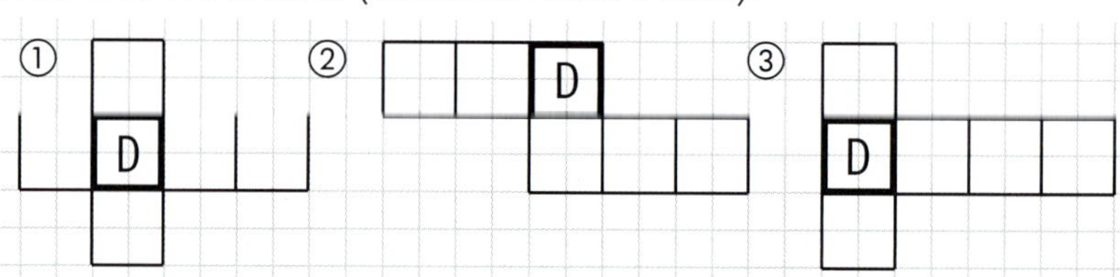

Die obere Hälfte ist blau, die untere Hälfte ist rot.

b)

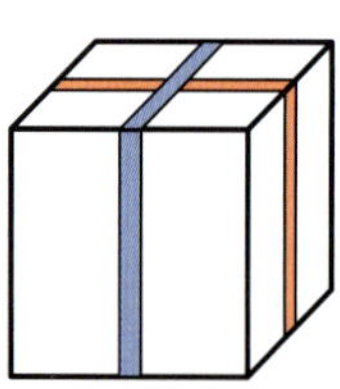

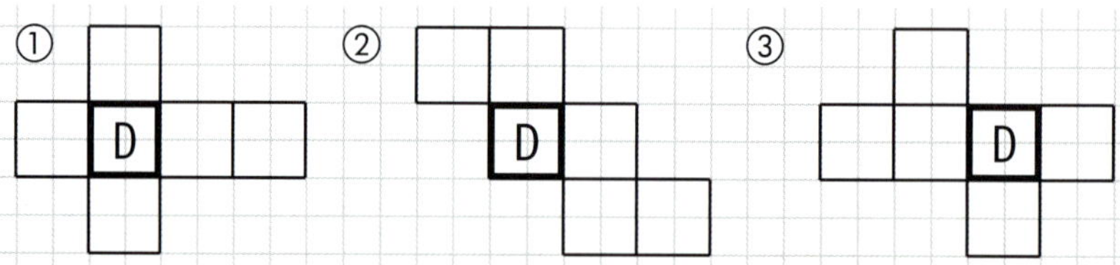

Gegenüberliegende Seiten sind gleich gefärbt.

5. Zeichne das Netz, schneide es aus, falte es zu einem Quader. Klebe mit Klebeband.

a)
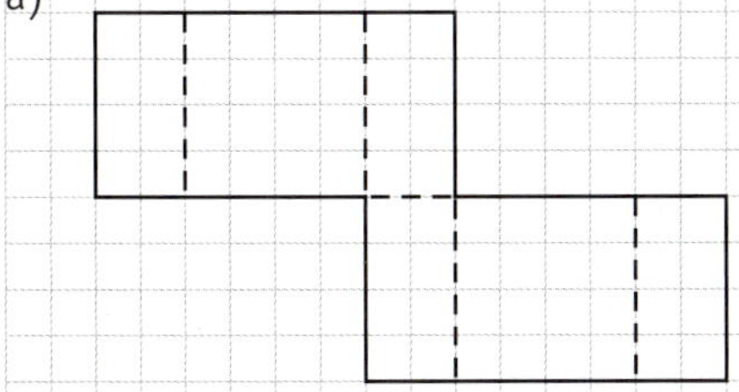
b)
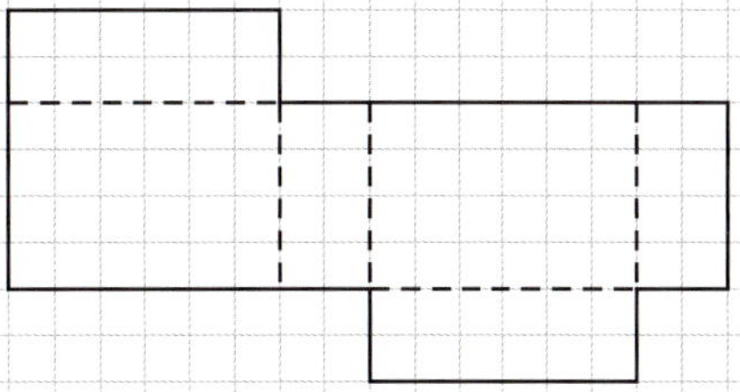

6. Prüfe, ob sich aus dem Netz wirklich ein Quader falten lässt. Falte nur in Gedanken. Nur wenn du unsicher bist, kontrolliere durch Zeichnen, Ausschneiden und wirkliches Falten.

a)
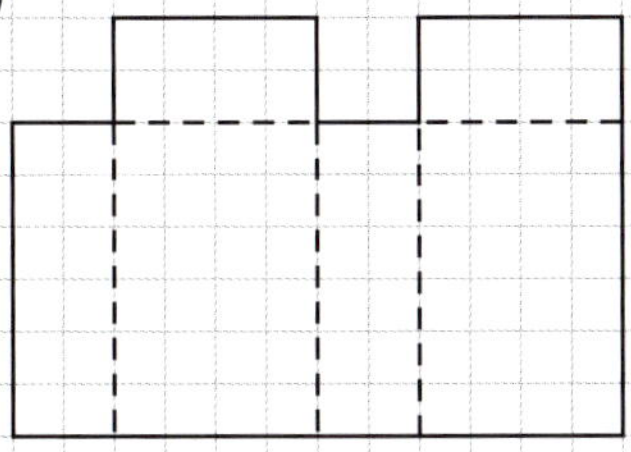
b)
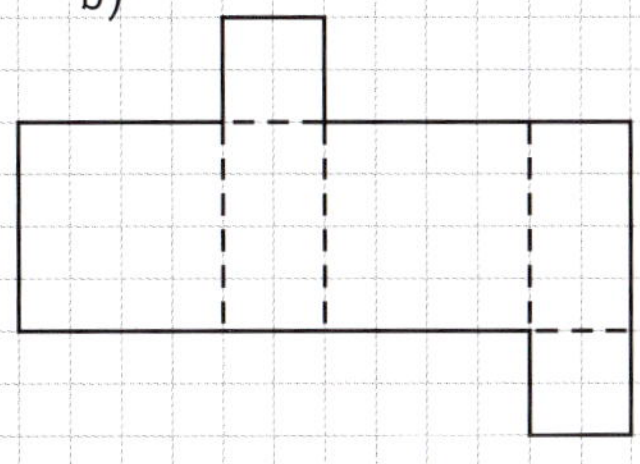
c)
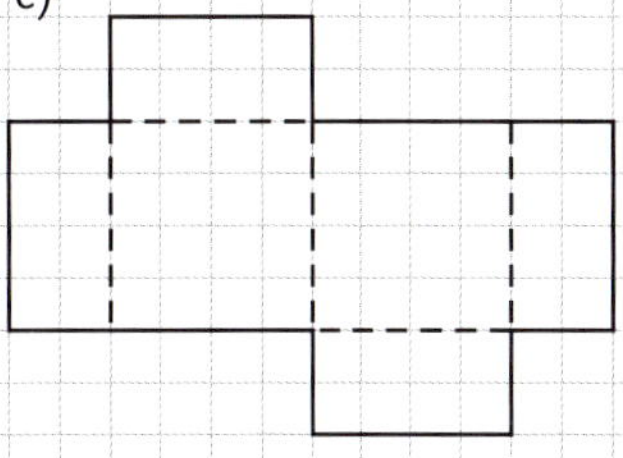

7. Welcher Quader passt zu welchem Netz? Ordne zu.

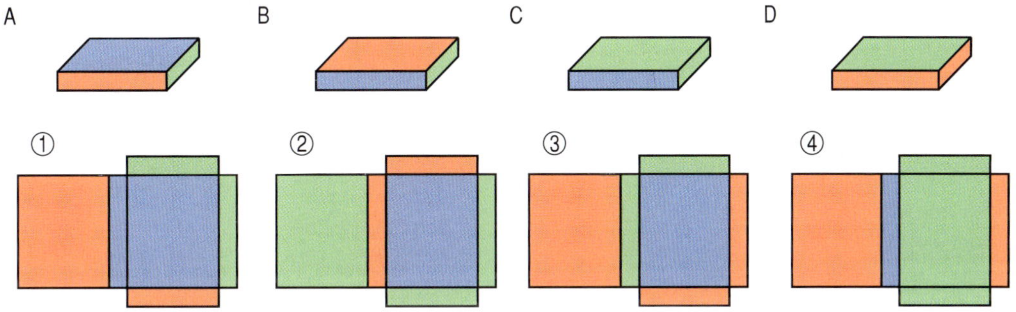

8. Welche Netze passen zu den Würfeln? Ordne jedem Würfel mögliche Netze zu.

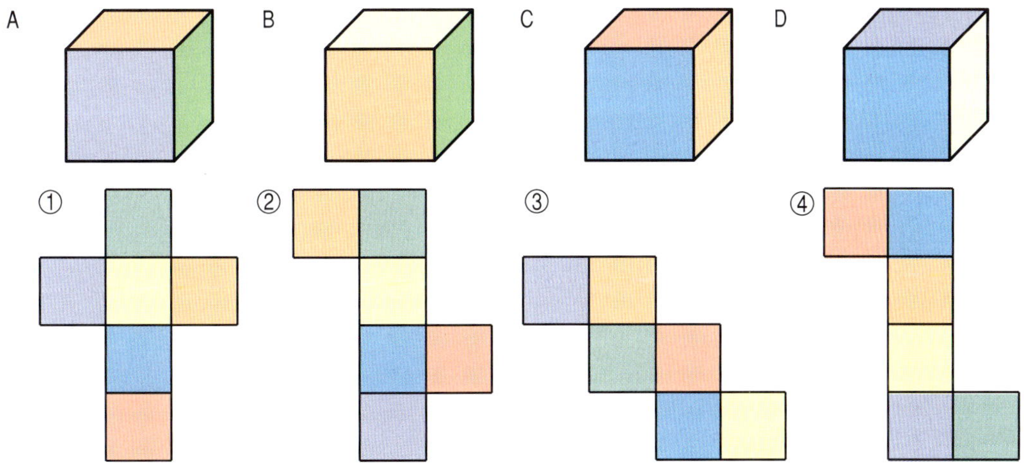

LVL **9.** Wie viele *gleiche* Flächen kann ein Quader haben? Überlege, probiere, begründe.

Bleib FIT!

Die Ergebnisse der Aufgaben 1 bis 8 ergeben drei Städte in Brandenburg.

1. Runde.
a) 235 (auf Zehner)
b) 551 (auf Hunderter)
c) 4 948 (auf Hunderter)
d) 450 (auf Hunderter)

2. Berechne.
a) 135 + 97
b) 269 + 26
c) 47 + 135

3. Berechne.
a) 339 − 95
b) 567 − 332
c) 894 − 99

4. a) Vermindere die Zahl 77 um 58.
b) Addiere zu 158 die Zahl 79.
c) Bilde die Differenz aus 87 und 55.
d) Vermehre die Zahl 29 um 64.

5. Lies die Höhe des Berliner Fernsehturms und des Kölner Doms ab, runde auf 50 Meter.

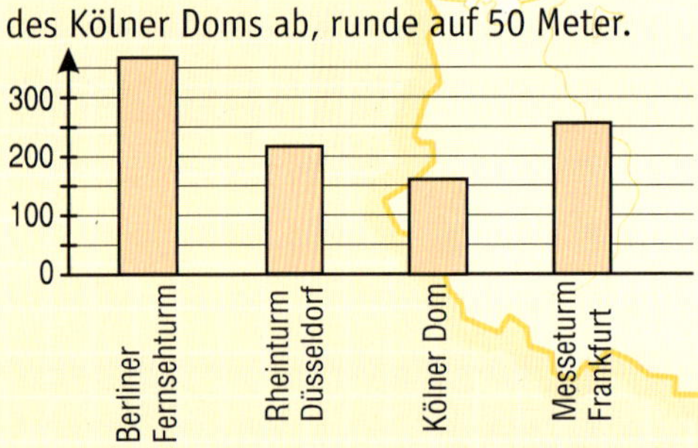

6. Berechne die fehlende Zahl.
a) 345 + a = 429
b) b − 87 = 235
c) 23 + 129 = c
d) d − 39 = 568

7. Julia kauft zwei Hefte für je 0,49 € und einen Stift für 3,98 €. Sie bezahlt mit einem 10 €-Schein und bekommt ▒ € zurück.

8. Lies die Zahlen am Zahlenstrahl ab.

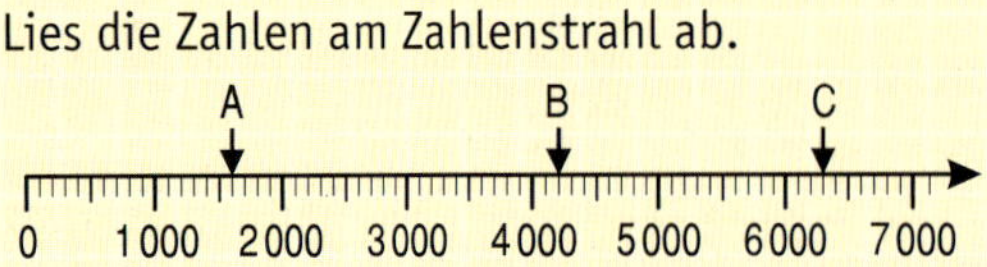

4,04	K
5,04	T
19	R
32	W
93	A
84	E
95	K
133	P
150	D
152	O
182	M
232	D
235	B
237	S
240	P
244	E
295	A
322	C
350	L
500	S
600	O
607	T
795	E
1 600	B
4 200	U
4 800	O
4 900	T
6 300	S

Senkrecht und parallel

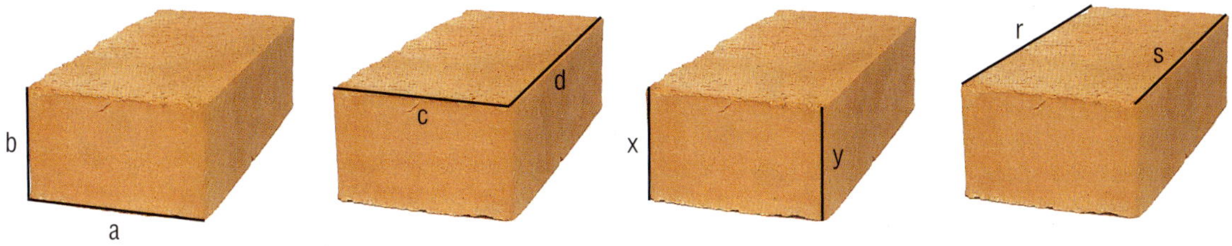

Zwei aneinander stoßende Kanten eines Quaders sind **senkrecht** zueinander.
Man schreibt: $a \perp b$ $c \perp d$

Zwei gegenüberliegende Kanten eines Quaders sind **parallel** zueinander.
Man schreibt: $x \parallel y$ $r \parallel s$

Aufgaben

1. Welche der beschrifteten Kanten sind senkrecht zur Kante a, welche sind parallel zu a?

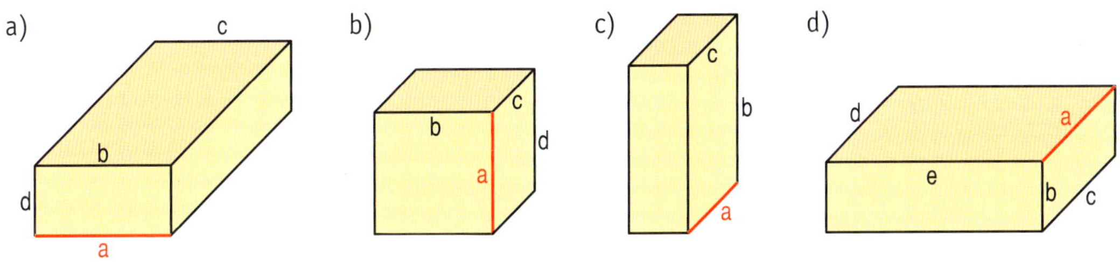

2. Schreibe ins Heft: senkrecht zueinander ($\perp$) oder nicht ($\not\perp$).

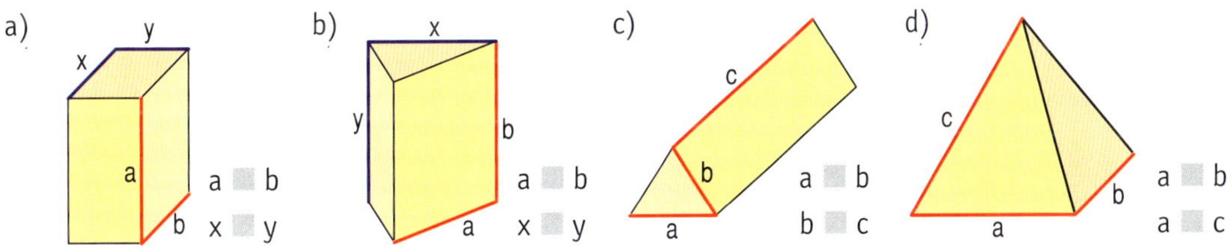

3. Schreibe ins Heft: parallel zueinander ($\parallel$) oder nicht ($\nparallel$).

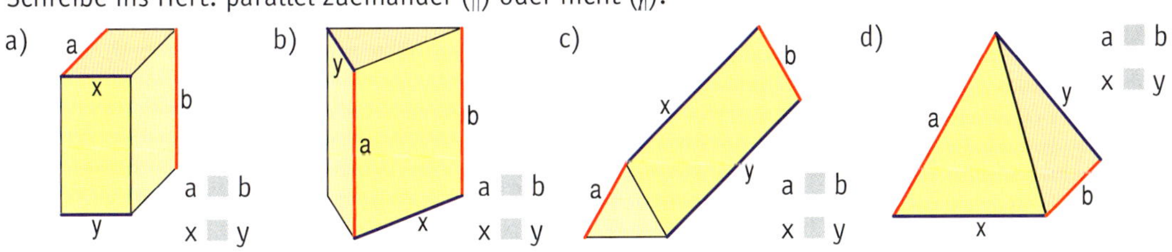

4. Parallele Kanten sollen gleich gefärbt werden, andere nicht. Wie viele Farben braucht man?
a) Würfel b) Quader c) Prisma d) Pyramide

5. Gibt es Kanten, die weder parallel noch senkrecht zueinander sind bei
a) Würfel, b) Quader, c) Prisma, d) Pyramide?

LVL

Basteln von Kantenmodellen

Du brauchst
- Trinkhalme auf gleiche Länge geschnitten (8 cm)
- Papier für die Ecken
- Lineal, Bleistift
- Schere, Klebstoff

Du brauchst
- Trinkhalme auf die verschiedenen Längen geschnitten (8 cm, 6 cm, 4 cm)
- Papier für die Ecken
- Lineal, Bleistift
- Schere, Klebstoff

① Schneide die Trinkhalme für Würfel und Quader zu.

② Fertige die benötigten Papierecken für Würfel und Quader (siehe Film).

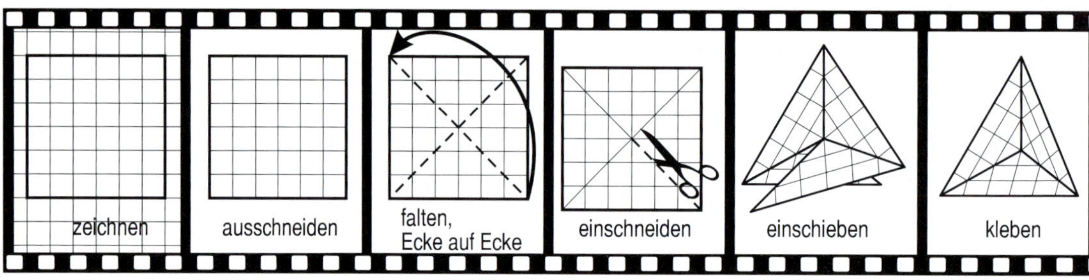

③ Baue Boden und Decke.

Klebstoff in die beiden unteren Kanten

Trinkhalme **gleich** weit hinein „auf Stoß"

Freie hintere Ecke mit Klebstoff füllen

④ Klebe die Trinkhalme an den Boden.

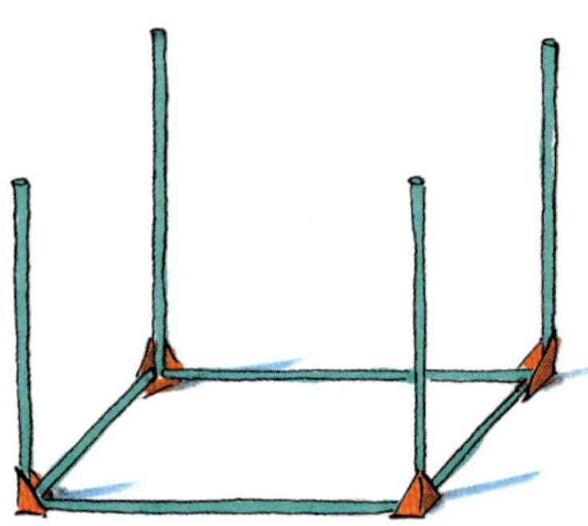

⑤ Endmontage: Setze die Decke auf.

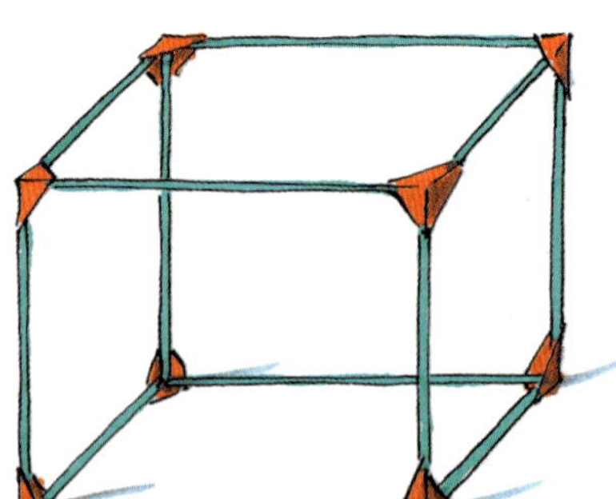

Lotrecht – waagerecht

Lotrecht: senkrecht zur Erdoberfläche wie das Lot (Senkblei).
Waagerecht: parallel zur Erdoberfläche wie die Wasserwaage.
Lotrecht und waagerecht sind zueinander senkrechte Richtungen.

Aufgaben

1. In welchen Handwerksberufen braucht man regelmäßig Wasserwaage oder Senkblei?
Elektriker Maurer Friseur Zimmermann Fliesenleger Schornsteinfeger Tischler

LVL **2.** Welche der Dinge sollten waagerecht sein, welche besser nicht? Überlege und nenne Gründe.
Abflussleitung Terrasse Tischtennisplatte Zimmerboden Herdplatte Zeichentischplatte

3. a)

b)

c)

Welche Kanten sind lotrecht, welche waagerecht, welche zueinander senkrecht oder parallel?

LVL **4.** Bilddetektive an die Arbeit! Der Blick aus dem runden Bullauge ist richtig. Aber im Inneren der Schiffskajüte sind 7 Fehler. Versuche, sie alle zu finden. Vergleiche dann mit anderen, zusammen entdeckt ihr bestimmt alle. Aber passt auf, dass ihr nichts als Fehler notiert, was in Wirklichkeit richtig ist.

LVL **5.** Versuche mit anderen zusammen, ein eigenes Rätselbild mit Fehlern zu zeichnen.

LVL

Mathe-Olympiade

1. Addiere zu 397 die kleinste dreistellige Zahl mit der Quersumme 4.

2. Bestimme die Zahlen a und b; a ist um 12 größer als b.
$568 - b = a + 480$

3. Subtrahiere von der Summe der Zahlen 57 und 84 die Differenz der Zahlen 109 und 61.

4. Bestimme die Zahl x.
$256 : x = x : 4$

5. a, b und c sind benachbarte gerade Zahlen. a ist die kleinste und c die größte Zahl. Die Summe der drei Zahlen ist 72.
Bestimme a, b und c.

1. Monika, ihr Vater und ihr Großvater sind zusammen 139 Jahre alt. Lustig ist, dass jeder von ihnen ein Alter erreicht hat, das eine Quadratzahl ist.

2. Olaf wurde am 5. März 2005 9 Jahre alt. Ein Jahr später ist er doppelt so alt wie das Haus, in dem er wohnt. In welchem Jahr wurde das Haus fertiggestellt?

3. Die Zwillinge Antonia und Beate sind 4 Jahre jünger als ihr Bruder Carsten. Zusammen sind die drei Kinder ein Vierteljahrhundert alt.
Wie alt ist Carsten?

1. Strahlen sollen in einem der abgebildeten Punkte beginnen und durch einen anderen abgebildeten Punkt verlaufen. Wie viele Strahlen dieser Art gibt es?
Eine Möglichkeit ist eingezeichnet.

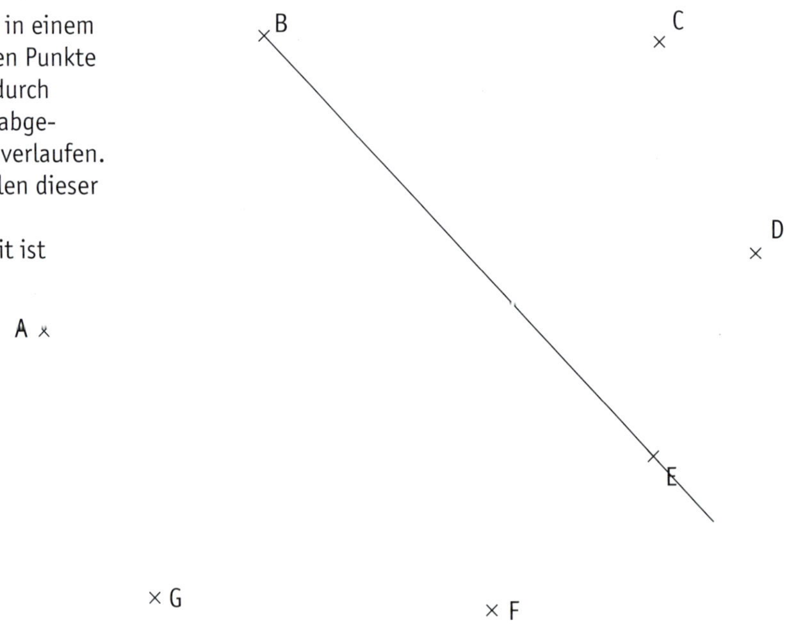

LVL

1. Was ist am Spiegelbild falsch?

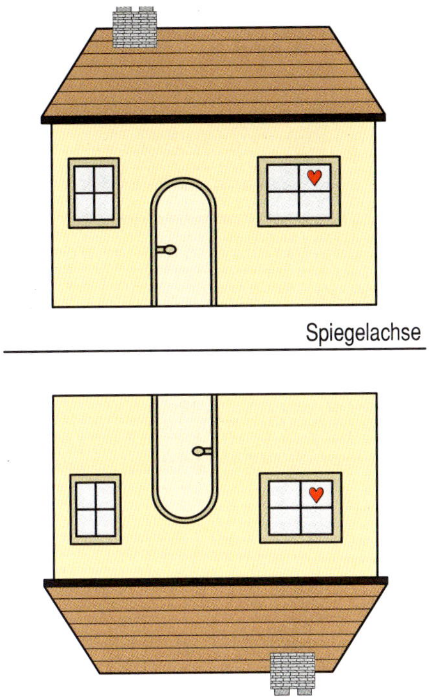

2. Christian hat ein Viereck gezeichnet.

Nadine und Kemal haben beide Recht.
Wie sieht Christians Viereck aus?

1. Schreibe die nächsten drei Zahlen der Zahlenfolge ins Heft.
48, 53, 59, 66, 74, □, □, □

2. Wie heißen die ersten beiden Zahlen der Zahlenfolge?
□, □, 10, 14, 15, 21, 20, 28, …

3. Wie heißen die drei fehlenden Zahlen der Zahlenfolge?
1, 1, 2, 2, 4, 3, 8, 4, □, 5, □, □

4. Wie heißt die fehlende Zahl der Zahlenfolge?
2, 3, 5, □, 17, 33, 65, …

1. Von den 25 Geraden g_1, g_2, g_3, … g_{25} weiß man:
$g_1 \perp g_2$, $g_2 \perp g_3$, $g_3 \perp g_4$, $g_4 \perp g_5$, … $g_{24} \perp g_{25}$

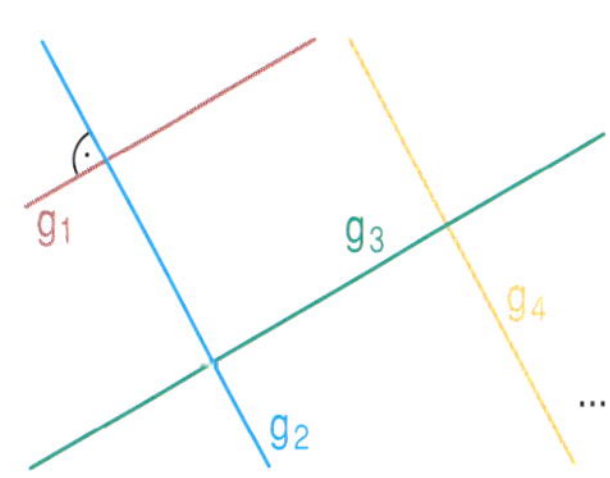

Schreibe alle Geraden auf, die zu g_{15} parallel sind.

Rechteck und Quadrat

Die Flächen eines Quaders heißen **Rechtecke.** Gegenüberliegende Seiten eines Rechtecks sind gleich lang.

Die Flächen eines Würfels heißen **Quadrate.** Alle Seiten sind gleich lang.

Im Quadrat und Rechteck sind gegenüberliegende Seiten parallel zueinander. Benachbarte Seiten sind senkrecht zueinander; sie bilden einen **rechten Winkel** (⊾).

Aufgaben

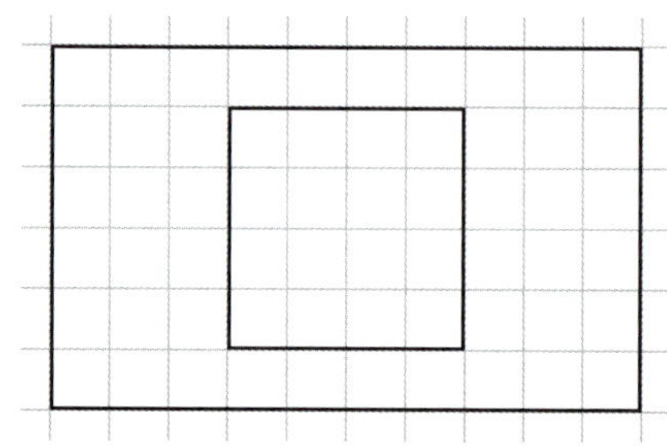

1. Zwei Karolängen sind 1 cm. Wie lang sind die Seiten
a) des gezeichneten Rechtecks;
b) des gezeichneten Quadrates?

2. Zeichne mit dem Lineal auf Karopapier:
a) ein Quadrat mit 5 cm Seitenlänge;
b) ein Rechteck mit Seitenlängen von 4 cm und 6 cm.

3. Ein Quader hat die Kantenlängen 3 cm, 4 cm und 5 cm. Wie viele verschiedene Seitenflächen gibt es? Zeichne von jeder Sorte eine auf Karopapier.

4. Wo gibt es in deiner Umgebung rechteckige oder sogar quadratische Flächen? Nenne Beispiele.

5. Zeichne auf Karopapier (1 cm für 1 m) ein rechteckiges Rasenstück mit Seitenlängen von 8 m und 6 m und in der Mitte ein quadratisches Blumenbeet mit 3 m Seitenlänge. Die Seiten des Beetes sind parallel zu den Rasenkanten.

6. Zeichne ohne Geodreieck auf Karopapier ein Quadrat, sodass keine seiner Seiten parallel zu Karolinien verläuft.

LVL **7.**

Vermischte Aufgaben

1. Welche Körper haben die genannte Eigenschaft?

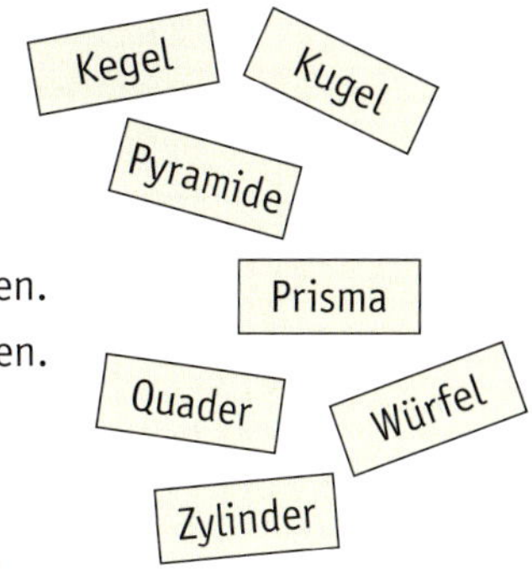

a) Besitzt nur gerade Kanten.
b) Besitzt nur gebogene Kanten.
c) Kann gerollt werden.
d) Alle Flächen sind gleich.
e) Hat nur Rechtecke als Flächen.
f) In jeder Ecke treffen sich 3 Kanten.
g) Hat 1 Ecke, 1 Kante, 2 Flächen.
h) In einer Ecke treffen sich 4 Kanten.
i) Hat 4 Dreiecksflächen.
j) Hat 2 Dreiecksflächen.
k) Hat genau 3 Flächen.
l) Hat keine einzige Kante.
m) Hat 9 Kanten.
n) Hat keine Ecke und drei Flächen.

2. Von wo blickt man in den Würfel, von vorne, hinten, rechts, links, ...?

a) b) c) d) e)

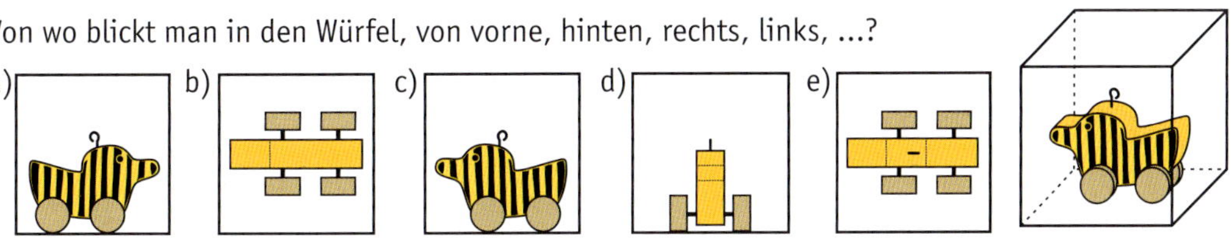

3. Aus dem Netz wird ein Würfel gefaltet. Notiere die Zahlenpaare der gegenüberliegenden Flächen.

a) b) c) d)

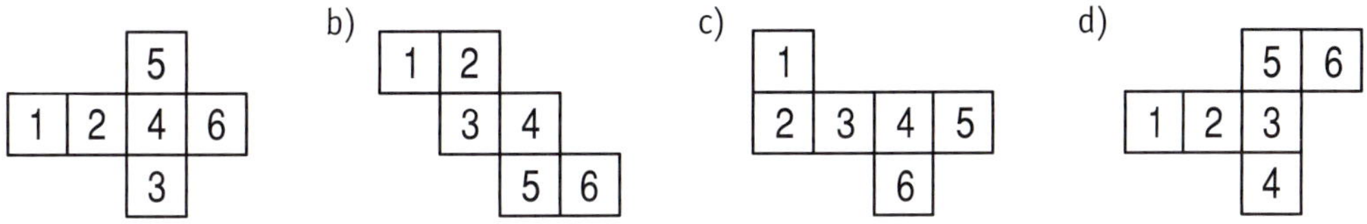

4. Lassen sich weitere Augenzahlen im Würfelnetz eintragen, sodass beim Falten ein Spielwürfel entsteht? Wenn ja, zeichne das Netz und trage die fehlenden Punkte ein. Wenn nein, begründe.

TIPP
Gegenüberliegende Augenzahlen haben die Summe 7.

a) b) c) d)

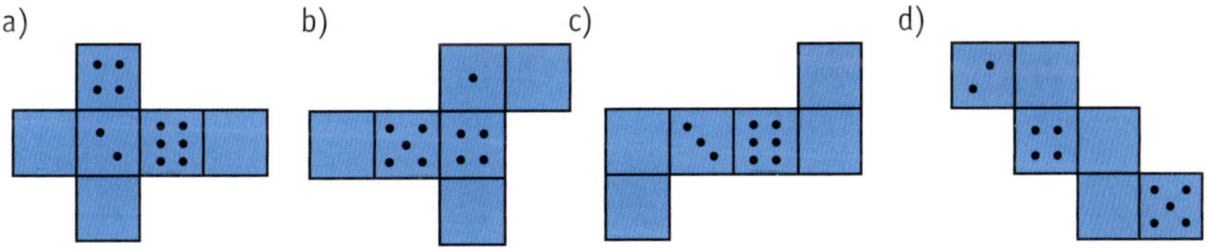

5. Eine quaderförmige Schachtel wird an den markierten Kanten zerschnitten und auseinander gefaltet. Zeichne das so entstehende Quadernetz auf Karopapier für die Kantenlängen 2 cm, 3 cm, 4 cm.

a) b)

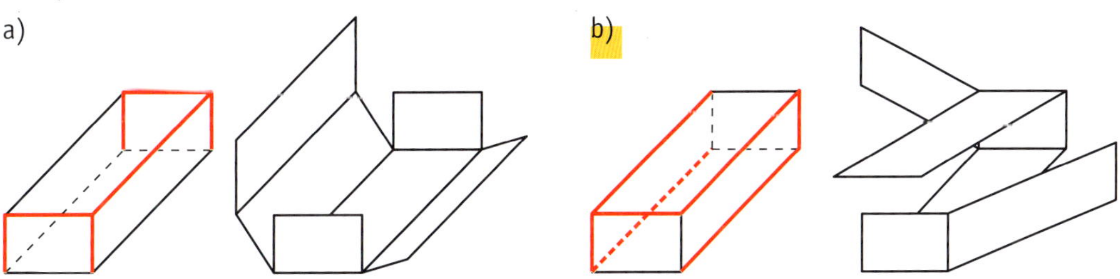

LVL **6.** Man sagt „Würfel" oder „Kegel", aber stimmt das überhaupt? Notiere Gründe für deine Meinung.

a) Würfelzucker b) Spielwürfel c) Suppenwürfel d) Lichtkegel e) Kegelbahn

7. Stell dir vor, du sollst aus einer Kartoffel mit einem Messer einen Körper mit ebenen Flächen schneiden. Wie oft musst du (mindestens) schneiden für

a) einen Würfel; b) einen Quader; c) ein Prisma; d) eine Pyramide?

8. Beide Flächen gehören zu demselben Körper. Was für einer kann es sein?

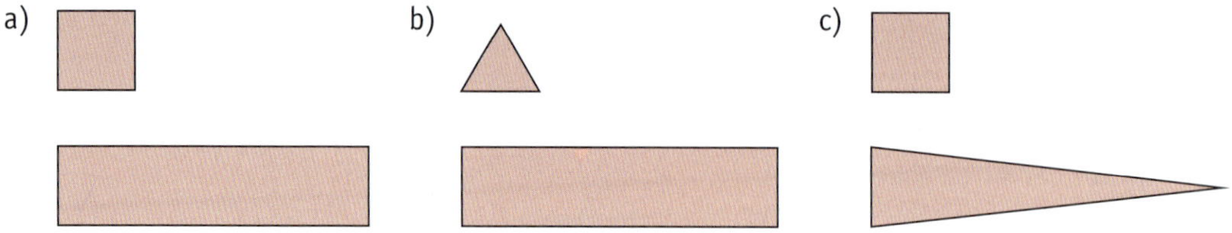

9. Aus einem Stück Draht sollen die Kanten für das Modell eines Körpers geschnitten werden. Wie lang muss das ganze Stück Draht mindestens sein?

a) Würfel mit 5 cm Kantenlänge
b) Quader mit 4 cm, 8 cm und 3 cm Kantenlängen
c) Quader mit 6 cm, 6 cm und 4 cm Kantenlängen

10. Lisa sagt: „Jeder Würfel ist ein Quader, aber nicht jeder Quader ein Würfel." Stimmt das?

11. Prüfe für markierte Kanten: parallel oder senkrecht zueinander, waagerecht oder lotrecht?

12. Notiere alle Körperkanten, die zu der rot gezeichneten parallel sind, sowie alle, die zu ihr senkrecht sind.

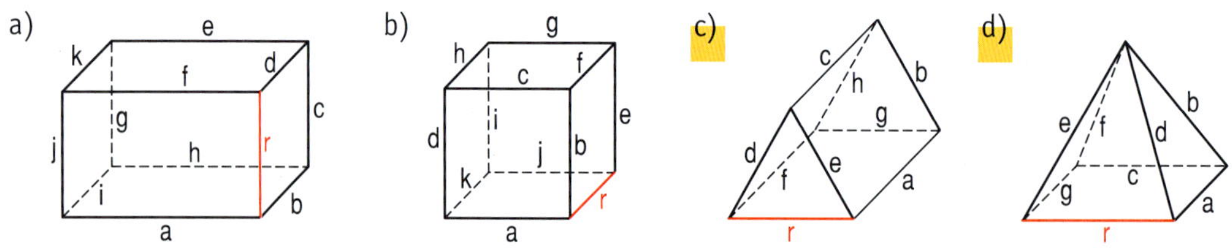

13. Welche der gekennzeichneten Linien sind lotrecht, welche sind waagerecht?

LVL **14.** Ist ein Blatt Briefpapier eine Fläche oder ein Körper? Überlege, sprich mit anderen, begründe.

1. Lege eine Tabelle an und fülle sie aus.

Körper	Anzahl der Flächen	Kanten	Ecken
Würfel			
Quader			
…			

2. a) Welche Körper haben nur gerade Kanten?
b) Welche Körper haben eine Ecke, in der 4 Kanten aufeinander stoßen?

3. Zeichne das Netz und prüfe, ob sich aus ihm ein Würfel falten lässt.

a)

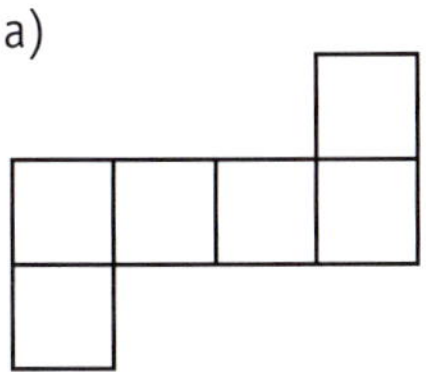

b)

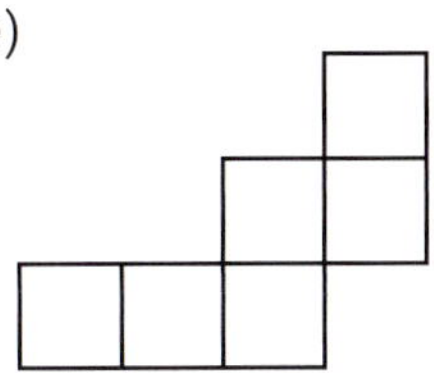

4. Welche der bezeichneten Kanten sind senkrecht zur Kante a, welche sind parallel zu a?

a)

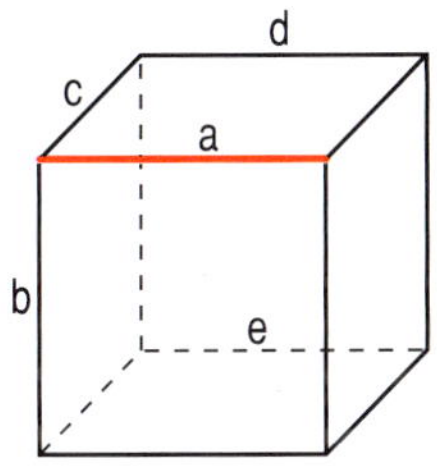

b)

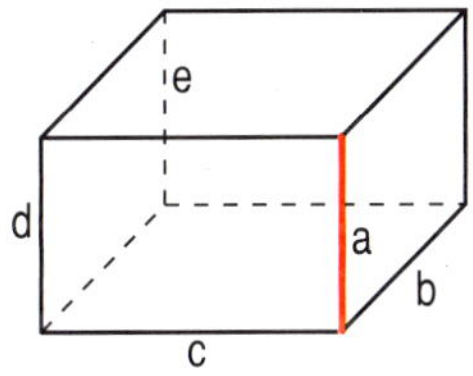

5.

a) Welche Linien sind waagerecht?
b) Welche Linien sind lotrecht?

6. Zeichne (auf Karopapier) ein Quadrat mit 4 cm Seitenlänge. Markiere zueinander parallele Seiten jeweils mit gleicher Farbe.

7. Zeichne (auf Karopapier) ein Quadrat mit 4 cm Seitenlänge. Markiere alle rechten Winkel.

8. Wie viele quadratische Flächen hat ein Quader mit den Kantenlängen 4 cm, 6 cm und 4 cm?

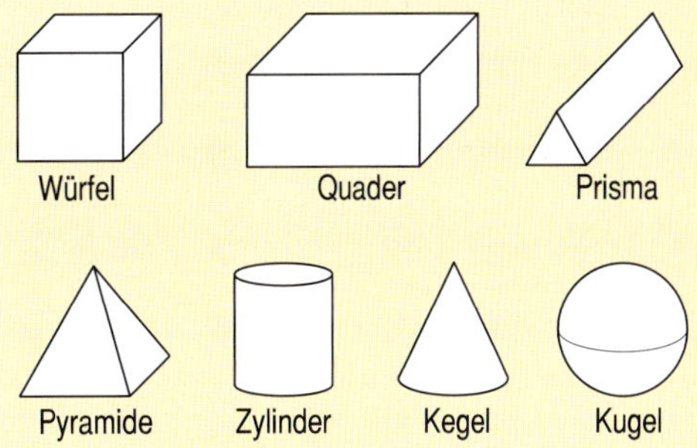

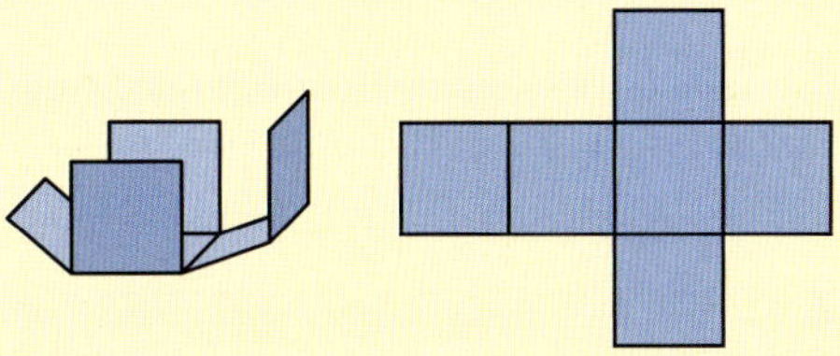

schneiden, falten
Würfel ⇄ Netz des Würfels
falten, kleben

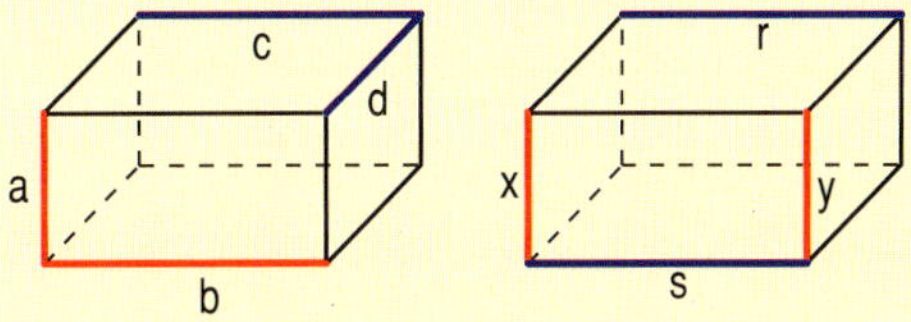

Am Quader:

Aneinanderstoßende Kanten sind zueinander **senkrecht.**
$a \perp b$ $c \perp d$

Gegenüberliegende Kanten sind zueinander **parallel.**
$x \parallel y$ $r \parallel s$

lotrecht:
senkrecht zur Erdoberfläche

waagerecht:
parallel zur Erdoberfläche

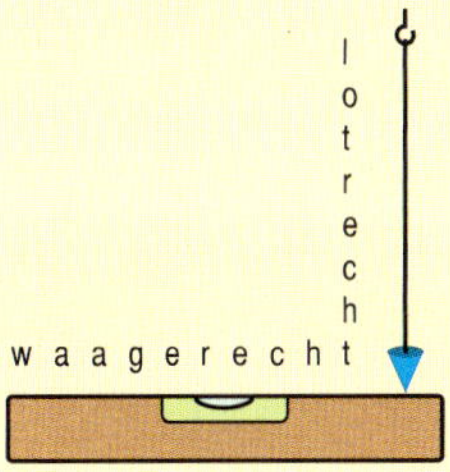

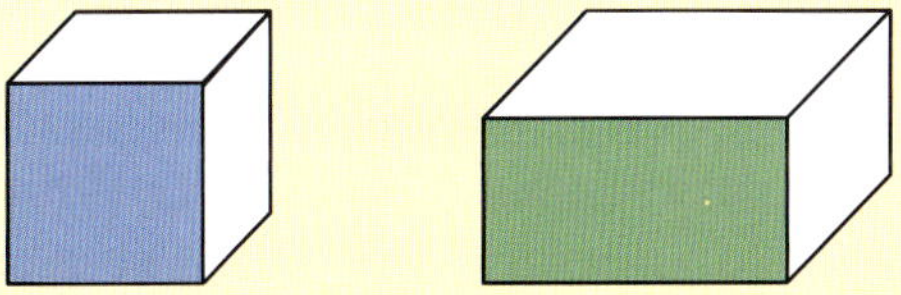

Quadrat:
Fläche eines Würfels

Rechteck:
Fläche eines Quaders

DIAGNOSETEST

1. Wie heißt der Körper?

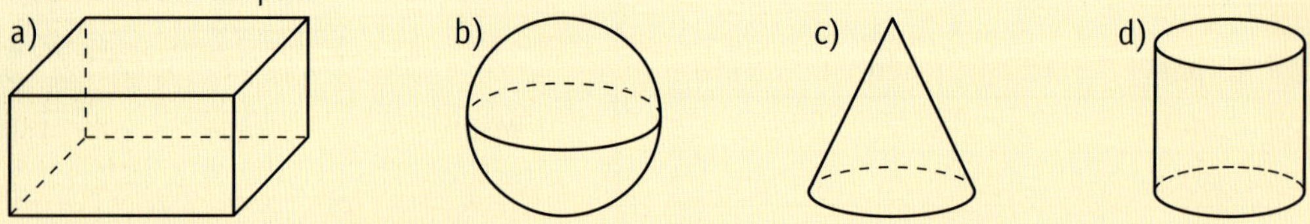

2. a) Wie viele Flächen und Kanten hat der Körper ①?
b) Wie viele Flächen und Ecken hat der Körper ②?

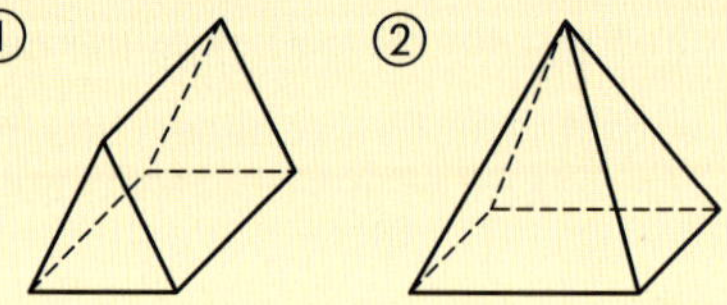

3. Lässt sich aus dem Netz ein Würfel falten?
Notiere „ja“ oder „nein“.

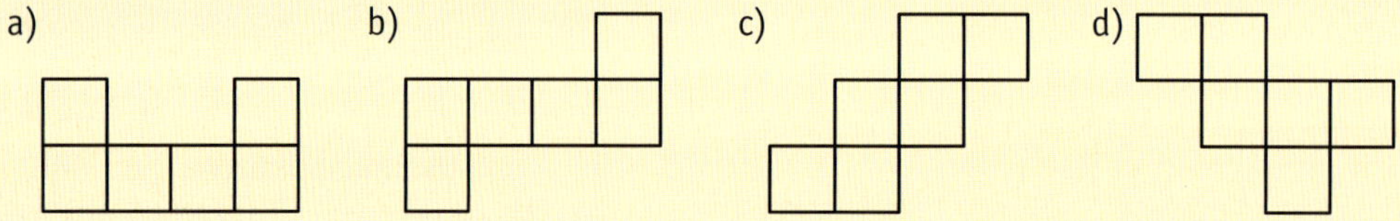

4. Welche der bezeichneten Kanten des Quaders sind senkrecht zur Kante a, welche parallel zu a?
Schreibe in der Form $a \perp$ ■ $a \parallel$ ■

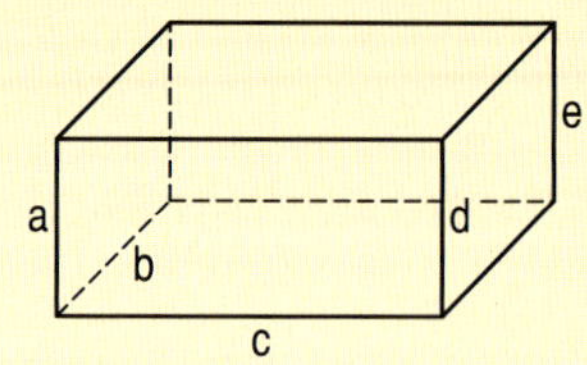

5. Zeichne ein Rechteck mit Seitenlängen a = 6,4 cm und b = 3,6 cm.

Wähle weitere 5 Aufgaben aus

1. Welcher Körper kann das sein?
a) Der Körper hat nur rechteckige Flächen. b) Der Körper hat dreieckige und rechteckige Flächen.

2. Welcher Körper ist das? a) Er hat nur zwei ebene Flächen. b) Er hat nur eine einzige Fläche.

3. Stell dir vor, auf allen sechs Flächen eines Würfels wird je eine Pyramide mit genau passender Grundfläche aufgesetzt. Wie viele Ecken, Kanten und Flächen hat der Körper?

4. Das Würfelnetz ist mit der Grundfläche G festgeklebt.
Die anderen Flächen werden aufgefaltet zu einem Würfel.
Welche Fläche ist dann vorne, hinten, oben, rechts oder links?

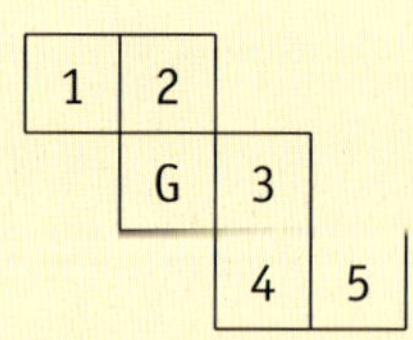

5. Aus einem Stück Draht sollen die Kanten für ein Quadermodell mit 4 cm, 6 cm und 8 cm Kantenlänge geschnitten werden. Wie lang muss der Draht mindestens sein?

6. Stell dir vor, das Würfelnetz wird zum Würfel gefaltet und zusammengeklebt. Dann werden zusammengeklebt
a und ■; c und ■; e und ■; n und ■.

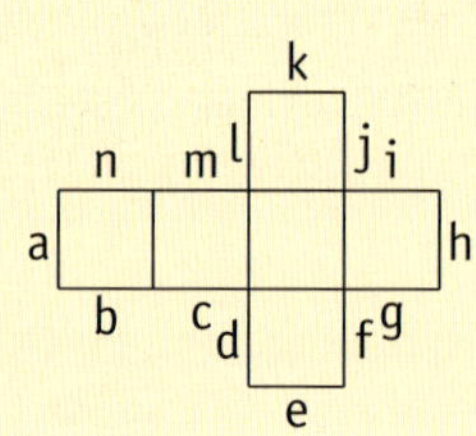

7. Zeichne ein Netz eines Quaders mit den Kantenlängen 4 cm, 3 cm und 2 cm.

4

Multiplikation und Division

Multiplikation und Division

Multiplikation	**Division**
4 · 8 = 32	32 : 8 = 4
32 ist das **Produkt** der *Faktoren* 4 und 8.	4 ist der **Quotient** der Zahlen 32 und 8.

Aufgaben

1. Wie viele Punkte sind es? Schreibe als Multiplikationsaufgabe und berechne.

a) 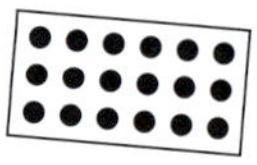 b) 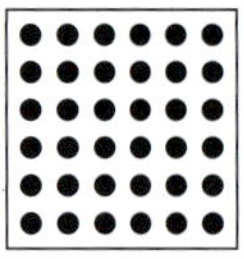 c) 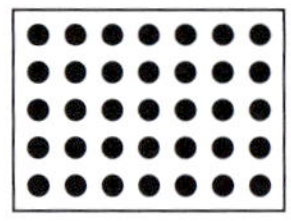 d)  e) 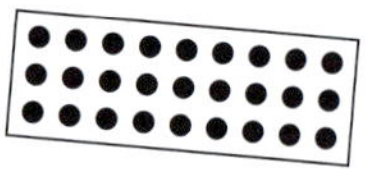

2. Schreibe als Produkt und berechne.

a) 7 + 7 + 7 + 7 + 7 + 7 b) 3 + 3 + 3 c) 8 + 8 + 8 + 8 + 8 d) 6 + 6 + 6 + 6 + 6 + 6 + 6 + 6
e) 5 + 5 + 5 + 5 + 5 f) 9 + 9 + 9 + 9 g) 4 + 4 + 4 + 4 + 4 + 4 + 4 h) 7 + 7 + 7 + 7 + 7 + 7 + 7

3. Berechne die Produkte.

a)	b)	c)	d)	e)	f)	g)	h)
3 · 6	4 · 8	8 · 3	6 · 6	3 · 9	5 · 8	6 · 7	7 · 8
5 · 7	2 · 9	7 · 3	9 · 6	7 · 9	9 · 4	8 · 9	4 · 9

4. Berechne die Quotienten.

a)	b)	c)	d)	e)	f)	g)	h)
25 : 5	49 : 7	32 : 8	64 : 8	45 : 9	28 : 4	81 : 9	56 : 7
16 : 4	54 : 6	27 : 3	48 : 6	63 : 7	72 : 9	40 : 5	42 : 6

5. a) Im Videoraum des Museums sind 7 Reihen zu je 9 Sitzplätzen. Wie viele Plätze sind es?
b) Im Lager stehen 6 Reihen zu je 8 Kisten Äpfeln. Wie viele Kisten sind es?
c) Beim Staffellauf starten 7 Mannschaften mit je 4 Kindern. Wie viele Kinder nehmen teil?
d) Auf dem Backblech liegen 8 Reihen zu je 9 Plätzchen. Wie viele sind es?

6. Schreibe die Rechenaufgabe ins Heft und rechne aus.

a) Berechne das Produkt aus 4 und 3.
b) Berechne den Quotienten aus 36 und 3.
c) Dividiere 36 durch 6.
d) Multipliziere die Zahlen 6 und 7.
e) Multipliziere 9 mit 3.
f) Dividiere 21 durch die Zahl 7.
g) Berechne den Quotienten von 63 und 9.
h) Berechne das Produkt von 6 und 9.

7. Übertrage ins Heft und fülle die freien Felder aus. (■ · ■ = ■)

a) b) c) d)

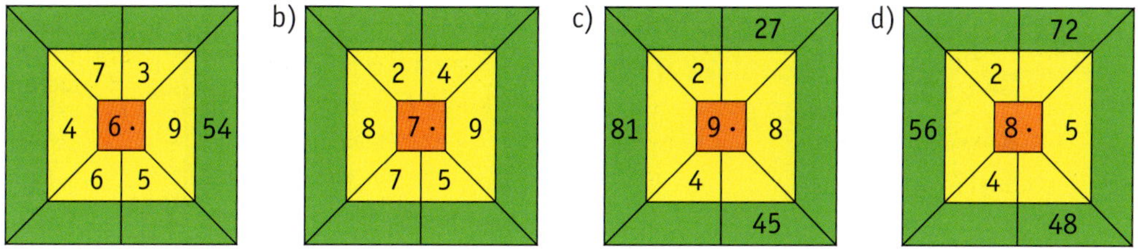

8.
a) 48 : 6 = a
b : 8 = 3
72 : 8 = c

b) 16 : u = 8
v : 4 = 7
45 : w = 9

c) x : 5 = 7
36 : y = 4
56 : 7 = z

d) 81 : 9 = r
s : 7 = 6
27 : t = 3

9.
a) Verdopple die Zahl 60.
b) Dividiere 56 durch 8.
c) Bilde das Produkt aus 8 und 9.
d) Berechne das Dreifache von 25.
e) Multipliziere die Zahlen 6 und 7.

10.
a) Berechne den Quotienten aus 48 und 6.
b) Berechne ein Viertel von 36.
c) Wie groß ist der 10. Teil von 80?
d) Halbiere die Zahl 52.
e) Berechne das 10fache von 7.

LVL **11.** Denke dir vier Aufgaben mit Begriffen des Wörterbuches aus und stelle sie deinem Nachbarn.

12. Wie viele sind es? Schreibe als Rechenaufgabe und rechne aus.
a) Benjamin hat 200 Sticker. Seine Schwester Anna besitzt doppelt so viele.
b) In Julias Klasse sind 27 Kinder. Ein Drittel davon fährt mit dem Bus zur Schule.
c) Indra hat 24 Modellautos. Den vierten Teil davon schenkt sie ihrem kleinen Bruder.
d) Auf einer Maxi-Single sind 4 Titel. Eine Doppel-CD hat 9-mal so viele.

13.
a) Unter 4 Spielern werden 32 Spielkarten gleichmäßig aufgeteilt.
b) Timo möchte sich eine CD für 18 € kaufen. Seine Mutter sagt: „Ich gebe dir die Hälfte."
c) Christina ist 9 Jahre alt. Ihre Mutter ist viermal so alt.
d) Claudia bekommt im Monat 20 € Taschengeld. Ein Fünftel davon gibt sie für Süßigkeiten aus.

14.
a) Eine Packung Kaugummi enthält 7 Streifen, eine Großpackung die dreifache Menge.
b) Herr Ill hat 60 € gewonnen. Ein Zehntel schenkt er seiner Tochter. Wie viel Euro bekommt sie?
c) Oma Kruse verteilt 56 Äpfel gerecht an 8 Nachbarkinder. Wie viele Äpfel bekommt jedes Kind?

LVL **15.** Überlege und begründe:
a) Welche besonderen Eigenschaften haben Null und Eins bei Multiplikation und Division?
b) Warum gibt es kein Ergebnis für Divisionen wie 5 : 0 oder 0 : 0?

Durch Null kann man nicht dividieren!

Großes Einmaleins

Aufgaben

1. a) 5 · 13 3 · 18 b) 7 · 12 3 · 14 c) 2 · 19 5 · 17 d) 4 · 16 6 · 15 e) 8 · 13 6 · 18

2. a) x · 12 = 72 y · 15 = 105 b) a · 15 = 75 b · 13 = 52 c) c · 18 = 54 d · 14 = 28 d) u · 16 = 128 v · 17 = 153

3. Ordne die Ergebnisse der Größe nach, das Kleinste zuerst, und du bist schnell am Ziel.

9 · 15 E | 9 · 13 A | 7 · 12 – | 9 · 19 R | 2 · 14 N | 4 · 16 I | 3 · 11 L
2 · 12 I | 5 · 14 N | 7 · 13 S | 7 · 19 T | 4 · 18 E | 6 · 18 K

4. Am Fußballturnier des SC Bad Salzuflen nehmen 8 Mannschaften teil. Jede Mannschaft tritt mit 13 Spielern an. Wie viele Spieler sind am Turnier beteiligt?

5. Am Eishockeyturnier nehmen 6 Mannschaften teil. Alle haben dieselbe Anzahl Spieler. Insgesamt sind es 90 Spieler.

6. Eine Blumenhändlerin hat ein Bund mit 120 Rosen. Wie viele Sträuße mit 15 Rosen kann sie binden?

7. a) Ein Band Ponygeschichten kostet 17 €. Kirsten möchte 4 Bände kaufen. Wie teuer ist das?
b) Birgit kauft 6 CDs zu jeweils 12 €. Wie viel muss sie dafür zahlen?
c) Eine Hafenrundfahrt kostet 16 €. Familie Weber nimmt mit 4 Personen teil.

8.

Wie viel kostet der Eintritt für mehrere Personen?

a) Zirkus: 4 Pers. b) Zoo: 5 Pers. c) Kino: 8 Pers. d) Freizeitpark: 7 Pers.
e) Kino: 3 Pers. f) Freizeitpark: 4 Pers. g) Zoo: 6 Pers. h) Zirkus: 9 Pers.

Quadratzahlen

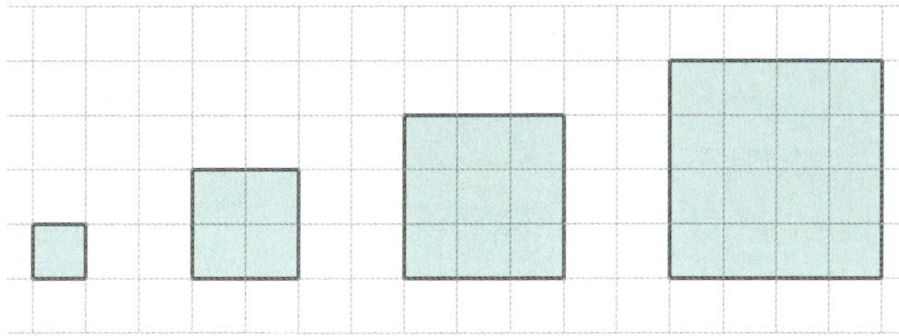

Multipliziert man eine Zahl mit sich selbst, so nennt man das Ergebnis **Quadratzahl**.
Beispiel: **16** ist die **Quadratzahl von 4,** denn $4 \cdot 4 = 16$.
Man schreibt auch: $4 \cdot 4 = 4^2$ und spricht: *„vier hoch zwei"* oder *„vier Quadrat"*.

Aufgaben

1. Zeichne in dein Heft mindestens 3 verschieden große Quadrate. Zeichne sie genau auf Kästchenlinien. Aus wie vielen Kästchen bestehen deine Quadrate? Schreibe die Zahlen in die Quadrate.

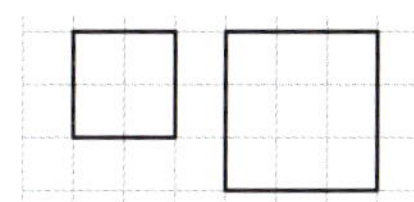

2. Gibt es Quadrate mit so vielen Kästchen?
a) 12 Kästchen b) 25 Kästchen c) 49 Kästchen d) 55 Kästchen e) 64 Kästchen

3. Für welche Zahl gilt: a) $a^2 = 8 \cdot a$ b) $b^2 = 12 \cdot b$ c) $c^2 = c \cdot 11$ d) $x^2 = x \cdot 20$

4. Schreibe in dein Heft. Ergänze die fehlenden Quadratzahlen.
a) $1 \cdot 1 = 1^2 = 1$ $2 \cdot 2 = 2^2 =$ ■ .... $10 \cdot 10 = 10^2 = 100$
b) $11 \cdot 11 = 11^2 = 121$ $12 \cdot 12 = 12^2 =$ ■ .... $20 \cdot 20 = 20^2 = 400$

5. Corinna und Melanie wollen alle Quadratzahlen bis 100 legen.
a) Welche Ziffern brauchen sie gar nicht?
b) Welche Ziffern brauchen sie mehrfach?

6. Zwischen welchen 2 Quadratzahlen liegt das Ergebnis folgender Multiplikationsaufgaben?
a) $3 \cdot 4$, $7 \cdot 8$ b) $8 \cdot 9$, $5 \cdot 6$ c) $4 \cdot 5$, $10 \cdot 11$ d) $9 \cdot 10$, $6 \cdot 7$

7. a) $100 = a^2$, $64 = b^2$ b) $36 = c^2$, $81 = d^2$ c) $49 = u^2$, $16 = v^2$ d) $400 = r^2$, $900 = s^2$ e) $10\,000 = x^2$, $2\,500 = y^2$

LVL **8.** a) Das Quadrat einer Zahl ist gleich dem Doppelten dieser Zahl. Welche Zahl kann es sein?
b) Das Quadrat einer Zahl ist gleich der Zahl. Welche Zahl kann es sein?

9. Schreibe ab und ergänze drei passende Zahlen. Erkläre anderen die Regel.
a) 1, 2, 5, 10, 17, 26, 37, ... b) 0, 3, 8, 15, 24, ...

Kopfrechnen mit Zehnern, Hundertern und Tausendern

Eine Zahl wird mit 10, 100 oder 1000 multipliziert, indem man 1, 2 oder 3 Nullen anhängt.

7 · 10 = 70   7 · 100 = 700   7 · 1 000 = 7 000

Eine Zahl wird durch 10, 100 oder 1000 dividiert, indem man 1, 2 oder 3 Endnullen weglässt.

3 000 : 10 = 300   3 000 : 100 = 30   3 000 : 1000 = 3

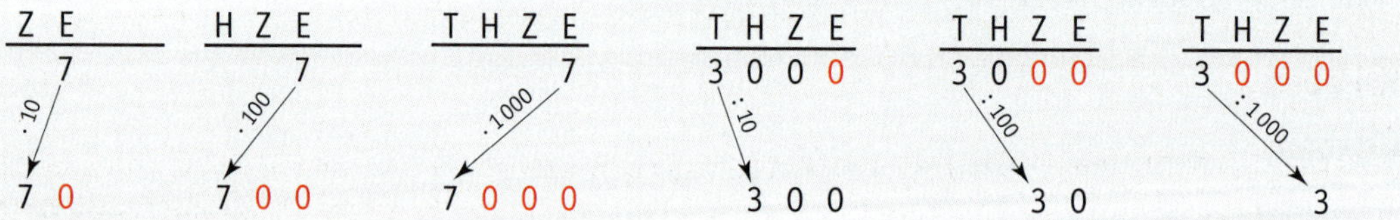

Aufgaben

1. Multipliziere jede Zahl mit 10, 100 und 1 000.

a) 4   b) 18   c) 30   d) 92   e) 300   f) 240   g) 547

2. Dividiere jede Zahl durch 10, 100 und 1 000.

a) 8 000   b) 2 000   c) 90 000   d) 74 000   e) 46 000   f) 300 000   g) 472 000

3. Berechne ein Zehntel (den zehnten Teil).

a) 60   b) 520   c) 780   d) 500   e) 7 300   f) 5 000   g) 12 500

4.

a)	b)	c)	d)
800 : a = 8	700 · x = 7 000	30 000 : u = 300	400 · o = 40 000
b : 100 = 25	y · 10 = 20 000	v : 1 000 = 70	p · 1 000 = 30 000
c : 9 = 700	20 · z = 800	w : 600 = 900	500 · q = 2 000

5. Schreibe das Ergebnis in Ziffern und in Worten.

a)	b)	c)	d)
700 · 100	600 · 1 000	3 000 · 1 000	90 000 · 10 000
55 · 1 000	780 · 1 000	4 200 · 1 000	7 000 · 100 000

6. Multipliziere schrittweise.

a)	b)	c)	d)
3 · 40	9 · 200	60 · 50	80 · 30
7 · 300	8 · 30	40 · 400	50 · 300
4 · 6 000	5 · 5 000	80 · 7 000	40 · 9 000

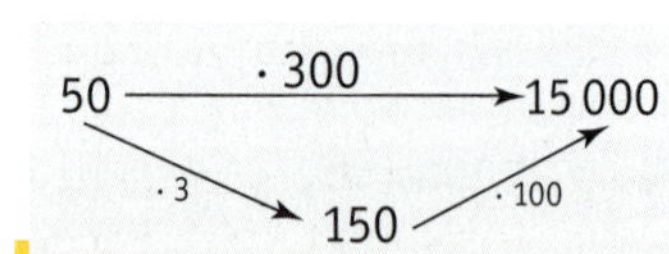

7. Dividiere schrittweise.

a)	b)	c)
2 400 : 80	3 600 : 200	6 300 : 90
3 500 : 70	8 100 : 900	45 000 : 50
4 200 : 60	3 200 : 800	28 000 : 700

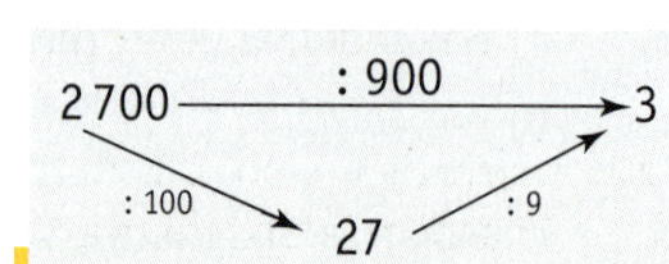

Kombinieren

Wenn man 3 Hüte und 4 Kleider beliebig miteinander kombinieren kann, dann hat man insgesamt:
3 · 4 = 12 Kombinationsmöglichkeiten.

Hut \ Kleid	gelb	grün	rot	blau
rot	r/ge	r/gr	r/r	r/b
blau	b/ge	b/gr	b/r	b/b
grün	gr/ge	gr/gr	gr/r	gr/b

Aufgaben

1. Für eine Fußballmannschaft stehen weiße und schwarze Hosen und gelbe, weiße, rote und blaue Trikots zur Verfügung. Wie viele Möglichkeiten hat der Trainer, die Mannschaft unterschiedlich einzukleiden?

2. Andrea, Nina und Tina veranstalten mit Sven und Lars ein Tischtennisturnier „jedes Mädchen gegen jeden Jungen". Lege eine Tabelle an mit einem Feld für jedes Spiel. Wie viele Spiele sind es?

3. Eine Konzertagentur plant in den Städten Bielefeld, Köln, Düsseldorf und Essen Konzerte der „Flying-STONES", der „Crazy Family", der „School-Boys" und der „JUST THAT". Jede Band soll in jeder Stadt einmal auftreten. Lege eine Planungstabelle an mit einem Feld für jedes der Konzerte. Wie viele sind es?

LVL **4.** Die Reklame einer Snackbar verspricht:
„Mehr als 10 verschiedene Baguettes zu 1,80 €."
Stimmt das, wenn der Kunde aus zwei Gruppen von Belägen je einen auswählen darf?
1. Belag: Käse, Wurst, Ei, Thunfisch, Schinken
2. Belag: Gurke, Tomate, Salat
Entwirf eine Reklametafel (Tabelle), wo in jedem Feld eine Belagkombination dargestellt werden kann.

5. Daniel möchte sich ein neues Fahrrad kaufen. Das Fabrikat „STAR" gibt es in den Farben Rot, Blau, Silber oder Grün und mit 3-Gang-, 5-Gang- oder 7-Gang-Schaltung. Wie viele Ausführungen hat er zur Auswahl?

6. Ein Autohaus bietet den neuen „Super-Sprint" in folgenden Ausführungen an.
Stufenheck / Schrägheck / Kombi   Farbe: Grün / Rot / Blau
Wie viele Autos muss der Händler mindestens haben, um seinen Kunden jede Kombinationsmöglichkeit zeigen zu können?

LVL **7.** Eine Fahne mit 3 Streifen soll so gefärbt werden, dass benachbarte Streifen verschiedenfarbig sind. Zur Wahl stehen die Farben Rot, Weiß, Grün. Wie viele Möglichkeiten gibt es?

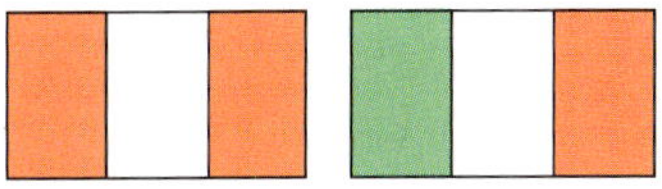

Operatoren

Auch bei Multiplikation und Division verwendet man die **Operatorschreibweise.**
Die eine Operation ist die Umkehroperation der anderen.

$5 \underset{:3}{\overset{\cdot 3}{\rightleftarrows}} 15 \qquad 27 \underset{\cdot 9}{\overset{:9}{\rightleftarrows}} 3$

Aufgaben

1. a) $6 \xrightarrow{\cdot 9} \square$ b) $4 \xrightarrow{\cdot 7} \square$ c) $72 \xrightarrow{:8} \square$ d) $63 \xrightarrow{:9} \square$
e) $7 \xrightarrow{\cdot 8} \square$ f) $5 \xrightarrow{\cdot 9} \square$ g) $36 \xrightarrow{:6} \square$ h) $65 \xrightarrow{:5} \square$

2. a) $2 \xrightarrow{\cdot 5} \square \xrightarrow{\cdot 17} \square$ b) $48 \xrightarrow{:8} \square \xrightarrow{:3} \square$ c) $5 \xrightarrow{\cdot 16} \square \xrightarrow{:2} \square$
d) $6 \xrightarrow{\cdot 4} \square \xrightarrow{\cdot 10} \square$ e) $75 \xrightarrow{:5} \square \xrightarrow{:5} \square$ f) $72 \xrightarrow{:12} \square \xrightarrow{\cdot 8} \square$

3. Bestimme zuerst den Umkehroperator und dann die gesuchte Zahl.
a) $\square \underset{\square}{\overset{\cdot 5}{\rightleftarrows}} 35$ b) $\square \underset{\square}{\overset{:8}{\rightleftarrows}} 4$ c) $\square \underset{\square}{\overset{\cdot 7}{\rightleftarrows}} 49$ d) $\square \underset{\square}{\overset{\cdot 3}{\rightleftarrows}} 36$
e) $\square \underset{\square}{\overset{\cdot 6}{\rightleftarrows}} 42$ f) $\square \underset{\square}{\overset{:6}{\rightleftarrows}} 9$ g) $\square \underset{\square}{\overset{\cdot 9}{\rightleftarrows}} 63$ h) $\square \underset{\square}{\overset{:15}{\rightleftarrows}} 9$

4. Löse mit den Umkehroperatoren.
a) $\square \xrightarrow{\cdot 2} \square \xrightarrow{\cdot 8} 48$ b) $\square \xrightarrow{:9} \square \xrightarrow{:3} 3$
c) $\square \xrightarrow{\cdot 2} \square \xrightarrow{\cdot 3} 24$ d) $\square \xrightarrow{:7} \square \xrightarrow{:5} 2$
e) $\square \xrightarrow{\cdot 4} \square \xrightarrow{\cdot 5} 100$ f) $\square \xrightarrow{:3} \square \xrightarrow{:2} 25$

$\square \xrightarrow{\cdot 4} \square \xrightarrow{\cdot 8} 64$
$\square \xrightarrow{\cdot 4} 8 \xleftarrow[:8]{} 64$
$2 \xleftarrow[:4]{} 8 \xleftarrow[:8]{} 64$

5. Wie heißt die gesuchte Zahl? Löse die Gleichung.
a) $x \cdot 4 = 16$ b) $a : 4 = 19$ c) $o : 5 = 25$
d) $y \cdot 18 = 54$ e) $b : 12 = 6$ f) $p : 8 = 7$
g) $z \cdot 16 = 144$ h) $c : 7 = 15$ i) $q : 17 = 119$

$x \cdot 12 = 48$
$x \underset{:12}{\overset{\cdot 12}{\rightleftarrows}} 48$
$4 \cdot 12 = 48$

6. Schreibe mit Gleichheitszeichen und bestimme die Zahl.
a) Das 3fache einer Zahl ist 210.
b) Der 8te Teil einer Zahl ist 9.

Das 5fache einer Zahl ist 130.
$y \cdot 5 = 130$

7. Schreibe als Gleichung und löse dann.
a) Wenn man die gesuchte Zahl verdoppelt, erhält man 18.
b) Der sechste Teil der gesuchten Zahl ist 4.
c) Multipliziert man die gesuchte Zahl mit 7, erhält man 56.
d) Dividiert man die gesuchte Zahl durch 5, erhält man 9.
e) Das Dreifache der gesuchten Zahl ist 24.
f) Ein Viertel der gesuchten Zahl ist 9.
g) Das Achtfache der gesuchten Zahl ist 72.
h) Wird die gesuchte Zahl durch 9 dividiert, erhält man 15.
i) Die Hälfte vom Doppelten der Zahl ist 135.

Bleib FIT!

Die Ergebnisse der Aufgaben 1 bis 8 ergeben zwei Sehenswürdigkeiten in Berlin.

1. Berechne im Kopf.

a) $35 \cdot 7$ b) $13 \cdot 6$ c) $24 \cdot 8$
d) $19 \cdot 5$ e) $108 : 12$ f) $123 : 3$
g) $225 : 5$ h) $2478 : 7$

2. Welche Geraden sind parallel?

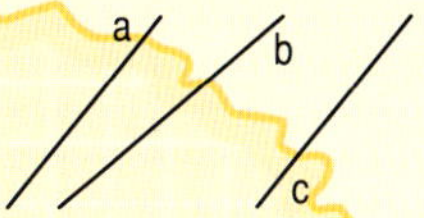

a ∥ b (10)
a ∥ c (20)
b ∥ c (30)

3. Kann man aus diesem Netz einen Quader falten?

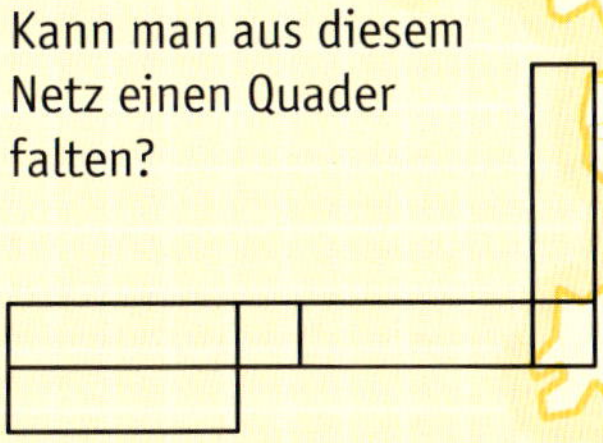

ja (23)
nein (33)

4. Schreibe in Ziffern.

a) vierundvierzigtausendneunhundertsieben
b) zweitausendneunundachtzig
c) vierhundertsiebenundzwanzig

5. Runde auf den angegebenen Stellenwert.

a) 145 (Zehner) b) 249 (Hunderter)
c) 550 (Hunderter)

6. Ordne die Kärtchen. Schreibe die Zahl mit Ziffern.

a) 5 T | 2 Z | 1 E | 4 H
b) 9 H | 0 Z | 7 E | 1 T

7. Schreibe richtig untereinander und berechne.

a) 235 + 75 + 23 +129 b) 346 + 25 + 123 + 13

8. Lies die Anzahl der Tore von Jan und Achim aus dem Diagramm ab.

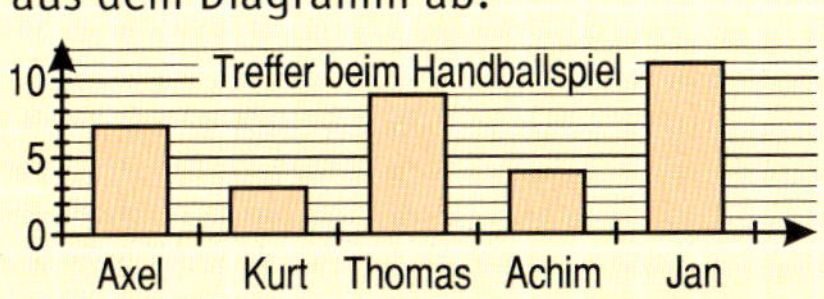

4	M
9	E
11	R
20	I
33	G
23	U
38	P
41	T
45	A
49	Z
51	G
78	L
81	T
95	N
140	B
150	R
192	A
200	N
245	P
354	R
427	E
462	T
500	V
507	U
600	S
1785	F
1907	H
2089	F
5421	E
44907	M

Halbschriftliches Multiplizieren

Aufgaben

1. Rechne halbschriftlich wie oben im Comic.

a)	b)	c)	d)	e)	f)
3 · 36	4 · 53	4 · 89	8 · 33	5 · 83	7 · 38
2 · 59	6 · 48	3 · 77	9 · 37	6 · 47	9 · 43
4 · 26	5 · 69	7 · 28	4 · 68	3 · 94	4 · 74

2. Rechne halbschriftlich auch mit Hunderterzahlen.

a)	b)	c)	d)	e)	f)
3 · 247	8 · 271	5 · 342	8 · 423	6 · 472	7 · 323
4 · 283	6 · 325	7 · 382	4 · 644	5 · 362	8 · 217

3. Ordne jeder Aufgabe einen Buchstaben zu. Du erhältst einen angenehmen Schultag.

6 · 52	3 · 320	4 · 213	8 · 76	7 · 314	4 · 82	3 · 93	7 · 77	4 · 434

539 A	2198 E	312 W	608 D	1736 G	852 N	960 A	279 T	328 R

4. Während ihrer Klassenfahrt unternehmen die 53 Schülerinnen und Schüler aus Potsdam einen Ausflug zum Hermannsdenkmal nach Detmold.

a) Für die Fahrt zahlt jeder Schüler 3 €. Wie viel € sind es für alle zusammen?

b) Eine Besteigung des Denkmals kostet pro Person 2 €. Wie viel € sind insgesamt zu zahlen?

c) Herr Rösler spendiert den 26 Schülerinnen und Schülern seiner Klasse einen Eisbecher zu 3 €. Wie viel zahlt er?

5. Ein Kegelklub fährt mit 8 Personen nach Berlin. Bezahlt wird aus der Kegelkasse. Wie viel € sind jeweils zu zahlen?

a) Eine Stadtrundfahrt kostet 15 € pro Person.

b) Eine Theaterkarte kostet 34 €.

c) Ein Ausflug nach Potsdam kostet für eine Person 16 €.

LVL **6.** Herr Nölle plant mit seinen beiden Kindern 4 Urlaubstage für ein verlängertes Wochenende und hat sich einige Angebote besorgt. Stelle zwei Fragen und gib die Lösungen dazu an.

Camping Edelweiß
Wohnung: 27 € pro Tag

Ferienanlage Enzian
Wohnung: 43 € pro Tag

Sporthotel Alpenblick
Wohnung: 69 € pro Tag

Rechenregeln

Was in Klammern steht, wird zuerst berechnet.	Punktrechnung (· und :) geht vor Strichrechnung (+ und –).	Sonst wird von links nach rechts gerechnet.
48 : (17 – 9) = 48 : 8 = 6	81 : 9 + 5 · 7 = 9 + 35 = 44	64 – 40 – 7 = 24 – 7 = 17

Aufgaben

1. a) 4 · (13 + 7)
7 · (32 + 68)
b) 5 · (33 – 27)
7 · (65 – 56)
c) 64 : (6 + 2)
100 : (26 + 24)
d) 60 : (49 – 29)
800 : (26 – 18)
e) 24 : (8 + 4)
200 : (68 – 18)

2. a) (7 + 8) · (12 + 8)
b) (23 – 19) · (38 – 26)
c) (21 + 27) : (17 – 9)
d) (23 + 27) · (22 – 18)
e) (42 – 34) · (25 + 15)
f) (64 – 8) : (23 – 16)

3. a)
8 · (17 – 11) P
6 · (18 – 9) E
180 : (38 + 52) A
48 : (32 – 24) L
5 · (6 + 5) N

b)
(2 + 5) · (19 – 13) D
(39 – 12) : (17 – 14) N
(30 + 34) : (17 – 9) A
(12 + 13) · (7 + 13) N
(18 – 9) · (23 – 17) E

Vom Kleinsten zum Größten ein …

4. a) 38 + 5 · 9
49 + 4 · 6
b) 95 – 5 · 7
78 – 6 · 8
c) 42 + 64 : 8
37 + 27 : 9
d) 85 – 36 : 6
72 – 56 : 8
e) 34 + 5 · 7
68 – 6 · 4

5. a) 3 · 4 + 5 · 7
8 · 9 + 3 · 8
b) 9 · 7 – 4 · 8
8 · 6 – 5 · 5
c) 45 : 9 + 24 : 8
54 : 6 + 42 : 7
d) 81 : 9 – 64 : 8
72 : 9 – 42 : 6
e) 5 · 6 + 9 · 7
7 · 8 – 5 · 7

6. a)
9 + 7 · 8 N
140 : 7 – 4 · 4 R
98 – 9 · 9 K
21 + 60 : 10 E
12 + 72 : 9 C
45 – 4 · 9 A

b)
9 · 6 – 49 : 7 N
9 · 7 – 40 : 8 A
63 : 3 – 3 · 5 S
7 · 8 – 4 · 6 G
6 · 10 + 2 · 7 G
45 : 9 + 64 : 8 E

Beginne mit dem Größten!

7. a) 120 – 60 – 12
48 : 6 · 4
25 · 3 : 15
b) 56 : 8 · 9
80 – 26 – 30
75 – 35 + 19
c) 3 · 12 : 9
28 + 22 – 39
65 : 13 · 12
d) 78 + 22 – 39
4 · 14 : 8
92 – 22 – 45
e) 180 – 90 – 17
49 : 7 · 14
5 · 16 : 20

8. a) 14 + 3 · (18 – 11)
15 – 48 : (32 – 26)
b) (35 – 14) + 6 · (19 – 12)
56 : 7 – (13 – 8)
c) 13 + 84 : (12 – 5)
87 – 5 · (34 – 22)
d) (76 + 24) : 5 + 3 · 8
3 · (7 · 9 – 6 · 8)

15 + 36 : (15 – 3)
= 15 + 36 : 12
= 15 + 3 = 18

LVL **9.** Mit welchen Rechenzeichen wird das Ergebnis von 40 ▢ 8 ▢ 2 möglichst groß (möglichst klein)?

LVL **10.** Überlege, probiere und notiere. Kannst du jede Zahl von 0 bis 10 mit +, –, ·, : und genau vier Vieren schreiben? Beispiel: 0 = 44 – 44 oder 0 = 4 : 4 – 4 : 4.

Vorteilhaftes Rechnen

Vertauschen		Ausklammern		Ausmultiplizieren	
5 · 6 · 2	5 · 6 · 2	5 · 6 + 2 · 6	5 · 6 + 2 · 6	(2 + 4) · 15	(2 + 4) · 15
= 30 · 2	= 5 · 2 · 6	= 30 + 12	= (5 + 2) · 6	= 6 · 15	= 2 · 15 + 4 · 15
= 60	= 10 · 6 = 60	= 42	= 7 · 6 = 42	= 90	= 30 + 60 = 90

Aufgaben

TIPP
2 · 5 = 10
4 · 25 = 100
8 · 125 = 1000

1.

a)	b)	c)	d)
2 · 5 · 39	4 · 25 · 19	4 · 8 · 125	7 · 20 · 5
58 · 5 · 2	32 · 25 · 4	125 · 8 · 9	9 · 8 · 5
67 · 2 · 5	18 · 8 · 25	7 · 25 · 4	6 · 4 · 5

2.

a)	b)	c)	d)	e)
5 · 93 · 2	4 · 82 · 25	125 · 14 · 8	20 · 47 · 5	8 · 33 · 5
2 · 17 · 5	25 · 91 · 4	8 · 19 · 125	5 · 31 · 4	5 · 17 · 4
5 · 53 · 2	4 · 69 · 25	125 · 31 · 8	50 · 8 · 20	25 · 57 · 4

3. Rechne auf zwei verschiedene Arten (ohne und mit Ausklammern).

a)	b)	c)	d)
5 · 3 + 7 · 3	5 · 8 + 4 · 8	13 · 5 – 3 · 5	20 · 6 – 7 · 6
6 · 7 + 5 · 7	15 · 6 + 5 · 6	12 · 9 – 3 · 9	15 · 4 – 5 · 4
3 · 4 + 6 · 4	4 · 7 + 7 · 7	7 · 11 – 4 · 11	13 · 7 – 12 · 7

4. Wähle den leichteren Rechenweg.

a)	b)	c)	d)
20 · 3 + 9 · 3	28 · 14 + 12 · 14	28 · 13 – 26 · 13	80 · 8 – 12 · 8
16 · 7 + 14 · 7	30 · 12 + 7 · 12	20 · 17 – 3 · 17	13 · 15 – 11 · 15
4 · 8 + 9 · 8	16 · 13 + 14 · 13	56 · 16 – 54 · 16	40 · 7 – 15 · 7

5. Rechne auf zwei verschiedene Arten (ohne und mit Ausmultiplizieren).

a)	b)	c)	d)	e)
(7 + 8) · 3	(12 + 8) · 7	(9 – 7) · 11	(16 – 6) · 5	(8 + 9) · 3
(9 + 6) · 4	(5 + 3) · 9	(8 – 6) · 7	(20 – 8) · 4	(17 – 2) · 4
(4 + 8) · 5	(3 + 12) · 4	(9 – 5) · 15	(18 – 7) · 6	(13 + 8) · 5

6. Wähle den leichteren Rechenweg.

a)	b)	c)	d)	e)
(67 + 23) · 8	(75 + 25) · 13	(40 – 3) · 7	(60 – 3) · 4	(12 + 8) · 7
(24 + 16) · 7	(200 – 9) · 5	(27 + 13) · 8	(36 – 16) · 9	(8 + 8) · 7
(20 + 8) · 9	(17 + 19) · 2	(78 – 18) · 6	(50 – 8) · 7	(30 – 12) · 5

Rechengesetze

Assoziativgesetz
In einem Produkt darf man beliebig Klammern setzen oder weglassen.

Kommutativgesetz
In einem Produkt darf man die Faktoren vertauschen.

Distributivgesetz
Summen und Differenzen darf man gliedweise multiplizieren.

$4 \cdot (5 \cdot 3) = (4 \cdot 5) \cdot 3$
$4 \cdot 15 = 20 \cdot 3$

$(4 \cdot 3) \cdot 5 = 5 \cdot (4 \cdot 3)$
$12 \cdot 5 = 5 \cdot 12$

$(8 + 4) \cdot 5 = 8 \cdot 5 + 4 \cdot 5$
$12 \cdot 5 = 40 + 20$

Man darf Faktoren beliebig vertauschen und zusammenfassen.

Aufgaben

TIPP
$2 \cdot 50 = 100$
$4 \cdot 25 = 100$
$8 \cdot 125 = 1000$

1. Vertausche und rechne geschickt.

a) $2 \cdot 7 \cdot 5 \cdot 8$
$5 \cdot 3 \cdot 9 \cdot 2$

b) $4 \cdot 19 \cdot 2 \cdot 25$
$25 \cdot 17 \cdot 4 \cdot 3$

c) $8 \cdot 12 \cdot 9 \cdot 125$
$7 \cdot 125 \cdot 13 \cdot 8$

d) $20 \cdot 17 \cdot 5 \cdot 7$
$8 \cdot 5 \cdot 12 \cdot 20$

2. Zerlege geschickt, damit du im Kopf rechnen kannst.

a) $25 \cdot 28$
$4 \cdot 75$
$16 \cdot 25$

b) $125 \cdot 48$
$56 \cdot 125$
$125 \cdot 64$

c) $25 \cdot 16$
$22 \cdot 50$
$125 \cdot 16$

d) $24 \cdot 25$
$12 \cdot 250$
$250 \cdot 24$

e) $32 \cdot 125$
$64 \cdot 250$
$125 \cdot 72$

$25 \cdot 44$
$= \underbrace{25 \cdot 4} \cdot 11$
$= 100 \cdot 11 = 1100$

3. a)

b)

Vom Kleinsten zum größten Ergebnis ein Fortbewegungsmittel.

4. Frau Brehm bestellt für ihre Geburtstagsfeier beim Partyservice Essen für 10 Personen. Das Hauptgericht kostet 7 €, die Nachspeise 2 € pro Person. Berechne die Gesamtkosten auf zwei verschiedene Arten:
① Hauptgericht für 10 Personen; Nachspeise für 10 Personen; beides zusammen.
② Hauptgericht und Nachspeise für 1 Person; Gesamtpreis für 10 Personen.

5. Anja bekommt monatlich 10 € Taschengeld. Ihr kleiner Bruder Sven erhält 4 €.
a) Wie viel € bekommen sie in einem Jahr zusammen? Rechne auf zwei verschiedene Arten.
b) Wie viel € bekommt Anja in einem Jahr mehr als Sven? Rechne auf zwei verschiedene Arten.

LVL **6.** Rechne und vergleiche die Ergebnisse. Was stellst du fest? Formuliere eine Regel.

a) $(8 + 14) : 2$ ▒ $8 : 2 + 14 : 2$
$(36 + 12) : 4$ ▒ $36 : 4 + 12 : 4$
$(75 + 25) : 5$ ▒ $75 : 5 + 25 : 5$

b) $(77 - 14) : 7$ ▒ $77 : 7 - 14 : 7$
$(81 - 18) : 9$ ▒ $81 : 9 - 18 : 9$
$(54 - 12) : 6$ ▒ $54 : 6 - 12 : 6$

LVL

Rechengeschichten

Notiere deinen Rechenweg mit Rechenzeichen und (falls nötig) mit Klammern und berechne das Ergebnis.

1. Für jedes von 25 Kindern sind 4 € Eintritt zu zahlen. Zusätzlich kostet die Busmiete 35 €.

2. Für jedes von 25 Kindern sind 5 € Fahrtkosten und 4 € Eintritt zu zahlen.

3. Frau Dott kauft für jedes ihrer 4 Kinder 3 T-Shirts zum Preis von 5 € pro Stück.

4. Herr Drop tauscht im Geschäft T-Shirts um, 3 für 6 € pro Stück gegen 3 für 8 € pro Stück.

5. Fünf Freunde gehen ins Kino (45 € für alle) und dann Pizza essen (30 €). Jeder zahlt den gleichen Teil.

6. Tim bezahlt im Buchladen 5 Taschenbücher zu je 9 € abzüglich eines Geschenkgutscheins von 30 €.

7. Jan will 4 Kinokarten zu je 7 € kaufen und freut sich, dass sie heute 2 € billiger sind als sonst.

8. Außer der Gruppeneintrittskarte für 50 € für den Erlebnispark sind noch 7 Einzelkarten zu je 3 € für die Delfinschau zu zahlen.

9. 6 Freunde bestellen beim „Pizza-Blitz" 3 Pizzas zu je 8 €. Die Kosten teilen sie gerecht.

Schreibe zu dem Rechenausdruck eine passende Aufgabe in der angedeuteten Sachsituation.

10. $5 \cdot (6 + 3)$
5 Freunde in einer Pizzeria …

11. $4 \cdot 7 - 10$
Im Blumenladen mit 10 € Geschenkgutschein …

12. $6 \cdot (16 - 4)$
4 € Preisnachlass im Erlebnispark …

13. $100 - 25 \cdot 3$
25 Kinder besuchen ein Museum …

14. $5 \cdot 7 \cdot 4$
Eine 4-köpfige Familie beim Fahrradverleih …

15. $25 - 3 \cdot 4$
Maike hat 25 € und bezahlt …

16. $44 + 12 \cdot 8$
Georg bekommt wöchentlich 8 € Taschengeld …

17. $(18 + 3) : 3$
3 Kinder schenken ihrer Mutter …

18. $5 \cdot 6 + 4 \cdot 12$
Frau Drop kauft 5 Paar Socken …

19. $25 \cdot 7 + 25 \cdot 3$
25 Kinder auf Klassenausflug …

20. $(2 \cdot 24) : 3$
2 Schachteln Pralinen werden verteilt …

21. $7 \cdot 15 + 45$
7 Tage auf dem Campingplatz …

LVL

Texte lesen, verstehen und bearbeiten

1. Petras Mutter ist Frau Schäfer. Frau Schäfer wohnt in einer 3-Zimmer-Wohnung. Von ihrem Mann lebt sie getrennt. Frau Schäfer arbeitet halbtags im Finanzamt. Gemeinsam mit Frau Schäfer leben in der Wohnung ihre drei Kinder. Sie heißen Tick, Trick und ...

a) Wie heißt das dritte Kind von Frau Schäfer?

b) Hat jedes Kind von Frau Schäfer ein eigenes Zimmer?

c) Wie alt sind die Kinder von Frau Schäfer?

Hast du alle Fragen beantwortet? Bevor du mit deinen Nachbarn vergleichst, lies dir bitte die folgende Tabelle durch.

Wichtig für Frage a)	*Wichtig für Frage b)*	*Wichtig für Frage c)*	*Für keine Frage wichtig*
Frau Schäfer ist die Mutter von Petra. Zwei Kinder von Frau Schäfer heißen Tick und Trick.	Frau Schäfer lebt von ihrem Mann getrennt. Sie wohnt mit ihren drei Kindern zusammen. Die Wohnung hat drei Zimmer.		Frau Schäfer arbeitet halbtags im Finanzamt.

Prüfe mit Hilfe der Tabelle, ob du die drei Fragen noch einmal genauso wie oben beantworten würdest. Vergleiche dann deine Antworten mit denen deiner Nachbarn. Begründe bei unterschiedlichen Antworten dein Ergebnis.

2. Maxi hat heute seinen 11. Geburtstag. Er ist der blonde Junge auf dem Bild und heißt mit vollem Namen eigentlich Maximilian. Der 38-jährige Herr Jens Schmidt und dessen 3 Jahre jüngere Frau Babsy Schmidt sind Maxis Eltern.
Höhepunkt des Kindergeburtstages ist der Kinobesuch mit den Eltern. Zwei Kinder, die zum Geburtstag eingeladen sind, befinden sich bei der Aufnahme des rechten Bildes gerade auf der Toilette des Kinos.

a) Welcher Name steht auf Maxis Kinderausweis?

b) Wie viele Kinder sind zum Geburtstag gekommen?

c) Wie alt sind Maxi und seine Eltern zusammen?

d) Wie teuer ist der Eintritt für den Kinobesuch?

TIPP
- Lies Text und Fragen *genau* durch.
- Betrachte das Bild *genau*.
- Lege dir im Heft eine Tabelle wie in Aufgabe 1 an.

Schriftliches Multiplizieren

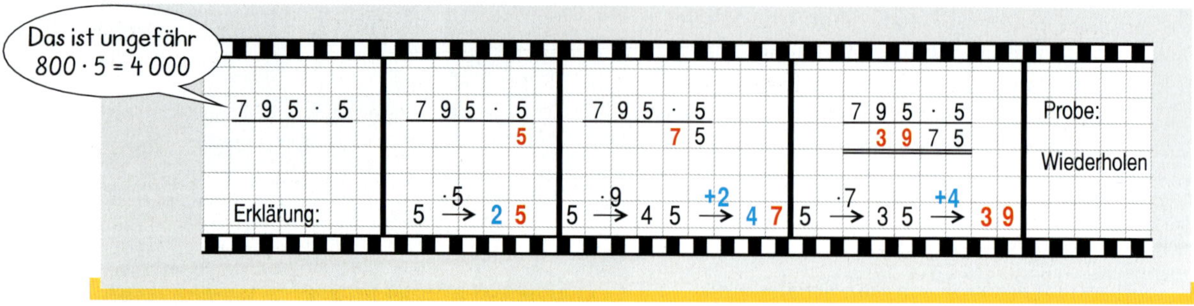

Aufgaben

1. Wie schwer ist die Ladung insgesamt?

2.

a)	b)	c)	d)	e)	f)
327 · 3	549 · 9	509 · 4	1 257 · 2	1 138 · 5	2 374 · 5
438 · 5	603 · 7	708 · 6	3 128 · 8	2 007 · 6	3 307 · 6
723 · 8	777 · 8	915 · 9	4 247 · 6	4 020 · 9	8 009 · 3

3.

a)
475 · 4 E
239 · 8 R
654 · 3 N
965 · 3 L
841 · 9 S
236 · 8 F
657 · 7 A
543 · 5 G

b)
296 · 6 R
487 · 3 K
647 · 8 P
537 · 6 K
324 · 4 I
428 · 7 S
854 · 5 O
273 · 3 M
356 · 6 O

Vom Kleinsten zum Größten: der totale Durchblick.

4. Bei einer Aufführung wurden 476 Karten zu 7 € verkauft. Wie viel Euro wurden eingenommen?

5. In einem Autowerk werden in einer Stunde 280 Autos produziert. Wie viele Autos werden in einer 8-stündigen Schicht fertig?

6.

a)	b)	c)
372 · 40	735 · 20	2 136 · 30
527 · 30	603 · 40	5 009 · 70
683 · 90	770 · 60	6 035 · 60

d)	e)	f)
235 · 300	340 · 900	2 133 · 200
351 · 500	507 · 600	5 036 · 400
558 · 800	952 · 700	3 004 · 500

5 2 3 · 3 0
0

5 2 3 · 3 0
1 5 6 9 0

5 2 3 · 3 0 0
0 0

5 2 3 · 3 0 0
1 5 6 9 0 0

Auf die Nullen achten.

7. Für eine Schulaula werden 300 Stühle zu 128 € das Stück gekauft. Wie hoch ist die Rechnung?

8. Jasmin duscht jeden Tag und verbraucht dabei 30 l Wasser. Wie viel Liter Wasser sind das in einem Jahr (365 Tage)?

Überschlagsrechnen

TIPP
Oft genau genug und schnell und einfach.

Mit einer Überschlagsrechnung kann man das Ergebnis ungefähr abschätzen.
Man rechnet dazu mit gerundeten Zahlen im Kopf.

(1) Aufgabe 689 · 8 — Überschlag ≈ 700 · 8 = 5 600 — genau: 689 · 8 = 5 512

(2) Aufgabe 549 · 7 — Überschlag ≈ 500 · 7 = 3 500 — genau: 549 · 7 = 3 843

Aufgaben

1. Mache zuerst einen Überschlag, dann rechne genau.

a)	b)	c)	d)	e)	f)
273 · 8	993 · 6	503 · 7	1 248 · 3	2 416 · 9	5 903 · 7
558 · 7	854 · 4	614 · 3	2 590 · 5	9 283 · 4	2 116 · 5
332 · 9	723 · 5	945 · 4	3 783 · 6	7 009 · 8	3 867 · 4

2. Ordne jeder Aufgabe im Ballon die richtige Überschlagsrechnung zu.

5 000 · 6 A | 400 · 7 B | 700 · 6 G | 400 · 7 U | 500 · 7 H | 4 000 · 7 R | 800 · 6 M

3. Drei Aufgaben sind falsch gerechnet. Finde sie allein mit einer Überschlagsrechnung.

a) 623 · 8 = 4984

b) 503 · 7 = 5321

c) 489 · 6 = 3034

d) 892 · 7 = 6244

e) 614 · 4 = 2356

4. Mache erst eine Überschlagsrechnung, dann rechne auch genau.

a) Zur Aufführung der Theater-AG werden 372 Karten zu 3 € verkauft.

b) Die Firma Hesse kauft 8 Tintenstrahldrucker zu 319 € das Stück.

c) Ein Autotransporter hat 8 Wagen geladen, die jeweils 995 kg wiegen.

d) Für das Handballspiel wurden 1231 Karten zu 9 € und 278 Schülerkarten zu 4 € verkauft.

e) Ein Lastwagen hat 6 Kisten, die jeweils 107 kg wiegen, und 5 Kisten zu je 285 kg geladen.

Schriftliches Multiplizieren mit mehrstelligen Zahlen

487 · 237	487 · 237	487 · 237	487 · 237	487 · 237
	97400	97400	97400	97400
		14610	14610	14610
			3409	₁3₁409
				115419
Erklärung:	487 · 200	487 · 30	487 · 7	Addieren
	97400	14610	3409	

Zur Kontrolle ein Überschlag: ≈ 500 · 200 = 100 000

Aufgaben

1. a) 98 · 56 b) 38 · 27 c) 78 · 39 d) 722 · 42 e) 352 · 81 f) 276 · 99
78 · 92 96 · 34 46 · 44 813 · 53 436 · 78 287 · 58

Der Größe nach ein Katzenname.

2. 386 · 92 E 256 · 38 A 439 · 53 I 625 · 27 R 138 · 25 G 532 · 96 D 582 · 67 L 384 · 49 F

3. a) 933 · 74 b) 696 · 21 c) 572 · 68 d) 376 · 28
342 · 53 433 · 58 357 · 59 913 · 27
e) 721 · 352 f) 741 · 321 g) 654 · 378 h) 529 · 332
533 · 426 378 · 217 258 · 123 728 · 543

4. Rechne schriftlich und vergleiche. a) 7 · 325 und 325 · 7 b) 3 · 2 714 und 2 714 · 3

5. a) 123 · 203 b) 432 · 303 c) 259 · 402
227 · 105 389 · 207 329 · 504

6. a) 324 · 608 b) 476 · 209 c) 625 · 403
439 · 705 583 · 304 762 · 802
254 · 312 408 · 307 729 · 300

548 · 305		548 · 305
164 400	Man muss Nullen beachten, aber nicht immer schreiben.	1644
0 000		+ 2740
+ 2 740		167140
167 140		

7. Sandras Ballettstunden kosten im Monat 105 €. Wie hoch sind die Kosten für ein Jahr?

8. Herr Muster fährt mit dem Auto zu seiner Arbeitsstelle. Die tägliche Fahrstrecke für Hin- und Rückfahrt beträgt 48 km. Wie viel Kilometer legt er in einem Jahr mit 243 Arbeitstagen zurück?

TIPP Die kleinere Zahl nach hinten!

9. Eine Pumpe fördert in einer Stunde 1 325 *l* Wasser. Wie viel Wasser fördert sie an einem Tag?

10. Eine Konzerthalle hat 1 226 Sitzplätze. Eine Eintrittskarte kostet 19 €.
Wie hoch ist die Einnahme, wenn alle Karten verkauft werden? Überschlage und rechne genau.

11. Ein Fußballverein hat 972 Mitglieder, davon sind 552 Jugendliche. Der Jahresbeitrag beträgt 84 € für Erwachsene, für Jugendliche 39 €. Berechne die Jahreseinnahme aus Mitgliedsbeiträgen.

12. a)

887 · 68 B | 568 · 62 A | 298 · 86 E | 98 · 66 A | 78 · 26 L | 443 · 59 S | 378 · 69 K | 58 · 69 L | 67 · 98 B | 123 · 84 T

Vom Größten zum Kleinsten eine Sportart.

b)

355 · 28 B | 226 · 9 L | 378 · 3 L | 683 · 67 O | 679 · 73 V | 5 843 · 6 L | 426 · 53 E | 3 749 · 7 L | 582 · 13 A | 654 · 17 Y

13. a) Wie viele Minuten hat ein Tag? b) Wie viele Stunden hat ein Jahr (365 Tage)?
c) Jan wird heute 12 Jahre alt. Wie viele Wochen ist er alt? (1 Jahr = 52 Wochen)

14.

a)	b)	c)	d)	e)
417 · 8	237 · 39	705 · 87	1 274 · 24	374 · 122
238 · 7	471 · 65	509 · 53	2 317 · 31	417 · 235
684 · 6	347 · 82	308 · 67	4 508 · 25	553 · 158

15. Familie Schäfer kauft 6 Sessel. Wie teuer ist die Sitzgruppe, wenn ein Sessel 185 € kostet? Überschlage und rechne genau.

16. Frau Weber kauft 36 m Gardinenstoff und 36 m Spitze. 1 m Stoff kostet 21 € und 1 m Spitze 3 €. Wie viel muss sie bezahlen?

LVL **17.** Im Schwimmbad wurden im Juni folgende Eintrittskarten verkauft:

Einzelkarten		Zehnerkarten		Familienkarten
Erw.	Kd.	Erw.	Kd.	
8 461	12 342	986	3 285	6 346

a) Wie hoch waren die Einnahmen durch den Verkauf von Familienkarten?

b) Stelle weitere Fragen und beantworte sie.

	Erwachsene	Kinder
Einzelkarte	3 €	2 €
Zehnerkarte	27 €	18 €
Familienkarte	7 €	

18. Herr Fleißig verdient im Monat 1 937 €. Wie viel verdient er in einem Jahr, wenn er noch 325 € Urlaubs- und 750 € Weihnachtsgeld erhält?

19. Ein Landwirt liefert täglich im Durchschnitt 128 *l* Milch an eine Molkerei. Wie viel Liter Milch sind das in einem Jahr? Überschlage, rechne anschließend genau.

20. a) b) c)

LVL **21.** Überlege und begründe.
Anke meint: „4-stellige Zahl mal 2-stellige Zahl ergibt ein 6-stelliges Produkt."

LVL **22.** a)

1	4	9	16
1 1	4 4	9 9	16 16
1	4	9	16
121	484	1 089	1 936
= 11 · 11	= ?	= ?	= ?

Und wie soll das weitergehen?

b)

11 · 11	111 · 111
111 · 11	1 111 · 111
1 111 · 11	…
11 111 · 11	
…	

Was fällt dir an den Ergebnissen auf?

Schriftliches Dividieren

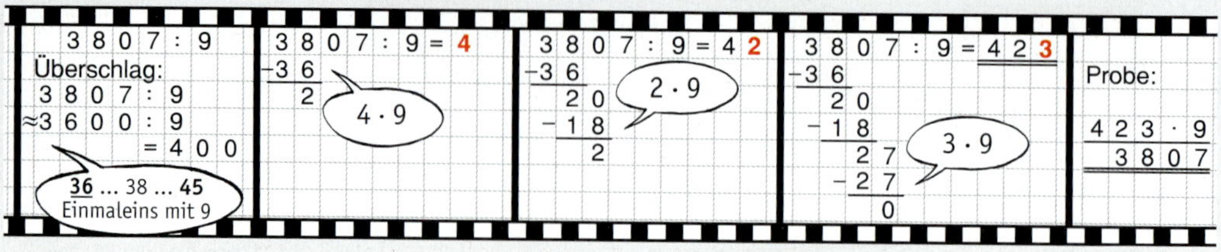

Aufgaben

1. Dividiere schriftlich. Mache vorher einen Überschlag und hinterher eine Probe.

a)	b)	c)	d)	e)	f)
432 : 9	581 : 7	2 048 : 8	2 740 : 4	4 470 : 6	19 548 : 6
312 : 6	688 : 8	3 206 : 7	3 265 : 5	2 556 : 3	48 160 : 5
392 : 4	882 : 6	2 961 : 3	2 912 : 8	2 478 : 7	25 928 : 8

2. a) Auf einem Bauernhof werden 785 kg Kartoffeln in 5 kg-Beutel gefüllt. Wie viele Beutel sind es?
b) 6 Personen teilen sich 51 582 € Lottogewinn. Wie viel Euro bekommt jede?
c) Die Miete für eine Motorjacht beträgt pro Woche (= 7 Tage) 896 €. Wie viel Euro sind das pro Tag?
d) In einer Baumschule werden 136 Pappeln in 8 Reihen gepflanzt. Wie viele sind es in einer Reihe?

3. Dividiere 2 520 durch: a) 2 b) 3 c) 4 d) 5 e) 6 f) 7 g) 8 h) 9

4. Dividiere schriftlich. Achte besonders auf Nullen im Ergebnis.

a)	b)	c)
918 : 3	21 182 : 7	20 040 : 5
2 432 : 8	63 081 : 9	32 008 : 4
3 042 : 6	28 840 : 8	36 504 : 9

d)	e)	f)
3 563 : 7	24 032 : 4	30 042 : 6
4 020 : 5	30 282 : 6	24 464 : 8
2 727 : 9	28 524 : 3	36 360 : 4

1224 : 4 = 306
− 12 (3 · 4)
02
− 0 (0 · 4)
24
− 24 (6 · 4)
0

TIPP
Überschlag hilft Fehler vermeiden

5. Dividiere schriftlich. Mache vorher einen Überschlag und hinterher eine Probe.

a)	b)	c)	d)	e)	f)
225 : 3	664 : 8	335 : 5	1 761 : 3	2 128 : 7	4 605 : 5
370 : 5	762 : 6	637 : 7	1 548 : 6	3 944 : 8	3 474 : 6
686 : 7	992 : 4	648 : 9	1 476 : 4	5 499 : 9	6 360 : 8

6. a) Vier Geschwister teilen sich eine Erbschaft von 30 400 €. Wie viel Euro bekommt jedes?
b) Am Güterbahnhof werden 1 440 Autos verladen, 8 pro Waggon. Wie viele Waggons sind nötig?
c) Eine Firma hat für 44 517 € drei gleiche Pkws angeschafft. Wie teuer war ein Pkw?
d) Eine Pfadfindergruppe kauft für 396 € sechs gleiche Zelte. Wie teuer ist ein Zelt?

Vom Größten zum Kleinsten eine Stadt.

7.

a)
897 : 3 A
836 : 4 E
1017 : 3 R
696 : 4 O
2024 : 8 T
825 : 5 W
1170 : 6 N
1498 : 7 H

b)
8 940 : 4 M
6 430 : 5 R
15 522 : 6 A
10 409 : 7 B
8 082 : 3 B
10 592 : 8 E
10 647 : 9 G

Schriftliches Dividieren durch mehrstellige Zahlen

```
8891 : 17            8891 : 17 = 5        8891 : 17 = 52       8891 : 17 = 523      Probe:
                    -85      (5·17)      -85                  -85
Überschlag:           3                    39                   39                 523 · 17
 8891 : 17                                -34     (2·17)       -34                      523
≈9000 : 20                                  5                    51                    3661
 = 450                                                          -51    (3·17)          8891
                                                                  0
```

Aufgaben

1. Woran erkennst du, ob die erste Ergebnisziffer richtig oder falsch ist? Berechne das Ergebnis.

a)
```
7328 : 16 = 3 . . .      7328 : 16 = 4 . . .      7328 : 16 = 5 . . .
-48  ← ·16               -64  ← ·16               -80  ← ·16
 25                        9
```

b)
```
8848 : 14 = 7 . . .      8848 : 14 = 5 . . .      8848 : 14 = 6 . . .
-98  ← ·14               -70  ← ·14               -84  ← ·14
                          18                         4
```

2. Dividiere schriftlich. Kontrolliere dein Ergebnis mit einer Probe.

a) 828 : 18; 884 : 13; 952 : 17
b) 3 096 : 12; 6 870 : 15; 6 818 : 14
c) 9 214 : 17; 7 648 : 16; 3 002 : 19
d) 13 818 : 14; 13 632 : 16; 12 996 : 19
e) 11 648 : 13; 10 422 : 18; 11 362 : 13

3. Achte besonders auf Nullen im Ergebnis.
Ein Überschlag dient der Kontrolle.

a) 1 248 : 12; 4 896 : 16
b) 3 965 : 13; 7 254 : 18
c) 8 534 : 17; 9 633 : 19
d) 3 344 : 16; 8 442 : 14
e) 7 056 : 14; 8 128 : 16
f) 5 712 : 14; 7 248 : 12
g) 120 075 : 15; 65 052 : 13
h) 51 051 : 17; 65 680 : 16

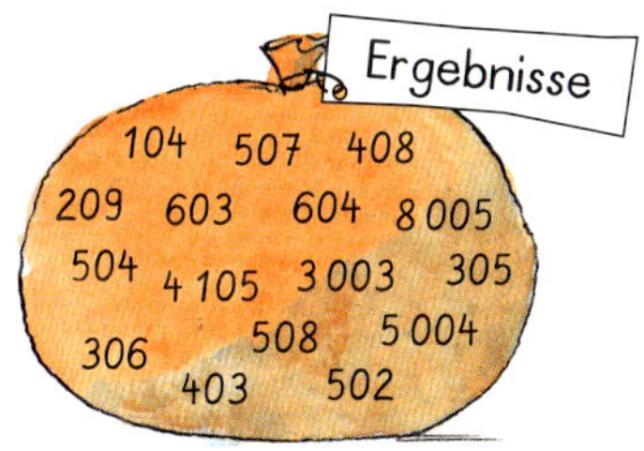

LVL **4.** Stelle eine Frage und schreibe deine Antwort auf.

a) Ein Fahrradhändler bekommt 15 gleiche Fahrräder zu einem Gesamtpreis von 5 970 € geliefert.
b) Eine Kinokarte kostet 6 €, insgesamt kamen 2 076 € in die Kasse.
c) 7 310 352 € im Jackpot! 16 Spieler knacken ihn und teilen sich den Gewinn.

Der Größe nach ein Sport-ereignis.

5.

a) 7 362 : 18 M; 8 160 : 16 Y; 3 135 : 15 E; 3 562 : 13 D; 11 118 : 17 L; 11 375 : 13 O; 6 156 : 19 A; 4788 : 12 P; 5 572 : 14 I

b) 5 484 : 12 E; 7 111 : 13 D; 7 362 : 18 L; 6 748 : 14 I; 7 905 : 15 S; 8 216 : 13 N; 8 619 : 17 P; 8 328 : 12 E

6. Dividiere schriftlich. Kontrolliere dein Ergebnis mit einer Probe.

a) 5 520 : 20; 4 500 : 60
b) 11 720 : 20; 11 220 : 30
c) 21 720 : 60; 18 880 : 80
d) 29 200 : 80; 27 480 : 60
e) 25 480 : 70; 32 360 : 40

7. Der erste Divisionsschritt ist sehr wichtig. Erkläre, dann rechne weiter.

a) 7344 : 34 = ... 7344 : 34 = 2 .. b) 2346 : 46 = ... 2346 : 46 = 5 ..

8. a) 6 144 : 24; 3 510 : 26 b) 4 095 : 65; 4 930 : 58 c) 15 600 : 48; 12 386 : 22 d) 8 745 : 33; 5 418 : 21 e) 2 400 : 96; 1 794 : 78

9. a) 15 616 : 64; 22 403 : 43 b) 6 930 : 35; 6 888 : 28 c) 1 426 : 62; 4 316 : 83 d) 13 140 : 36; 25 704 : 27 e) 17 390 : 74; 10 621 : 43

10. Dividiere schriftlich. Kontrolliere dein Ergebnis mit einer Probe.

a) 5 180 : 35; 6 860 : 28 b) 13 692 : 21; 18 625 : 25 c) 10 836 : 42; 25 811 : 53 d) 16 770 : 65; 22 876 : 43 e) 38 912 : 64; 30 295 : 83

11. Ordne die Ergebnisse der Größe nach, das größte zuerst. Du erhältst eine Sportart.

a)
19 108 : 34 B
20 648 : 58 L
12 597 : 17 A
26 166 : 42 D
13 015 : 19 N
13 156 : 46 L
25 016 : 53 A
11 928 : 14 H

b)
5 543 : 23 M
10 710 : 34 H
10 332 : 36 W
5 874 : 33 E
9 204 : 26 C
6 006 : 42 N
11 772 : 27 S
5 208 : 28 M
10 257 : 39 I

12. Mache erst eine Überschlagsrechnung. Runde dafür so, dass du mit dem kleinen Einmaleins im Kopf rechnen kannst.

a) 1 248 : 52; 4 294 : 38 b) 3 233 : 61; 2 052 : 19 c) 13 608 : 72; 12 354 : 58 d) 41 125 : 47; 31 833 : 81

e) 9 637 : 23; 4 944 : 48; 5 004 : 12 f) 7 098 : 39; 2 478 : 42; 8 265 : 95 g) 17 952 : 51; 33 777 : 81; 97 495 : 31 h) 25 080 : 88; 18 850 : 58; 11 979 : 33

2 552 : 56
≈ 2 552 : 60
≈ 2 400 : 60
= 40

Zuerst die 2. Zahl runden.
Und dann die 1. Zahl passend zum 1 x 1.

13. Überschlage erst und rechne dann genau.

a) 1 m Draht wiegt 21 g. Der ganze Draht auf einer Rolle wiegt 3 465 g. Wie viel Meter sind es?

b) 30 000 Pralinen werden auf 24er-Schachteln verteilt. Wie viele Schachteln sind nötig?

c) Bei einem Radrennen werden 28 Runden gefahren, insgesamt 79 800 m. Wie lang ist eine Runde?

14. Ein Fahrradhändler bekommt 23 gleiche Fahrräder zu einem Gesamtpreis von 8 027 € geliefert. Wie teuer ist ein Fahrrad im Einkauf?

15. Die Gesamtkosten der Klassenfahrt der 5b betragen 3 712 €. Die Kosten werden an 29 Schülerinnen und Schüler verteilt. Wie viel muss jeder bezahlen?

16. a) 31 242 : 123; 71 500 : 220; 94 544 : 311; 79 388 : 223 b) 204 530 : 226; 134 015 : 245; 203 740 : 305; 269 531 : 409 c) 255 024 : 504; 496 620 : 620; 257 325 : 705; 130 146 : 199 d) 159 140 : 436; 295 394 : 638; 479 288 : 724; 341 325 : 925

Division mit Rest

(1)

(2)

```
 1324 : 6 = 220 + 4 : 6
-12
  12    Probe: 220 · 6
 -12           1320
   04        +    4 Rest
    0          1324
    4 Rest
```

(3)

```
 2000 : 15 = 133 + 5 : 15
-15
  50    Probe: 133 · 15
 -45           133
   50          665
  -45         1995
    5 Rest  +    5 Rest
              2000
```

Aufgaben

1. a) 615 : 4   285 : 6   b) 327 : 5   450 : 7   c) 583 : 7   973 : 4   d) 856 : 6   984 : 9   e) 674 : 8   763 : 9   f) 872 : 6   598 : 8

2. a) 2 417 : 4   6 338 : 5   b) 5 782 : 8   4 715 : 7   c) 6 724 : 30   4 580 : 60   d) 3 523 : 40   5 710 : 20   e) 8 512 : 60   5 728 : 40

3. a) 7 530 : 12   8 425 : 11   b) 8 786 : 14   2 519 : 16   c) 1 736 : 18   2 583 : 16   d) 2 545 : 17   1 371 : 15   e) 27 741 : 19   40 038 : 14

4. Einige Aufgaben gehen auf, bei anderen bleibt ein Rest. Die Reste findest du in der Truhe.

a) 621 : 9   587 : 6   b) 1 295 : 3   2 048 : 8   c) 7 657 : 13   3 445 : 12   d) 8 742 : 17   4 875 : 15

e) 932 : 7   952 : 8   f) 4 718 : 4   3 256 : 6   g) 4 349 : 14   4 128 : 16   h) 1 298 : 19   3 458 : 18

5. Berechne die Anzahl Packungen und den Rest.

a) 548 Eier in 6er-Kartons
b) 349 Paprikaschoten in 3er-Netzen
c) 1 000 Tischtennisbälle in 6er-Schachteln
d) 1 400 Schreibhefte in 3er-Packs in Folie
e) 5 000 Saftflaschen in 12er-Kisten
f) 2 000 Deutschbücher in 24er-Kartons

6. 300 Steinplatten werden in 8er-Reihen verlegt. Wie viele Reihen und restliche Platten werden es?

7. Busse, die je 52 Personen aufnehmen können, sollen 2 138 Menschen transportieren.

8. Von einer 300 cm langen Holzleiste werden 35 cm lange Stücke abgesägt. Wie viele Stücke erhält man und wie viel Zentimeter bleiben übrig?

LVL **9.** Hier siehst du nur noch das Ergebnis. Was waren die zugehörigen Divisionsaufgaben?

a) =1232+5:6   b) =2562+3:8   c) =5328+2:3   d) =6744+7:12

e) =2308+4:9   f) =2509+3:7   g) =2140+4:6   h) =6336+8:14

LVL

Silberranch

1. Dana mietet für ihr eigenes Reitpferd eine Box für ein halbes Jahr. Außerdem nimmt sie in dieser Zeit wöchentlich 3 Reitstunden in der Gruppe.

Reichen die gesparten 1 200 Euro auch noch für eine neue Trense?

2. Danas Freund Timo hat kein eigenes Reitpferd, möchte aber an allen Reitstunden teilnehmen, zu denen sich auch Dana angemeldet hat. Timo hat 350 Euro gespart, den Rest bezahlt seine Oma.

Wie viele Euro sind das?

3. Auf der Silberranch sind 35 Reitpferde zu versorgen. Alle 14 Tage wird das benötigte Futter geliefert.

Wie viel kg Futter lädt der Lieferant alle 2 Wochen für die Reitpferde der Silberranch ab?

LVL

4. 12 Reitpferde gehören der Ranch. Von ihnen müssen 8 Tiere neu beschlagen werden, außerdem werden 5 neue Sättel und 6 Trensen benötigt. Alles wird beim Hufschmied besorgt.

Wie hoch ist die Rechnung des Hufschmieds?

5. Auf dem Bild ist die Klasse 5b zu sehen. Die Kinder haben mit ihrer Lehrerin beschlossen, auf dem Wandertag die Silberranch zu besichtigen und auch eine Kutschfahrt zu unternehmen.

Wie viel Euro musste jedes Kind dafür mitbringen?

6. Während der Öffnungszeiten lösen sich Frau Prinz und Herr Mielke an der Kasse ab. Frau Prinz arbeitet den ganzen Sonnabend und von Montag bis Freitag immer bis 15 Uhr, in der übrigen Zeit arbeitet Herr Mielke.

Stundenlohn:

Mo – Fr	*9 EUR*
Sa und So	*12 EUR*

Wie viel Euro haben die beiden jeweils im letzten Juli verdient? (Du brauchst einen Kalender!)

LVL

Schwarzwaldhotel

Im Hochschwarzwald liegt das abgebildete Naturhotel, das dem Ehepaar Schuster gehört. Frau Schuster ist 46 Jahre alt, ihr Mann knapp 10 Jahre älter, sein Alter ist eine „Schnapszahl". Als ihr Sohn Michael geboren wurde, war Herr Schuster 32 Jahre alt. Michael wird zum Koch ausgebildet, und zwar in einem 4-Sterne-Hotel im Elsass. Das Naturhotel Schuster hat 26 Zimmer, davon sind 9 Zimmer Einzelzimmer. Im Hotel gibt es ein Restaurant, das ab 18 Uhr geöffnet ist. Auf der Speisekarte gibt es 5 Vorspeisen, 8 Hauptgerichte und 6 Desserts (sprich „dessär", das ist das französische Wort für Nachspeisen).

1. a) Lies den Text genau durch und betrachte das Bild genau.
b) Lege dir im Heft eine Tabelle mit 3 Spalten und folgenden Überschriften an.

Hotelbesitzer	*Gästezimmer*	*Restaurant*

2. Schreibe alle Informationen, die du dem Text oder dem Bild entnehmen kannst, in die passende Spalte deiner Tabelle im Heft.

3. Schreibe alles auf, was du über Michael weißt.

4. Versuche jetzt zusammen mit deinem Nachbarn oder deiner Nachbarin, die folgenden Fragen zu beantworten. Bei einigen Fragen muss man rechnen, bei anderen nicht.

a) Wie viele Doppelzimmer gibt es im Naturhotel?
Wie viele Gäste können gleichzeitig im Naturhotel übernachten?

b) Wie alt ist Herr Schuster, wie alt ist Michael und wie alt sind alle drei Schusters zusammen?

c) Ein 3-Gang-Menu (sprich „menü") besteht aus Vorspeise, Hauptspeise und Dessert.
Wie viele verschiedene 3-Gang-Menüs kann man im Naturhotel essen?
Wie viele Wochen dauert es, bis man jedes Menü einmal gegessen hat (pro Abend ein Menu)?

d) Vom 12.07. bis zum Morgen des 25.07. war das Naturhotel völlig ausgebucht.
Wie hoch waren die Einnahmen aus Übernachtung und Frühstück?

e) In welcher Höhe über dem Meeresspiegel liegt das Hotel?

Autofahrt nach ...

LVL

Familie Jansen aus Rostock hatte am 4. März ihren Diesel-Kombi genau 5 Jahre. An diesem Tag fuhren sie los, um eine deutsche Stadt eine Woche lang zu besichtigen.

Auf diesem Bild siehst du Familie Jansen nach dem Auftanken. Sie tankten das Auto so voll wie möglich. Danach fuhren sie sofort los und auf dem kürzesten Weg zu ihrem Ziel.

Auch auf der Rückfahrt haben Jansens den kürzesten Weg gewählt. In der Besichtigungswoche blieb das Auto auf dem Hotel-Parkplatz, deshalb wurde erst jetzt bei der Rückkehr wieder voll getankt.

TIPP

Lege dir für die Fragen **1.** bis **5.** eine Tabelle an und notiere alle wichtigen Informationen, die du in dem Text und den Bildern findest.

1. Wie viele Kilometer ist Familie Jansen hin und zurück gefahren?

2. Welche deutsche Stadt hat Familie Jansen besucht? Betrachte dazu das Foto. Die Entfernungstabelle am Ende dieser Seite kann dir bei deiner Antwort sicherlich auch helfen.

3. Wie viel Liter Diesel verbraucht das Auto der Familie Jansen ungefähr auf 100 Kilometer?

4. Wie viel kostet ein Liter des getankten Diesels?

5. Wie viele Kilometer sind die Jansens mit ihrem Auto durchschnittlich in einem Jahr gefahren? Runde die Angabe auf volle 100 Kilometer.

	Berlin	Bonn	Bremen	Dresden	Erfurt	Frankfurt / M	Frankfurt / O	Freiburg	Hamburg	Hannover	Kiel	München	Nürnberg
⋮													
Rostock	230	630	300	445	490	675	320	940	190	330	200	770	630

LVL

Geburtstagsfeier

Fatima aus der Klasse 5c hat ihren Mitschülerinnen und Mitschülern folgende Knobelaufgabe gestellt:

Auf einem Geburtstagsfest sind 12 Kinder beisammen. Als die Feier beendet wird, verabschiedet sich jedes Kind von jedem anderen mit einem Händedruck.
Wie oft werden die Hände geschüttelt?

Die vorgeschlagenen Antworten kannst du im Bild rechts ablesen.

1. Kannst du einer der Antworten zustimmen? Wenn ja, versuche deine Meinung zu begründen.

Die Kinder der Klasse 5c können sich nicht auf ein Ergebnis einigen. Also beschließen sie, die Verabschiedung wie eine Filmszene vor der Tafel zu spielen. Die Schülerinnen und Schüler, die nicht mitspielen, sollen zählen, wie oft Hände geschüttelt werden. Und das kam dabei heraus:

2. Frederic hat Recht. Suche mit deinen Mitschülerinnen und Mitschülern nach einer Lösung.

3. Wie oft werden Hände geschüttelt, wenn sich nach einer Geburtstagsfeier jeder von jedem mit einem Händedruck verabschiedet? So viele Personen sind es:

a) 8 Personen b) 14 Personen c) 19 Personen d) 6 Personen e) 17 Personen f) 20 Personen

4. Übertrage das Bild mit den Punkten A bis I in dein Heft.
Zeichne alle Strecken, die einen dieser Punkte als Anfangspunkt und ebenso einen von ihnen als Endpunkt haben.

a) Zähle, wie viele Strecken du gezeichnet hast.

b) Überlege, wie viele Strecken es sind, wenn du systematisch vorgehst und keine Strecke vergisst.

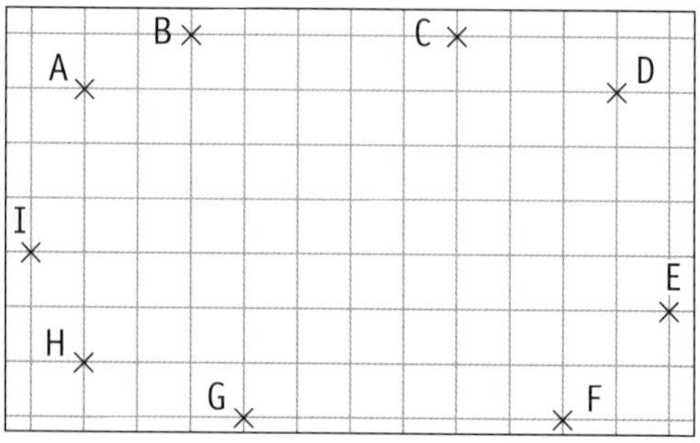

1. a) Multipliziere die Zahlen 3 und 15.
b) Dividiere 51 durch 3.
c) Berechne das Produkt der Zahlen 5 und 12.
d) Berechne den Quotienten der Zahlen 56 und 8.

2. a) $x \cdot 9 = 36$ b) $a : 7 = 5$
c) $8 \cdot y = 40$ d) $48 : b = 12$

3. Eva sagt: „48 : 48 kann ich im Kopf rechnen."

4. a) $7 : 7$; $17 \cdot 0$ b) $13 : 1$; $0 : 24$ c) $12 \cdot 0$; $10 \cdot 1$ d) $0 \cdot 34$; $8 : 0$

5. a) $17 \cdot 100$; $65 \cdot 10$; $212 \cdot 100$ b) $470 : 10$; $2\,500 : 10$; $3\,800 : 100$ c) $120 \cdot 10$; $4\,700 : 10$; $8\,200 : 100$

6. a) $40 \cdot x = 4\,000$; $200 \cdot y = 2\,000$ b) $3\,000 : b = 300$; $50\,000 : c = 500$

7. a) $8 \cdot (7 + 5)$; $9 \cdot (28 - 19)$ b) $120 : (31 + 9)$; $(17 + 3) \cdot (19 - 12)$

8. a) $3 \cdot 9 + 17$; $48 : 12 + 29$ b) $49 - 120 : 4$; $25 : 5 + 3 \cdot 17$

9. a) $4 \cdot 6 : 12$; $40 : 8 \cdot 5$ b) $48 - 12 - 20$; $50 - 20 : 2 - 8$

10. Wähle einen einfachen Rechenweg.
a) $25 \cdot 39 \cdot 4$ b) $50 \cdot 2 \cdot 88$
c) $40 \cdot 118 \cdot 5$ d) $4 \cdot 67 \cdot 25$

11. a) $(35 + 65) \cdot 7$ b) $(100 - 3) \cdot 9$
c) $48 \cdot 7 - 18 \cdot 7$ d) $50 \cdot 8 - 4 \cdot 8$
e) $6 \cdot 33 + 6 \cdot 17$ f) $73 \cdot 12 - 23 \cdot 12$

12. a) $423 \cdot 5$; $714 \cdot 8$ b) $528 \cdot 40$; $237 \cdot 60$ c) $385 \cdot 15$; $532 \cdot 28$

13. Jochens Nachhilfeunterricht kostet monatlich 145 €. Wie viel ist das in einem Jahr?

14. a) $847 : 7$; $3\,564 : 6$ b) $2\,120 : 40$; $5\,670 : 90$ c) $4\,770 : 15$; $6\,336 : 18$

15. Eine Gruppe von 14 Jugendlichen fährt für insgesamt 490 € zum Musical. Wie viel kostet das für jeden Einzelnen?

Multiplikation	**Division**
$5 \cdot 6 = 30$	$30 : 6 = 5$
30 ist das *Produkt* der Zahlen 5 und 6.	5 ist der *Quotient* der Zahlen 30 und 6.
Die eine ist die Umkehroperation der anderen.	$5 \underset{:6}{\overset{\cdot 6}{\rightleftarrows}} 30$

Rechnen mit Eins und Null

$5 \cdot 1 = 5$ $5 : 1 = 5$ $0 \cdot 5 = 0$ $0 : 5 = 0$
$5 : 5 = 1$ ~~5 : 0~~ (geht nicht!)

Rechnen mit Zehnerzahlen

Multiplikation mit 10, 100, ...: Man hängt 1, 2, ... Nullen an.	Division durch 10, 100, ...: Man lässt 1, 2, ... Nullen weg.
z. B.: $35 \cdot 100 = 3\,500$	z. B.: $3\,500 : 10 = 350$

Rechenregeln

- Was in Klammern steht, wird zuerst berechnet. $48 : (17 - 9) = 48 : 8 = 6$
- Punktrechnung (·, :) geht vor Strichrechnung (+, –). $36 : 9 + 5 \cdot 7 = 4 + 35 = 39$
- Sonst wird von links nach rechts gerechnet. $64 - 40 - 7 = 24 - 7 = 17$

Rechengesetze

- In einem Produkt darf man Faktoren beliebig vertauschen und zusammenfassen.
  Beispiel: $(5 \cdot 6) \cdot 2 = 6 \cdot (5 \cdot 2)$
- Summen und Differenzen darf man gliedweise multiplizieren.
  Beispiel: $(8 + 4) \cdot 5 = 8 \cdot 5 + 4 \cdot 5$
  $(8 - 4) \cdot 5 = 8 \cdot 5 - 4 \cdot 5$

Schriftliches Multiplizieren und Dividieren

```
235 · 27        Überschlag:
  4700          ≈ 200 · 30 = 6 000
+ 1645
  6345

 945 : 18 = 52 + 9 : 18    Probe:  52 · 18
- 90                                   52
  45          Überschlag:             416
- 36          ≈  945 : 20             936
   9 Rest     ≈ 1000 : 20           + 9 Rest
              = 50                    945
```

DIAGNOSETEST

1. Rechne im Kopf: a) $7 \cdot 15$ b) $72 : 6$

2. Wie heißt die gesuchte Zahl? a) $x \cdot 8 = 800$ b) $y : 4 = 1000$

3. Rechne schriftlich: a) $364 \cdot 8$ b) $2\,013 \cdot 28$

4. Rechne schriftlich: a) $296 : 8$ b) $5\,265 : 13$

5. a) Eine Schule kauft 120 Mathematikbücher zu je 14 €. Wie hoch ist der Rechnungsbetrag?
b) Ein Sportgeschäft zahlt im Einkauf für 45 Jogginganzüge 3 150 €. Wie teuer ist ein Anzug?

Wähle weitere 5 Aufgaben aus

1. a) Verdopple das Produkt der Zahlen 7 und 5.
b) Berechne den dritten Teil der Summe der Zahlen 40 und 20.

2. Rechne vorteilhaft, notiere deinen Rechenweg: a) $4 \cdot 37 \cdot 25$ b) $3 \cdot 27 + 7 \cdot 27$

3. a) Wie alt ist Suses Vater?
b) Wie viele Schwestern hat Suse?
c) Wie alt sind die einzelnen Kinder?

Suse Schallbruch ist 6 Jahre jünger als eine Schwester von ihr und wohnt mit ihrer Familie in Potsdam. Die Familie besteht aus den beiden Eltern und 4 Kindern. Zwei Brüder von Suse sind Zwillinge im Alter von 10 Jahren. Alle Kinder zusammen sind 40 Jahre alt. Die Eltern sind gleich alt und zusammen 42 Jahre älter als alle Kinder zusammen.

4. Martin hat $660 : 12 = 55$ richtig gerechnet. Berechne damit im Kopf $684 : 12$.
Schreibe für eine Mitschülerin oder einen Mitschüler auf, wie du das im Kopf rechnest.

5. Drei Freunde übernachten in einem Hotel im Dreibettzimmer zu 135 €. Das Frühstück kostet für jeden 7 €. Wie viel hat jeder insgesamt zu zahlen?

6. Die Pension „Alpenblick" bietet Vollpension für 65 € pro Person und Tag an. Wie viel kostet ein 18-tägiger Aufenthalt für 3 Personen?

7. Welchen größten Wert kann das Produkt einer 3-stelligen mit einer 2-stelligen Zahl annehmen?

8. Berechne das Produkt der Zahlen 17 und 5 und das Produkt der Zahlen 24 und 8.
Addiere anschließend beide Ergebnisse.

9. Berechne den Quotienten der Zahlen 95 und 5 und merke dir das Ergebnis. Bilde dann das Produkt der Zahlen 38 und 4 und verringere es anschließend um die gemerkte Zahl.

10. Drei Kinder schenken ihrer Mutter eine Zierpflanze zu 19 € mit einem Blumentopf zu 14 €. Die Kosten dritteln sie. Wie viel zahlt jedes Kind?

11. Zwei Ergebnisse sind falsch, du brauchst nur eine Überschlagsrechnung, um sie zu finden.
$435 \cdot 4 \stackrel{?}{=} 170$ $284 \cdot 5 \stackrel{?}{=} 1420$ $518 : 7 \stackrel{?}{=} 74$ $2016 : 8 \stackrel{?}{=} 22$

12. Setze um 3 Zahlen fort: a) 1, 4, 9, 16, ... b) 2, 8, 18, 32, 50, ...

5

Zeichnen und Konstruieren

Gerade

Eine **Gerade** ist eine gerade Linie ohne Anfang und ohne Ende.

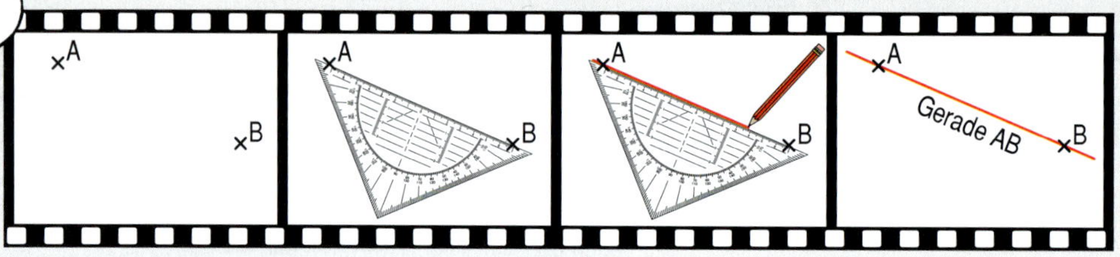

Aufgaben

1. Erzeuge auf einem Stück Papier ohne Lineal eine Gerade.

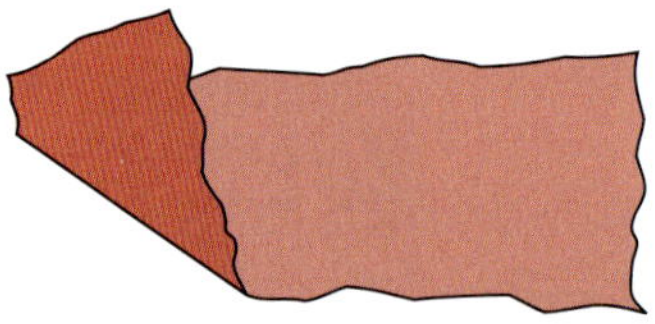

2. Zeichne zwei Punkte A und B und mehrere Geraden, die durch einen Punkt oder beide Punkte verlaufen. Wie viele Geraden kannst du durch A zeichnen, wie viele durch B, wie viele durch A und B?

3. a) Übertrage die Punkte ins Heft. Verbinde je zwei durch eine Gerade. Wie viele Geraden erhältst du?

b) Lege vier Punkte so, dass es weniger Verbindungsgeraden gibt als in a).

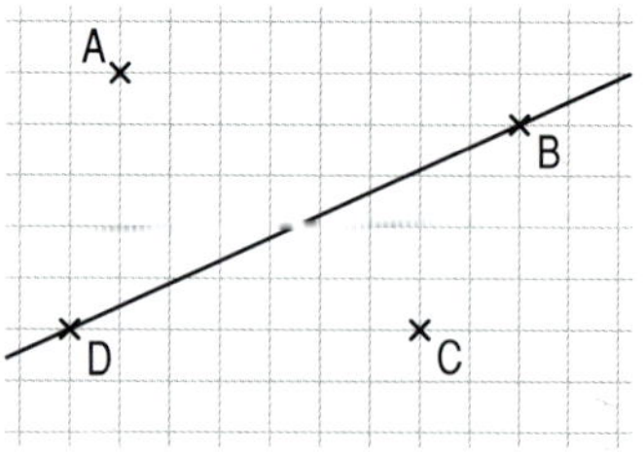

4. Zeichne vier Geraden so, dass zwei Schnittpunkte außerhalb deines Heftes liegen.

5. Welche der Linien a, b, c, d sind Geraden? Überprüfe mit dem Geodreieck.

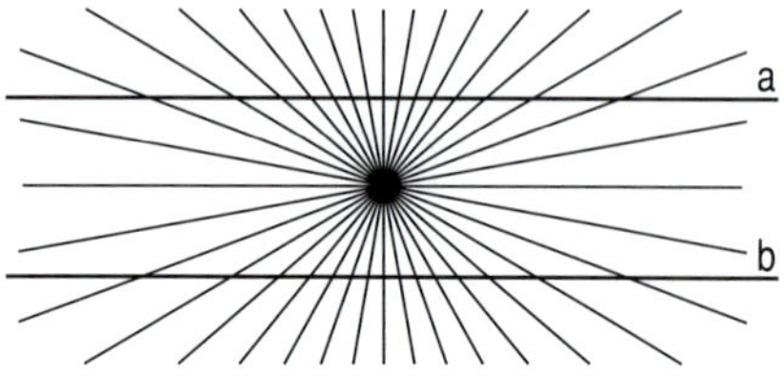

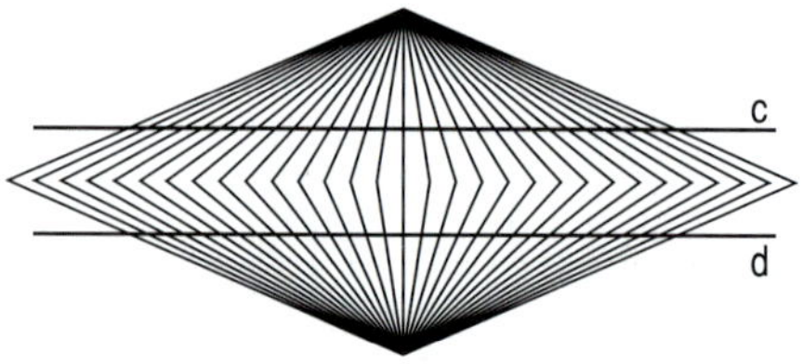

Strecke und Strahl [1]

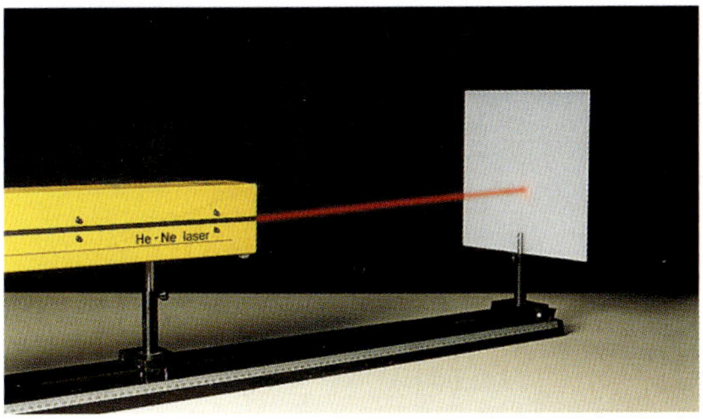

Eine **Strecke** ist eine gerade Linie mit zwei Endpunkten.
Ein **Strahl** ist eine gerade Linie mit einem Anfangspunkt aber ohne Endpunkt.

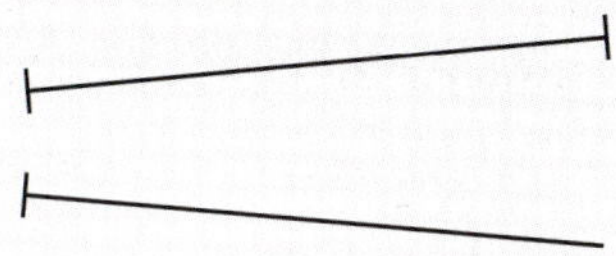

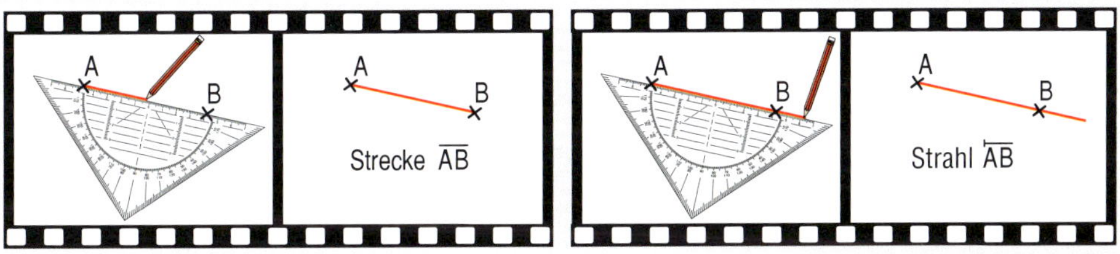

Aufgaben

1. a) Übertrage ins Heft und zeichne die Strecken $\overline{AB}$, $\overline{BD}$ und $\overline{CD}$.
b) Insgesamt gibt es sechs Strecken mit den Punkten A, B, C und D als Endpunkte. Zeichne die fehlenden Strecken und schreibe sie auf.

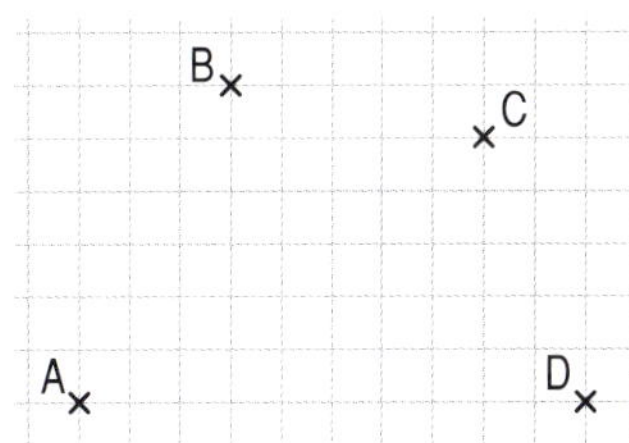

2. Übertrage die Punkte noch einmal und zeichne die Strahlen $\overrightarrow{AC}$, $\overrightarrow{DA}$, $\overrightarrow{CB}$ und $\overrightarrow{BD}$.

3. Wie viele verschiedene Strahlen mit einem gegebenen Punkt A als Anfangspunkt gibt es? Wie viele verschiedene Strahlen gibt es, die A als Anfangspunkt haben und durch einen anderen auch vorher festgelegten Punkt B gehen?

LVL **4.** Vergleiche die Länge der roten und der grünen Strecke. Schätze zuerst, dann miss. Zeichne selbst.

a) 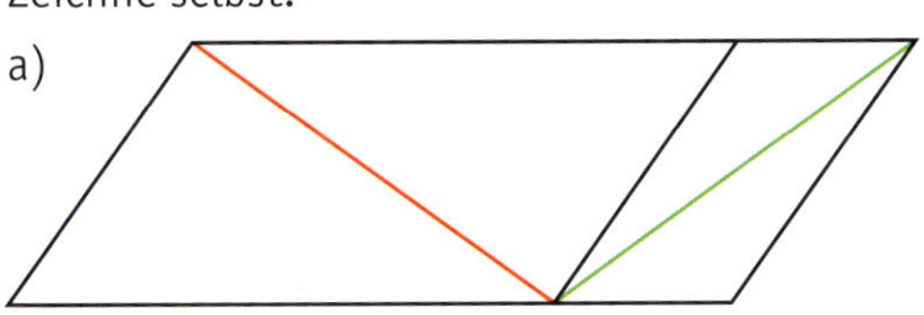

b) 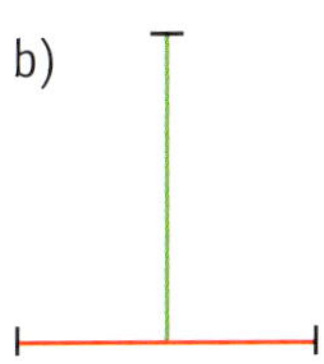

c) 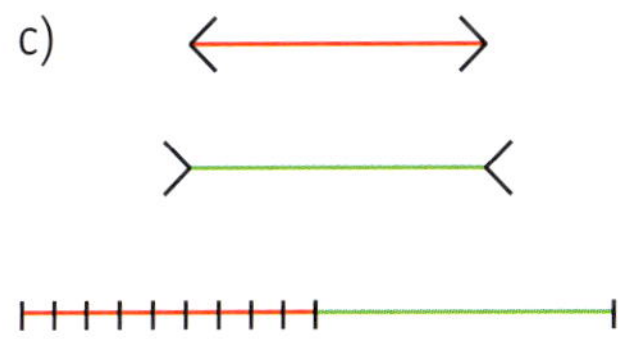

[1] Strahlen nennt man auch *Halbgeraden*.

Vermischte Aufgaben

1. Welche dieser Linien sind Geraden, welche sind Strecken und welche sind Strahlen?

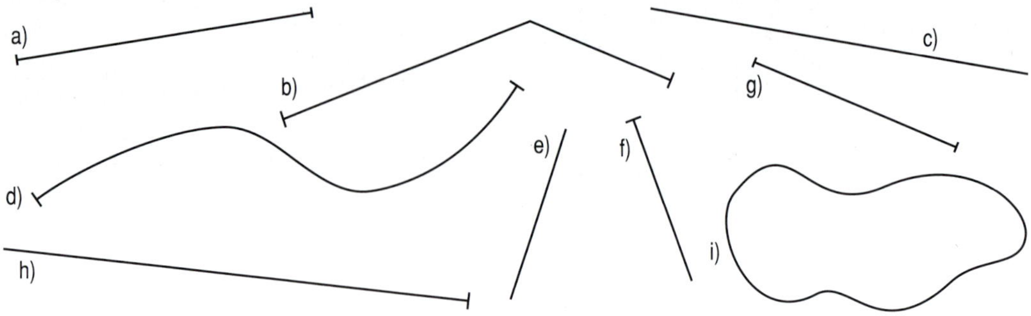

2. Wie viele Geraden, wie viele Strecken und wie viele Strahlen kannst du hier finden?

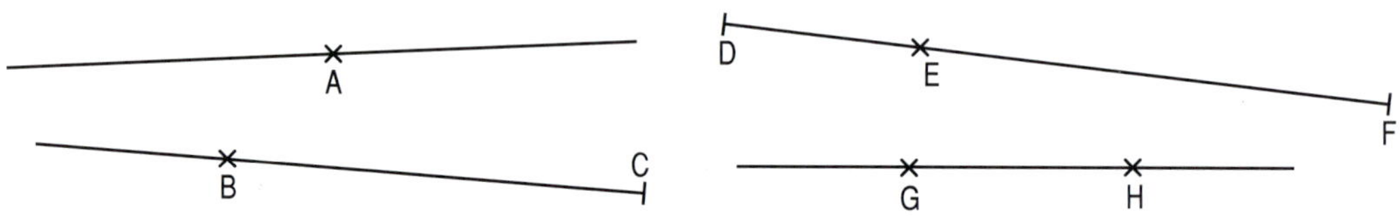

3. Ordne die Kennkarten der Geraden, der Strecke, dem Strahl zu. Eine Karte passt immer.

Kennkarte 1	Kennkarte 2	Kennkarte 3	Kennkarte 4
... hat genau zwei Endpunkte ...	... ist eine gerade Linie ...	... hat nur einen Anfangspunkt, aber keinen Endpunkt ...	... hat weder einen Anfangspunkt noch einen Endpunkt ...

4. Übertrage die Karte ins Heft und finde den Schatz: „Gehe von der hohen Eiche in Richtung des Wasserfalles und von der Höhle in Richtung der Turmruine. Der Schatz ist am Schnittpunkt beider Strecken vergraben."

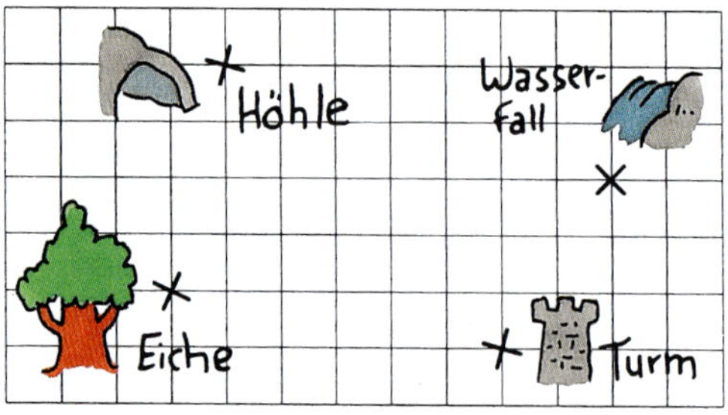

LVL **5.** Zeichne 4 Punkte. Verbinde je 2 Punkte durch eine Strecke als Weg zwischen ihnen. Wie viele solche Strecken oder Wege gibt es? Notiere alle.

6. a) Übertrage die Punkte und verbinde sie mit einem Streckenzug in der Reihenfolge A, B, D, C, A.

LVL b) Suche weitere Möglichkeiten, mit einem Streckenzug zum Ausgangspunkt A zurückzukehren. Jeder Punkt darf nur einmal durchlaufen werden.

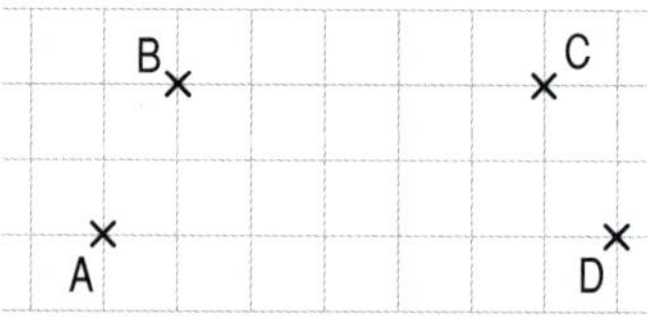

7. a) Zeichne das Muster mit dem Geodreieck. Setze es bis zum Heftrand fort.

b) Färbe das Muster. Erfinde selbst solche Muster.

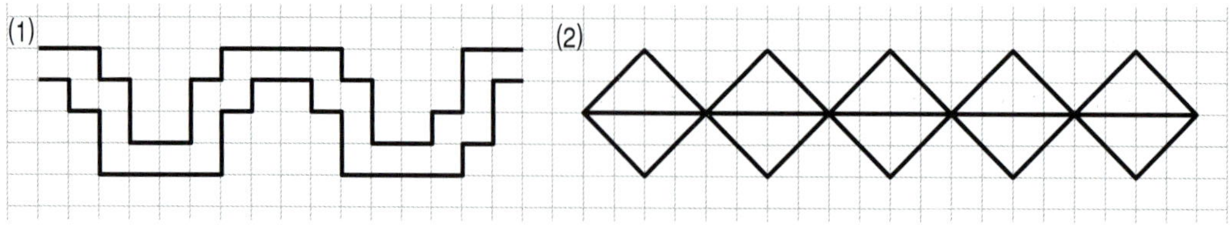

Senkrecht

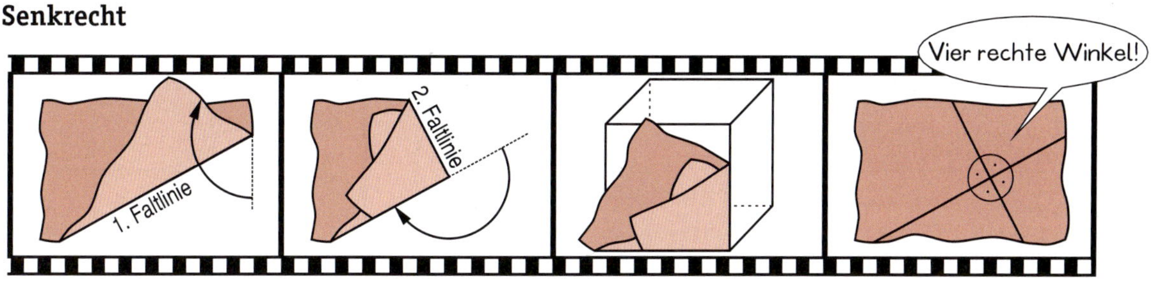

Zwei zueinander **senkrechte** Geraden a und b schließen einen rechten Winkel ein.
a ist senkrecht zu b: a ⊥ b, b ist senkrecht zu a: b ⊥ a.

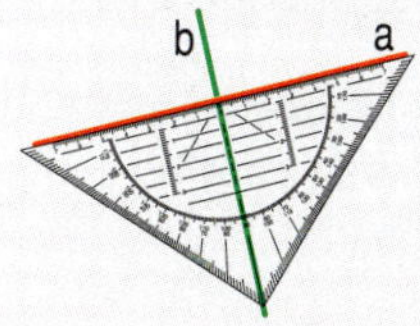

Zeichne die Senkrechte zur Geraden g durch den Punkt P.

(1) P liegt auf g.

(2) P liegt nicht auf g.

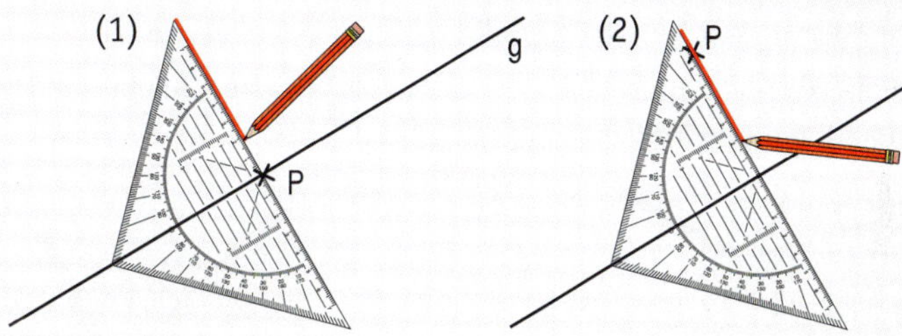

Aufgaben

LVL **1.** Arbeite und sprich auch mit deinen Mitschülern darüber:

a) Warum wird beim Hausbau häufig so gebaut, dass zueinander senkrechte Kanten entstehen?

b) Nenne Beispiele aus deiner Umwelt für zueinander senkrechte Linien.

c) Suche in deinem Klassenzimmer nach zueinander senkrechten Linien. Überprüfe mit dem Geodreieck.

2. Zu welchen vollen Stunden stehen die Zeiger einer Uhr senkrecht zueinander?

3. Übertrage ins Heft. Zeichne die Senkrechten zu g durch die Punkte P, Q und R.

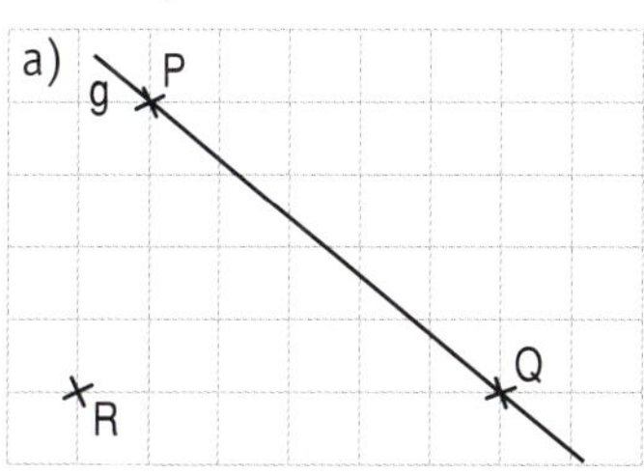

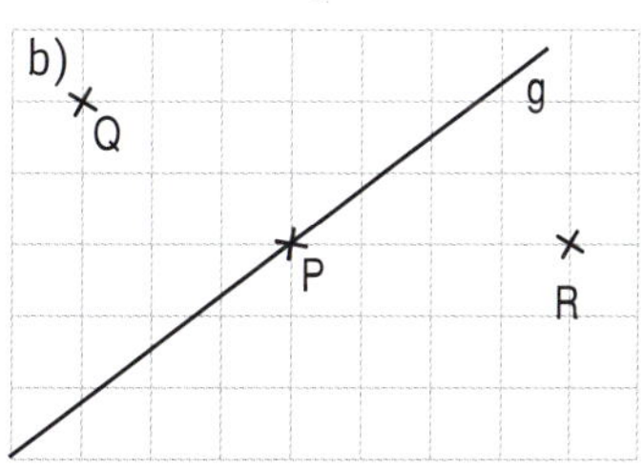

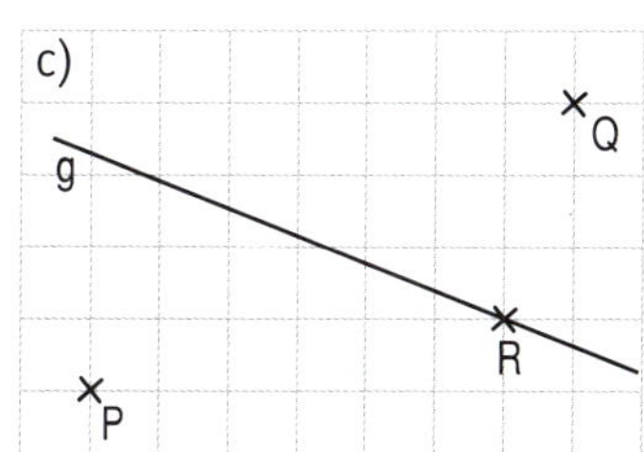

Parallel

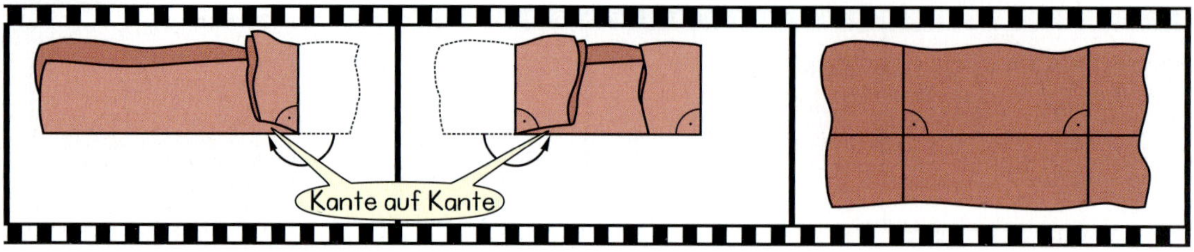

Zwei Geraden a und b, die beide senkrecht zu einer Geraden g sind, verlaufen **parallel** zueinander.
a ist parallel zu b (Zeichen: a ∥ b), b ist parallel zu a (b ∥ a)

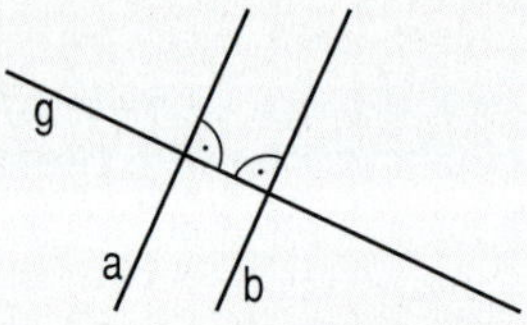

Zeichne die Parallelen zu einer Geraden g durch einen Punkt P.

a) Verwende die parallelen Linien auf dem Geodreieck.

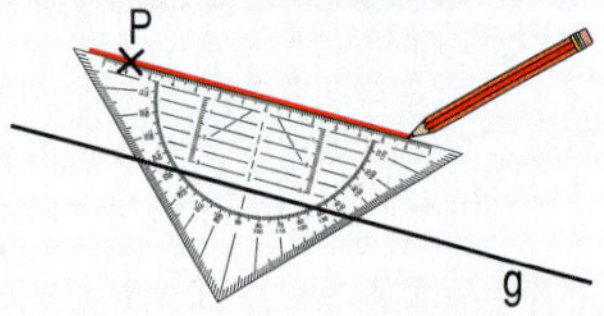

b) Zeichne zuerst die Senkrechte h durch P zu g und dann die Senkrechte durch P zu h.

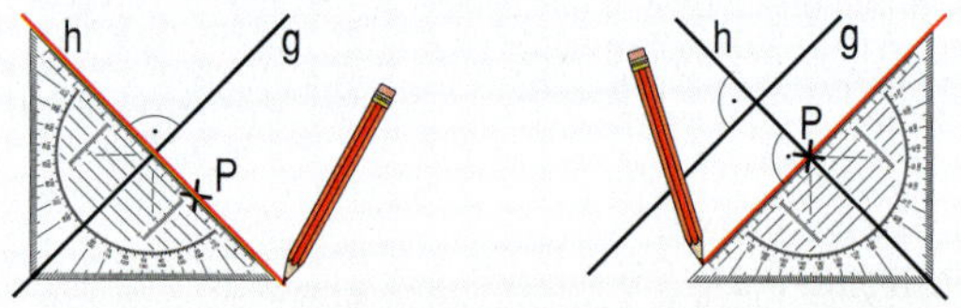

Aufgaben

1. Suche in der Zeichnung nach zueinander parallelen Geraden. Prüfe mit dem Geodreieck nach.

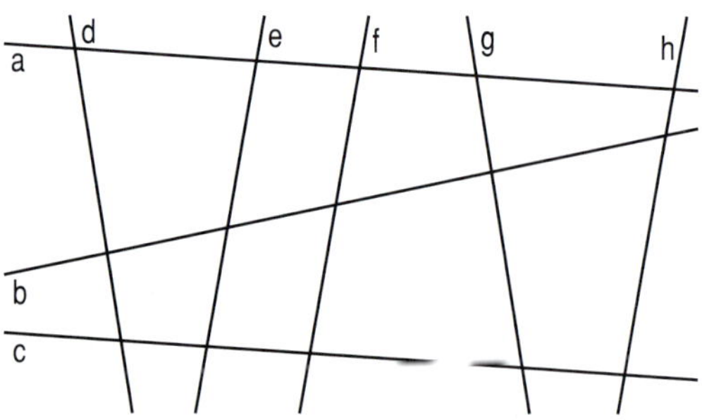

2. Nenne Beispiele aus deiner Umwelt für zueinander parallele Linien.

3. Suche in deinem Klassenzimmer nach zueinander parallelen Linien. Mit welchen Hilfsmitteln kannst du die Parallelität überprüfen?

4. Übertrage ins Heft. Zeichne die Parallelen zu g durch P, Q und R.

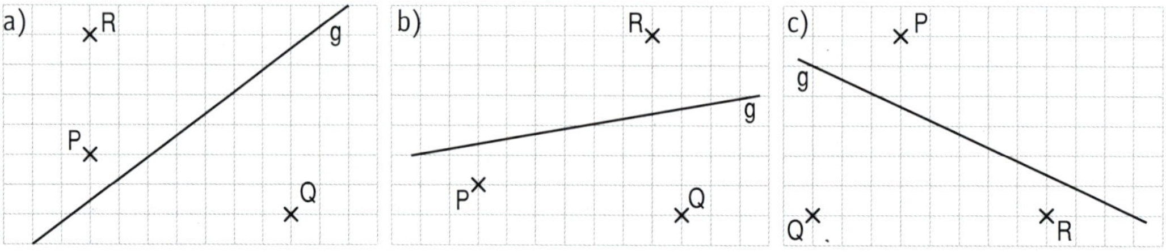

LVL **5.** Zeichne eine Gerade und dazu 5 parallele und 5 senkrechte Geraden. Welche Figuren entstehen?

Abstand

Der Abstand des Punktes P von der Geraden g
ist die Länge der Strecke $\overline{PQ}$ auf der Senkrechten zu g.
Parallele Geraden haben überall denselben Abstand voneinander.

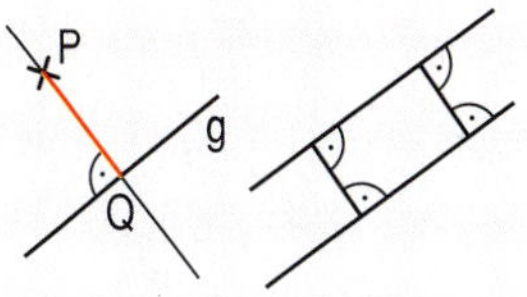

Zeichne einen Punkt P. Er soll 4 cm *Abstand* von der Geraden g haben.

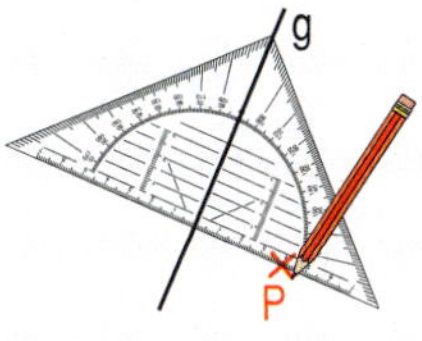

Zeichne eine Gerade h. Sie soll 4 cm *Abstand* von der Geraden g haben.

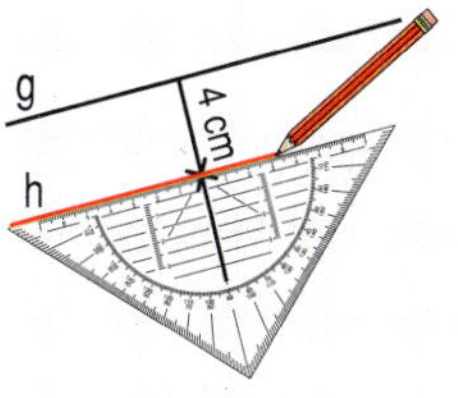

Aufgaben

1.

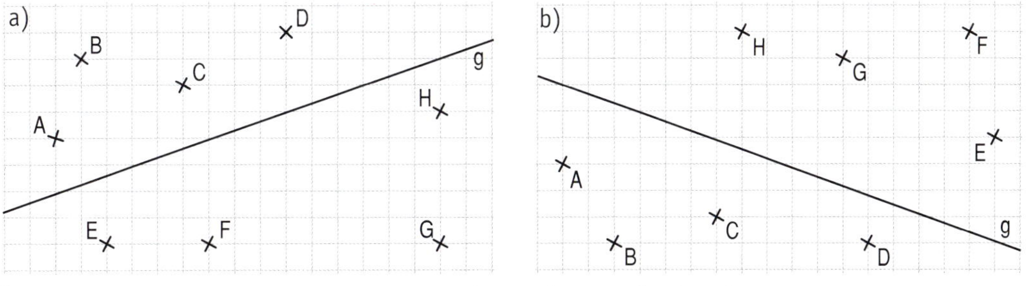

Übertrage ins Heft. Bestimme die Abstände der Punkte von der Geraden g.

2. Übertrage die Schatzkarte ins Heft und finde den Schatz. Er liegt im hellgrünen Feld. „Der Schatz ist in einem Abstand von genau 50 m zum Wanderweg vergraben, zur Waldschneise hat er einen Abstand von genau 100 m."

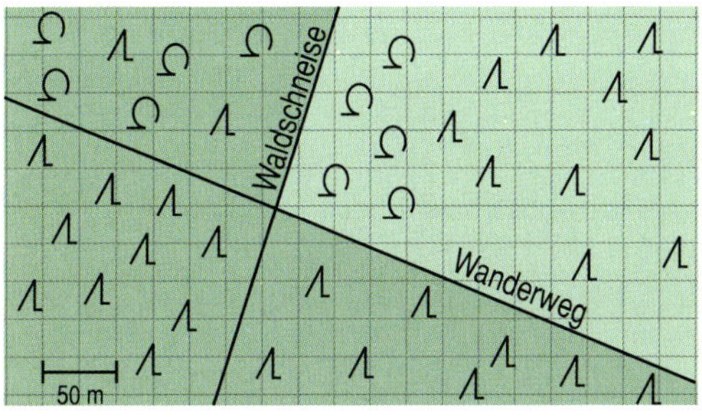

3. Zeichne eine Gerade a und zwei Parallelen zu a im Abstand von 3 cm.

Vermischte Aufgaben

1. Zeichne mit dem Geodreieck eine Mauer, eine Leiter, einen Jägerzaun.

2. Gibt es hier zueinander parallele oder senkrechte Linien? Prüfe mit dem Geodreieck.

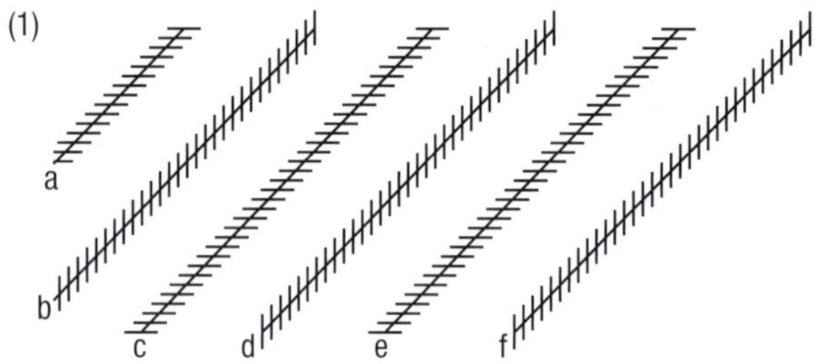

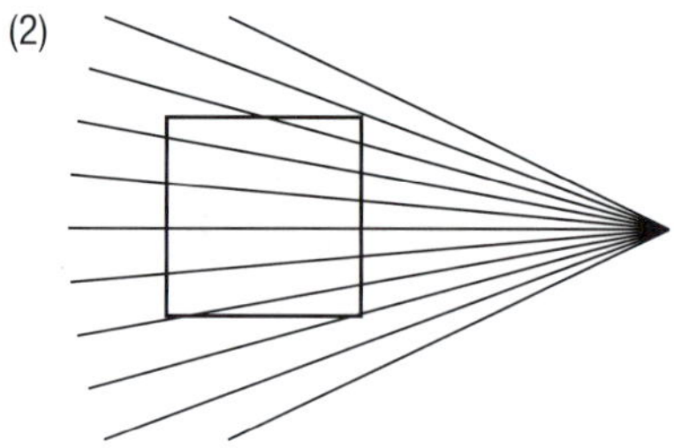

3. a) Welche Geraden sind zueinander parallel? (Notiere so: ■ ∥ ■.) Prüfe mit dem Geodreieck.

b) Welche Geraden sind zueinander senkrecht? (Notiere so: ■ ⊥ ■.) Prüfe mit dem Geodreieck.

c) Miss den Abstand, den die Parallelen voneinander haben.

d) Kemal sagt: „b und c sind parallel, denn sie schneiden sich nicht.“ Hat er Recht?

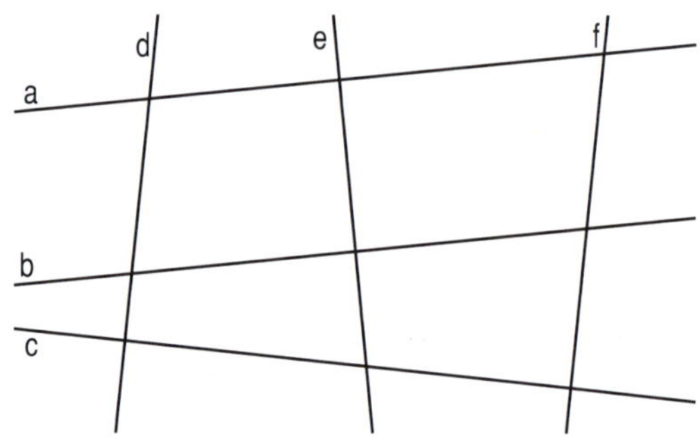

4. Ein Senkrechtstarter hebt auf einer Bergwiese ab.

a) Startet er senkrecht zur Bergwiese?

b) Fertige eine Skizze an, wie ein Start senkrecht zur Wiese sein müsste.

LVL **5.** a) 

b) 

c) 

d) 

6. Hier stimmt etwas nicht. Zeichne mit dem Geodreieck neue richtige Bilder.

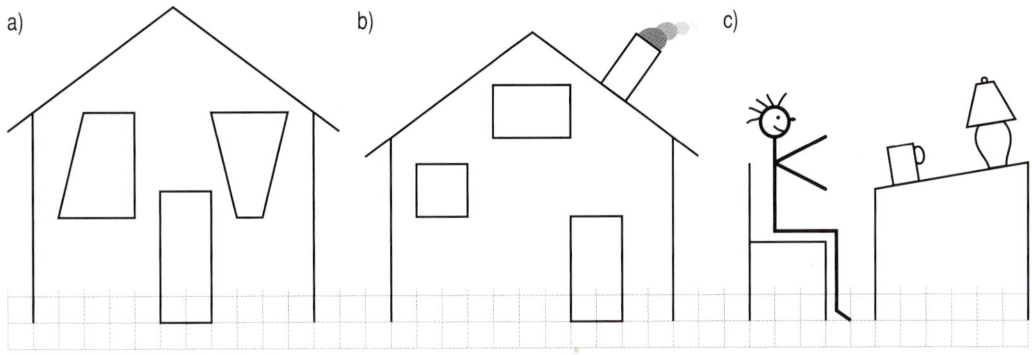

7. Beim Geländespiel gewinnt, wer zuerst eine der Waldschneisen a, b oder c erreicht.

a) Übertrage ins Heft und zeichne für Yasemin, Christian und Volker jeweils die kürzeste Verbindungsstrecke zu jeder Schneise ein.

b) Miss in deiner Zeichnung die Abstände und gib für jedes Kind an, welche Waldschneise besonders günstig liegt.

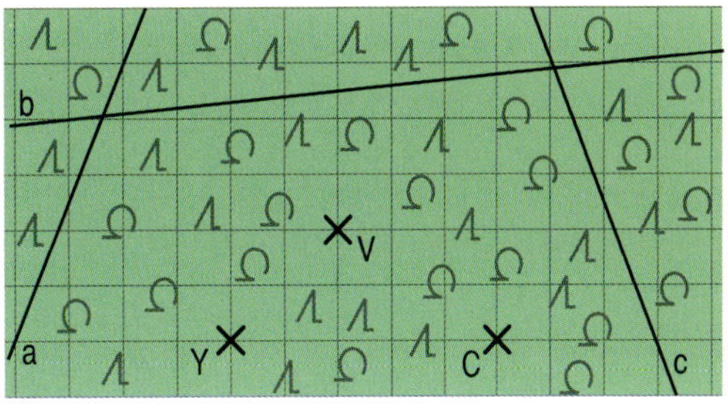

8. Welche der fünf Geraden in der nebenstehenden Abbildung schneiden sich?

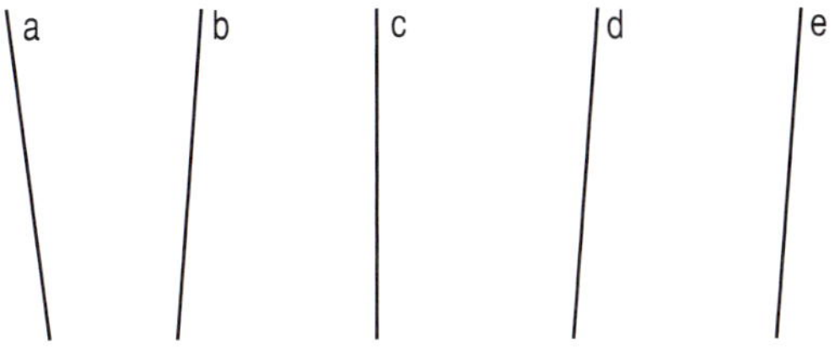

9. Zeichne drei Geraden a, b, c. Beschrifte sie.

a) $a \perp b$ und $b \perp c$ b) $a \parallel b$ und $a \perp c$

c) $a \parallel b$ und $b \parallel c$ d) $a \perp b$ und $b \parallel c$

10. Gegeben sei ein Punkt P. Zeichne zwei parallele Geraden g und h so, dass P von g den Abstand 3 cm und P von h den Abstand 4 cm hat. Es gibt zwei Möglichkeiten.

11. Zeichne zwei parallele Geraden g und h mit einem Abstand von 5 cm. Zeichne zu der Geraden g eine Parallele k mit einem Abstand von 2 cm. Welchen Abstand haben die Geraden h und k (zwei Möglichkeiten)?

12. Zeichne die Muster mit dem Geodreieck. Färbe sie. Erfinde selbst solche Muster.

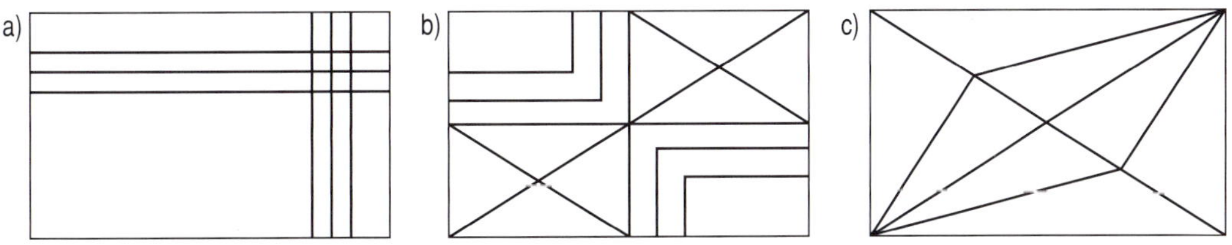

LVL **13.** a) Übertrage die Punkte ins Heft. Zeichne die Strecken $\overline{AB}$, $\overline{BC}$, $\overline{CD}$, $\overline{ED}$, $\overline{AE}$, $\overline{AC}$, $\overline{BE}$ und $\overline{CE}$. Miss und notiere ihre Längen.

b) Welche Strecken sind parallel zueinander, welche senkrecht?

c) Versuche, das *„Haus des Nikolaus“* zu zeichnen, ohne den Stift abzusetzen. Jede Strecke darf nur einmal gezeichnet werden. Suche verschiedene Möglichkeiten. An welchen Punkten kannst du beginnen?

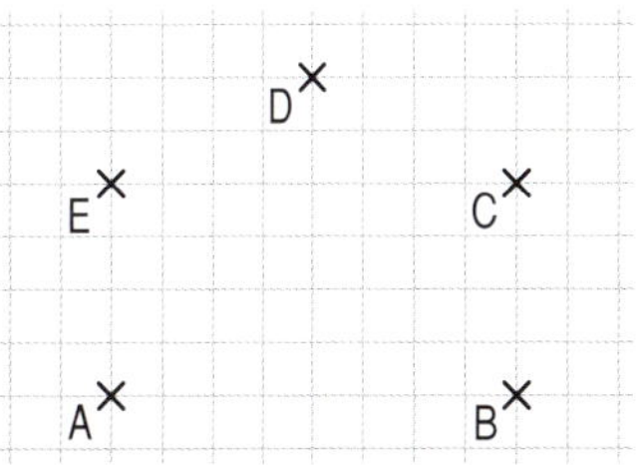

Rechteck und Quadrat

Ein **Rechteck** ist ein Viereck mit vier rechten Winkeln.
In jedem Rechteck sind die gegenüberliegenden Seiten gleich lang und parallel.

Ein **Quadrat** ist ein Rechteck, in dem alle vier Seiten gleich lang sind.

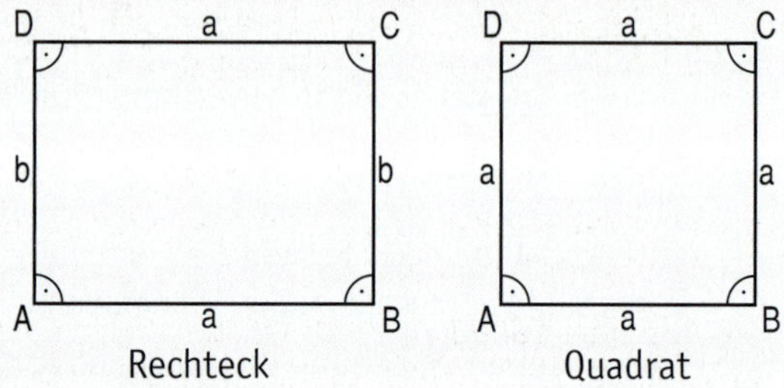

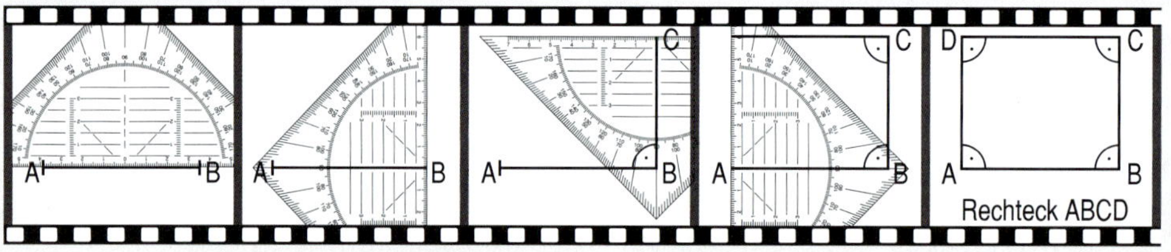

Aufgaben

1. Zeichne mit dem Geodreieck ein Rechteck mit den angegebenen Seitenlängen.

a) a = 4 cm, b = 6 cm b) a = 7 cm, b = 3 cm c) a = 5 cm, b = 5 cm d) a = 5,8 cm, b = 3,9 cm e) a = 7,2 cm, b = 7,1 cm f) $\overline{AB}$ = 6 cm, $\overline{BC}$ = 5 cm

2. Zeichne ein Quadrat mit der Seitenlänge a. a) a = 4 cm b) a = 5,4 cm c) $\overline{AD}$ = 5,3 cm

3. Nenne fünf Gegenstände a) mit rechteckigen Flächen, b) mit quadratischen Flächen.

4. a) Welche Vierecke sind keine Rechtecke? Begründe.
b) Welche Rechtecke sind zugleich Quadrate?

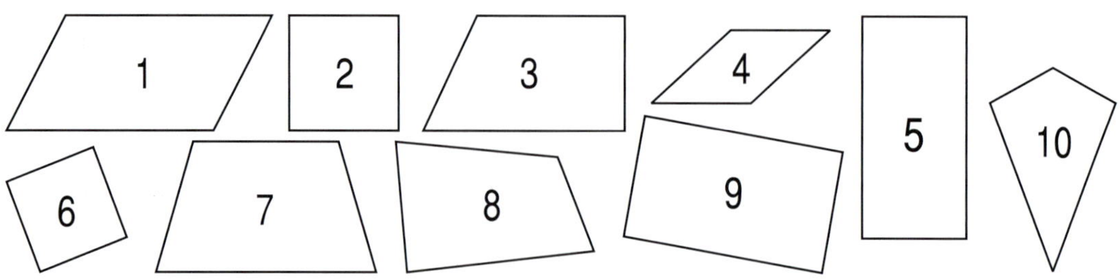

5. Karin bastelt einen Futterplatz für Vögel. Dazu muss sie in der Mitte einer rechteckigen Platte ein Loch bohren. Wie kann sie diesen Punkt finden? Es gibt mehrere Möglichkeiten. Probiere durch Falten eines rechteckigen Papierblattes oder durch Zeichnen.

6. Zeichne ein Quadrat (5 cm Seitenlänge) und ein Rechteck (5 cm lang, 4 cm breit). Zeichne in beide Figuren die *Diagonalen* und *Mittellinien* ein.

a) Miss ihre Längen und vergleiche mit den Seitenlängen.

b) Prüfe in beiden Figuren, wo rechte Winkel sind.

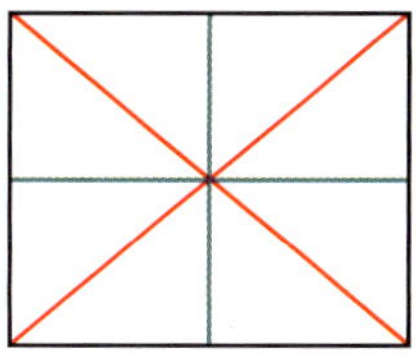

7. Quadrate und Rechtecke wurden entlang der Diagonalen (rot) und entlang der Mittellinien (grün) zerschnitten.
Ergänze die Teilfiguren im Heft zur Gesamtfigur.

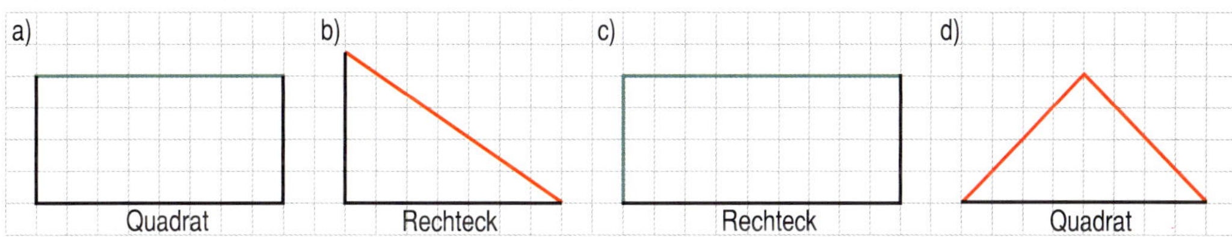

LVL **8.** Bastele dir Umschläge, z. B. für Briefe und CDs. Du brauchst vier Quadrate, Seitenlänge: 15 cm

a) Falte jedes Quadrat längs einer Mittellinie.

b) Nun stecke die Quadrate ziegelartig ineinander und klebe den Boden des Umschlages zusammen. Arbeite an den Ecken genau, es müssen rechte Winkel entstehen.

c) Jetzt schließe den Umschlag, indem du die gefalteten Laschen wieder ineinander steckst.

d) Zum Schluss knicke die 4 Quadrate des Deckels entlang ihrer Diagonale. Diese Dreiecke stehen hoch und geben der Hülle den richtigen Pfiff.

a)

b)

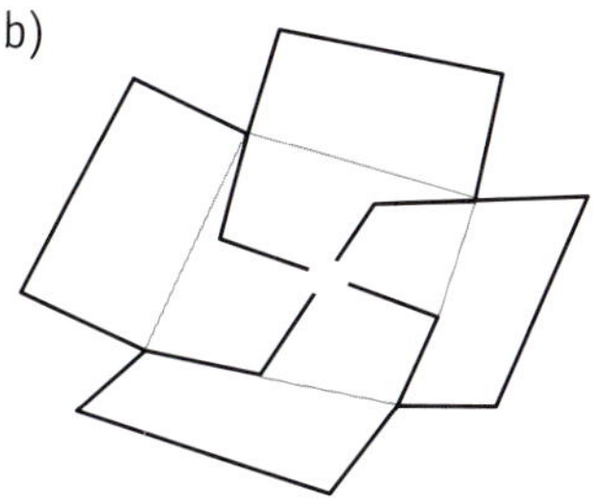

c)

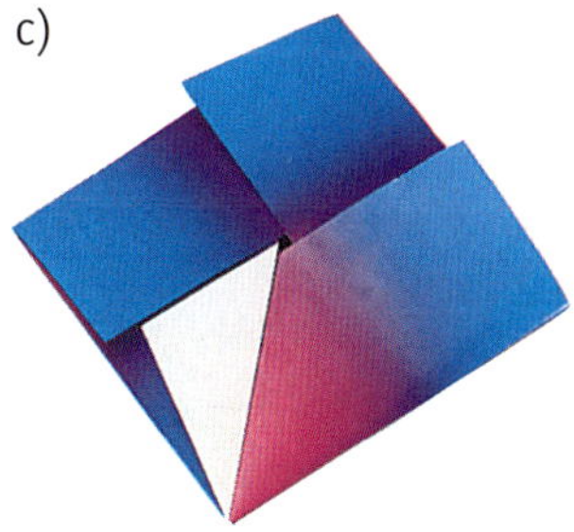

d)

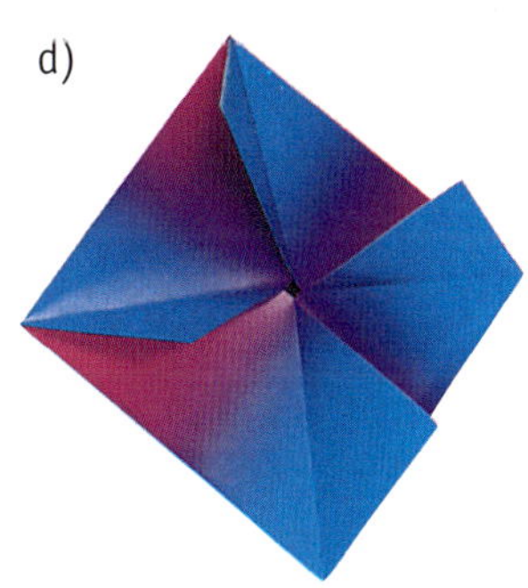

Parallelogramm und Raute

Ein **Parallelogramm** ist ein Viereck, in dem gegenüberliegende Seiten parallel sind. Gegenüberliegende Seiten sind gleich lang.

Eine **Raute** ist ein Parallelogramm, in dem alle vier Seiten gleich lang sind.

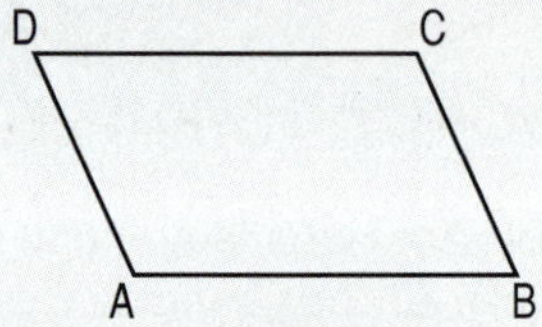

Parallelogramm

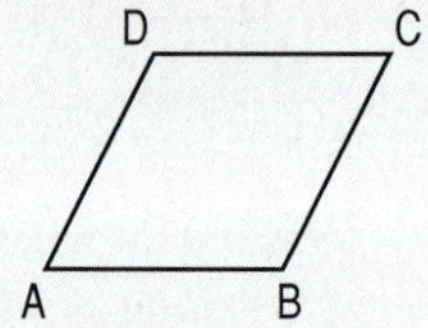

Raute

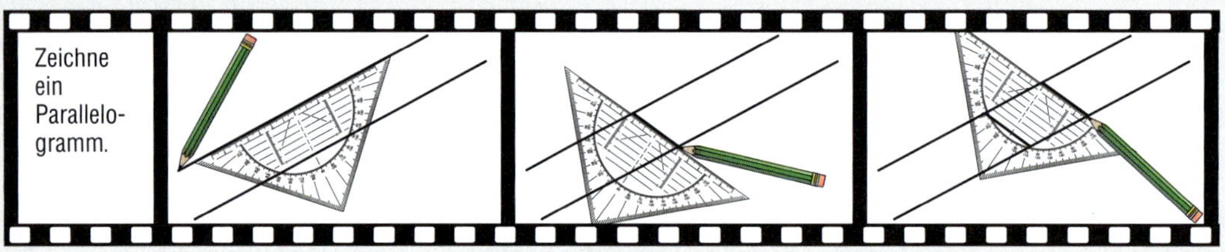

Aufgaben

1. a) Zeichne mit dem Geodreieck zwei Parallelstreifen (Breite 4 cm und 2,5 cm) so, dass sie einmal ein Parallelogramm (kein Rechteck) und einmal ein Rechteck bilden.

b) Zeichne mit zwei gleich breiten Streifen (Breite 5 cm) eine Raute und ein Quadrat.

2. Welche dieser Vierecke sind keine Parallelogramme, welche Parallelogramme sind auch Rauten?

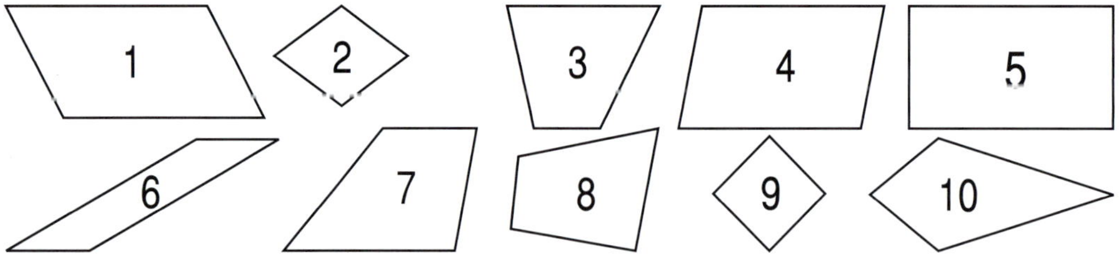

3. Prüfe folgende Behauptungen für Parallelogramm und Raute mit dem Geodreieck.

a) Die Diagonalen sind gleich lang.

b) Die Diagonalen halbieren sich gegenseitig.

c) Die Diagonalen sind senkrecht zueinander.

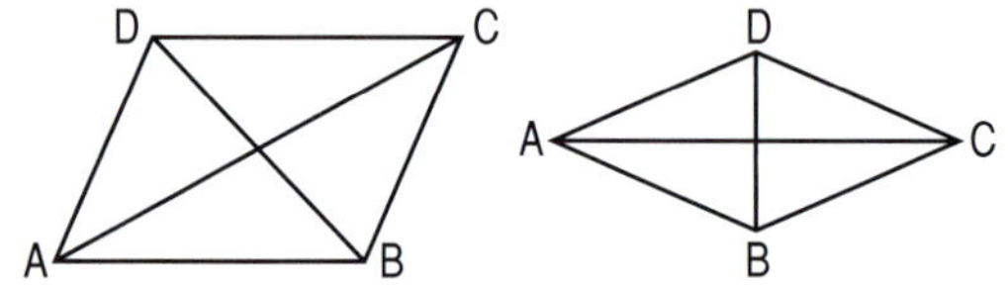

Vermischte Aufgaben

LVL **1.** Übertrage die Figuren auf ein Blatt Karopapier, schneide sie aus und setze aus ihnen Vierecke zusammen. Welche Vierecke erhältst du?

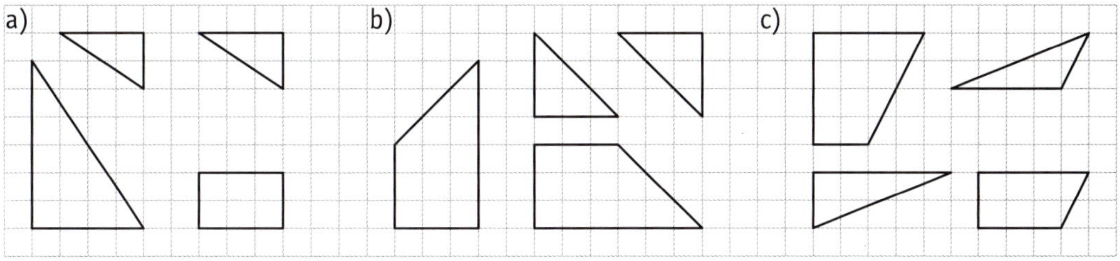

LVL **2.** Eine Seite eines Rechteckes ist 6 cm lang. Eine der beiden Mittellinien teilt dieses Rechteck in zwei Quadrate. Wie lang kann die andere Seite des Rechteckes sein? Eine Skizze hilft dir, beide Lösungen zu finden.

3. Ordne die Kennkarten dem Quadrat, dem Rechteck, der Raute, dem Parallelogramm zu.

Kennkarte 1	Kennkarte 2	Kennkarte 3	Kennkarte 4
Das Viereck hat vier rechte Winkel.	In dem Viereck sind gegenüberliegende Seiten gleich lang und parallel zueinander.	Das Viereck hat vier gleich lange Seiten, gegenüberliegende Seiten sind parallel zueinander.	Das Viereck hat vier rechte Winkel und vier gleich lange Seiten.

4. Übertrage die Dreiecke ABC ins Heft. Ergänze Figur ① zu einem Parallelogramm und Figur ② zu einer Raute. Gibt es mehrere Möglichkeiten?

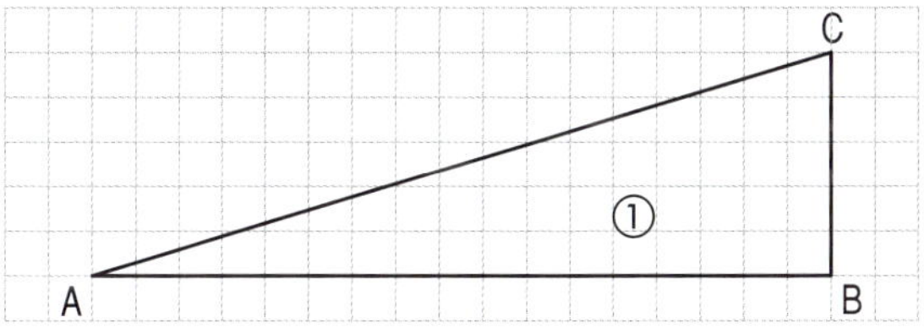

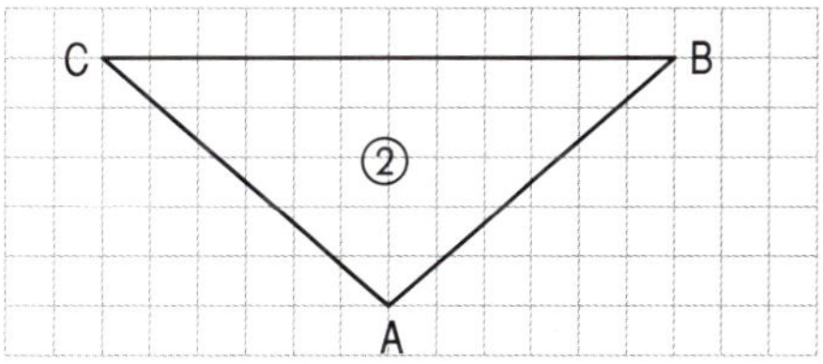

5. Wie viele Rauten entdeckst du? Wie viele Parallelogramme gibt es hier, die keine Rauten sind? Begründe.

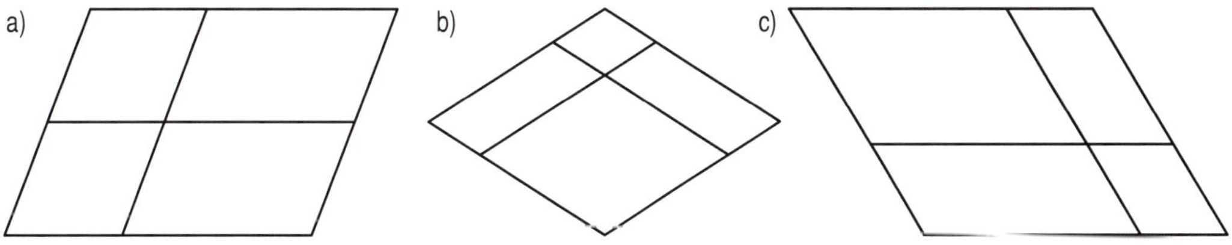

6. Quadrate und Rechtecke wurden entlang der Diagonalen (rot) und entlang der Mittellinien (grün) zerschnitten. Ergänze die Teilfiguren im Heft zur Gesamtfigur.

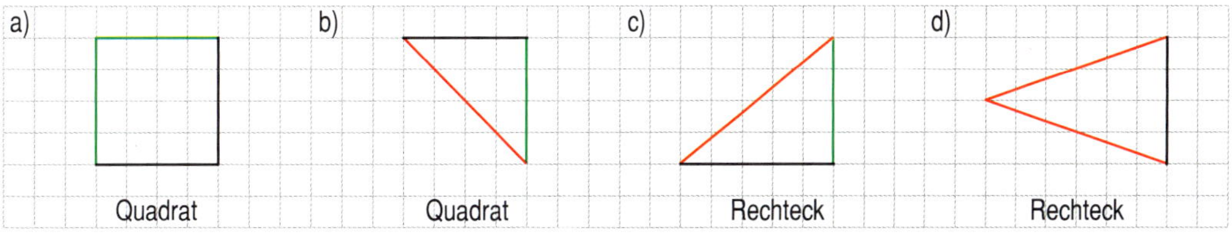

Drachen und Trapez

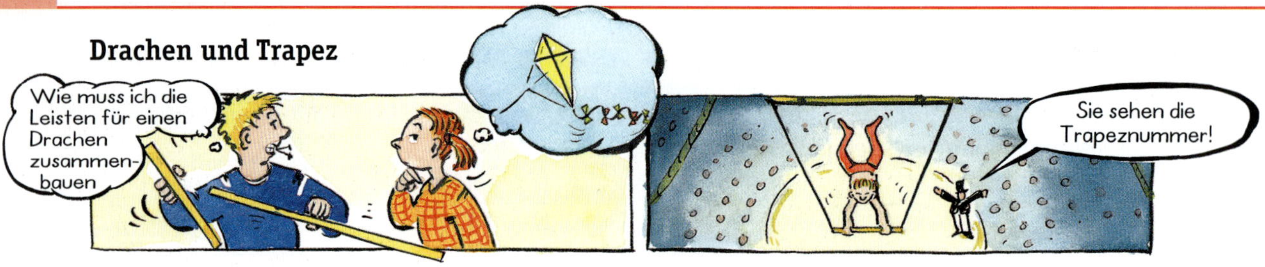

Ein **Drachen** ist ein Viereck, bei dem die Diagonalen zueinander senkrecht stehen und eine der beiden Diagonalen von der anderen halbiert wird.
Ein **Trapez** ist ein Viereck mit mindestens zwei zueinander parallelen Seiten.

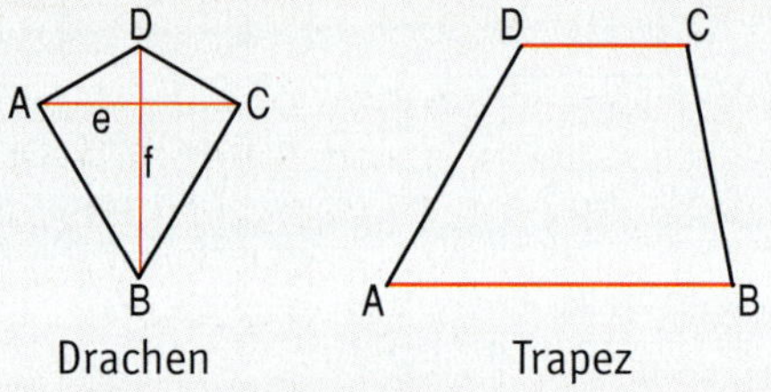

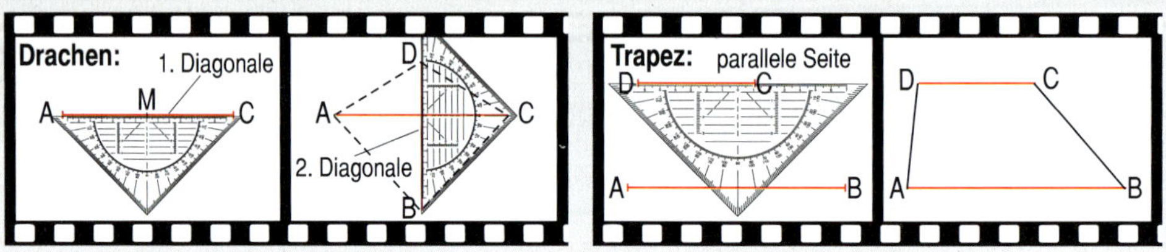

Aufgaben

1. Zeichne zwei verschiedene Drachen, deren Diagonalen 4 cm und 8 cm lang sind.

2. Zeichne zwei verschiedene Trapeze. Die zueinander parallelen Seiten sind 6 cm und 3 cm lang.

3. Welche Figuren sind a) Drachen; b) Trapeze?

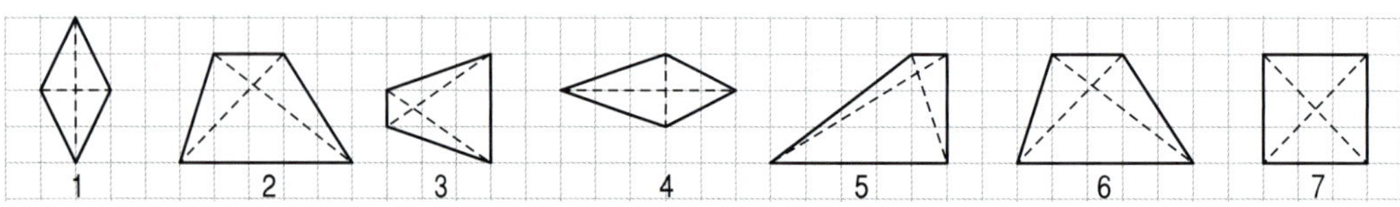

4. Prüfe die Behauptungen nach
a) für den Drachen; b) für das Trapez.
① Die Diagonalen sind immer gleich lang.
② Die Diagonalen stehen immer senkrecht zueinander.
③ Die Diagonalen halbieren sich immer.
④ Alle Seiten sind gleich lang.
⑤ Die gegenüberliegenden Seiten sind gleich lang.
⑥ Die benachbarten Seiten sind gleich lang.
⑦ Die gegenüberliegenden Seiten sind parallel.

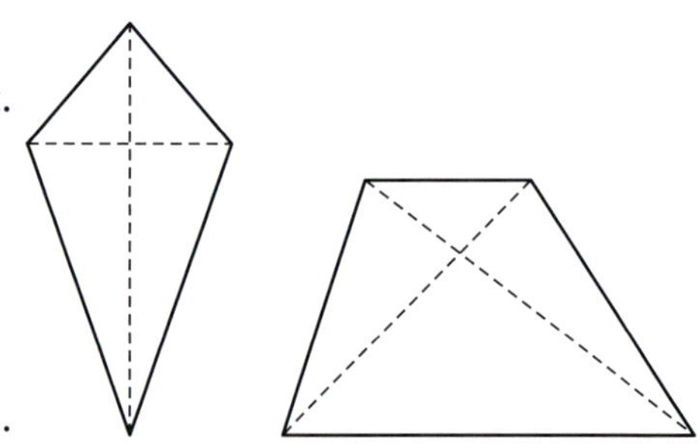

Dreiecke

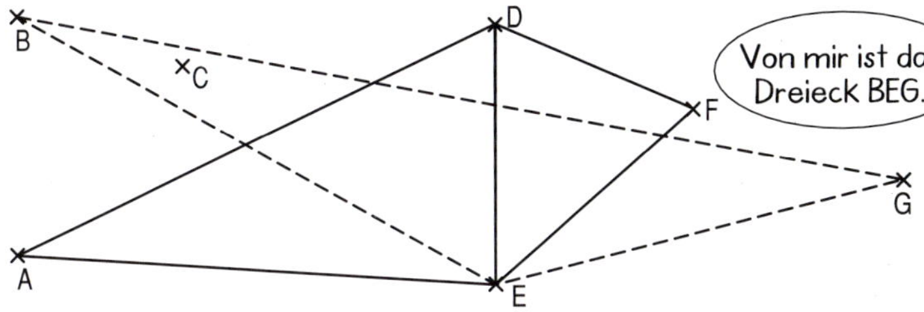

Verbindet man drei Punkte, die nicht auf einer Geraden liegen, durch Strecken, so entsteht ein **Dreieck.**
Die Strecken des Dreiecks heißen **Seiten**, die Punkte **Eckpunkte**.
An jedem Eckpunkt treffen zwei Seiten zusammen. Sie bilden gemeinsam mit dem Eckpunkt jeweils einen **Winkel** des Dreiecks.
Ist ein Dreieckswinkel ein rechter Winkel, dann nennt man das Dreieck rechtwinklig.

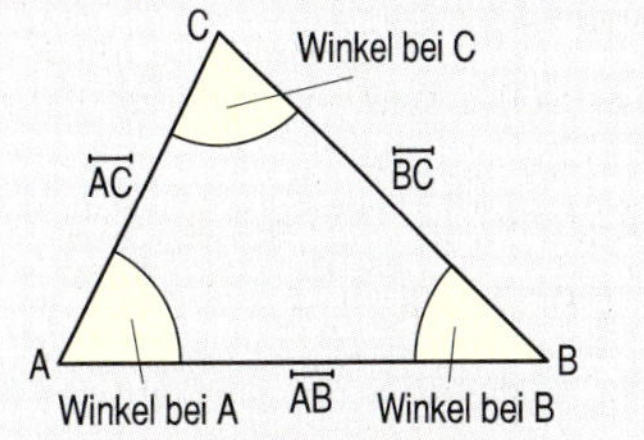

Aufgaben

LVL **1.** a) Zeichne 5 verschiedene rechtwinklige Dreiecke in dein Heft.
b) Neben „rechtwinklig" können Dreiecke noch andere oder weitere besondere Eigenschaften haben. Du siehst sie auf den Schildern. Zu jeder besonderen Eigenschaft ist ein Dreieck abgebildet. Überlege und diskutiere mit anderen: Welches Dreieck gehört zu welcher besonderen Eigenschaft?
c) Welche besonderen Eigenschaften haben die unten abgebildeten Dreiecke?

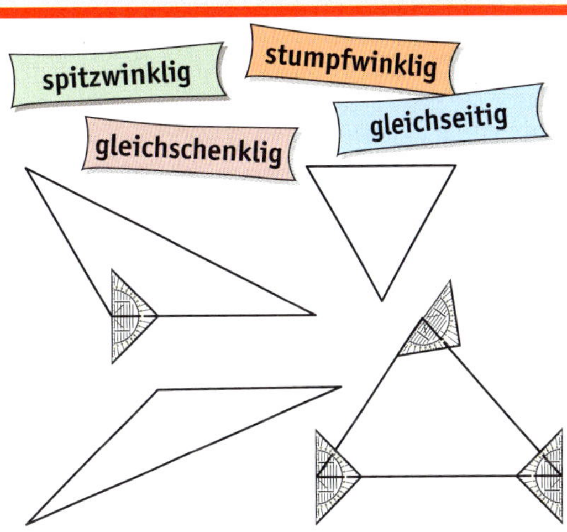

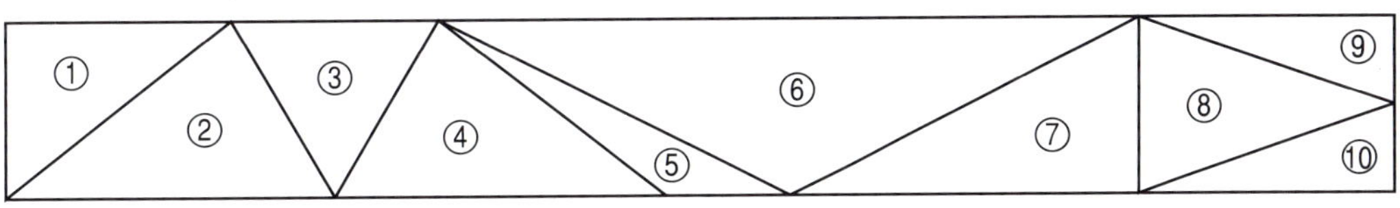

2. Übertrage das Dreieck in dein Heft und vervollständige die Benennung seiner Ecken und Seiten. Notiere, um welchen Dreieckstyp es sich handelt. (Es können 2 Typen zugleich sein.)

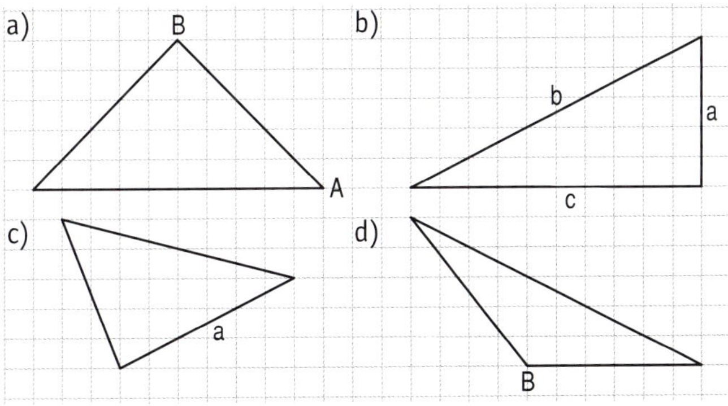

Vereinbarung über die Benennung von Dreiecken
- *Eckpunkte* mit den Großbuchstaben A, B und C gegen den Uhrzeigersinn.
- *Seiten* mit den Kleinbuchstaben a, b und c passend zum gegenüberliegenden Eckpunkt.

Vermischte Aufgaben

LVL **1.** a) Übertrage die Dreiecke auf kariertes Papier und schneide sie aus. Sortiere sie nach Dreieckstypen.

b) Mit welchen Dreiecken kannst du einen Drachen zusammenbauen?

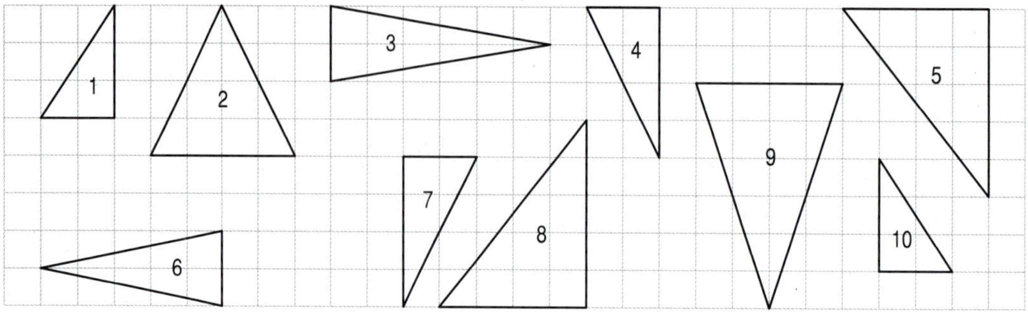

LVL **2.** Übertrage die Flächen auf kariertes Papier. Schneide die Figuren aus.
Mit welchen Flächen kannst du ein Trapez zusammenbauen?

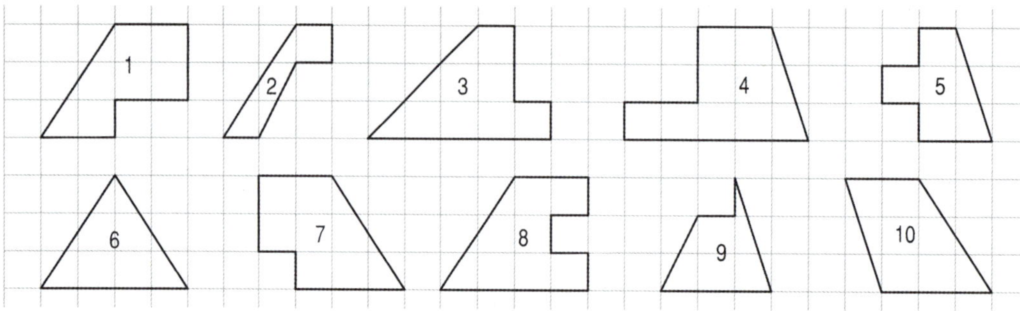

LVL **3.** Zeichne vier verschiedene Drachen, deren Diagonalen 5 cm und 8 cm lang sind.

LVL **4.** Zeichne vier verschiedene Trapeze mit je einer 4 cm langen und einer 7 cm langen Seite.

5. Übertrage die Punkte. Verbinde sie und ergänze ①, ② und ③ zu einem rechtwinkligen Dreieck und ④ und ⑤ zu einem gleichschenkligen Dreieck.

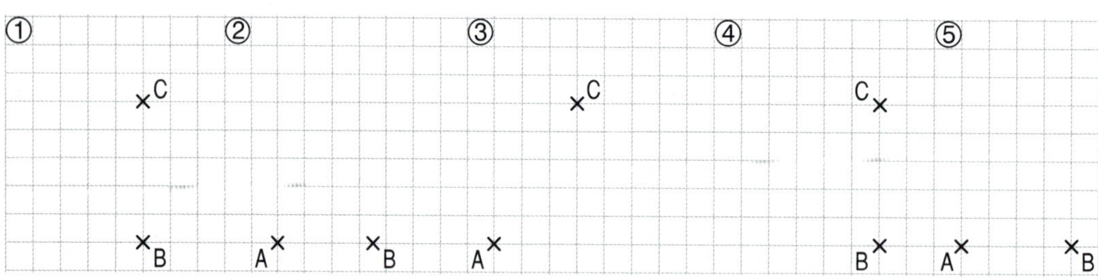

6. Bei einem Bankräuber findet die Polizei eine Skizze mit den Angaben: „Wegekreuzung – Versteck: 40 m; Tanne – Versteck: 50 m."

a) Übertrage die Zeichnung ins Heft und bestimme das Versteck des Geldes.

b) Warum können diese Angaben nicht richtig sein: „Das Versteck ist 30 m von der Wegekreuzung und 30 m von der Tanne entfernt"? Zeichne.

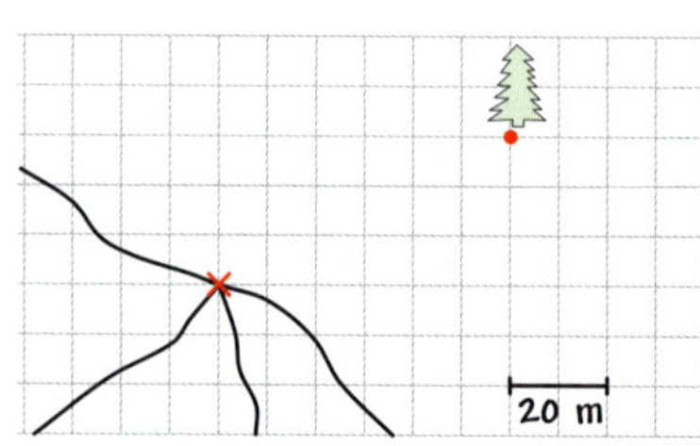

Bleib FIT!

Die Ergebnisse der Aufgaben 1 bis 8 ergeben zwei Sehenswürdigkeiten in Berlin-Mitte.

1. Berechne.
a) 26 + 234 + 48
b) 138 + 58 − 25
c) 332 + 124 − 87 + 39

2. Berechne.
a) 252 : 7
b) 384 : 24
c) 372 : 6

3. Manuel kauft 2 Pizzen für je 2,40 €, 3 Eisbecher für je 1,25 € und 4 Tafeln Schokolade zu je 0,65 €. Dafür muss er ▪ € bezahlen.

4. In Nordrhein-Westfalen gibt es rund 6 000 allgemein bildende Schulen.
a) Wie viele sind es wenigstens?
b) Wie viele sind es höchstens?

5. Uwe hat 240 Euro gespart. Berechne in €.
a) Ein Drittel
b) die Hälfte
c) das Dreifache
d) den 5. Teil

6. Beachte die Rechenregeln.
a) $6 \cdot 12 + 81 : 9$
b) $200 - 125 : 5$
c) $(200 - 125) : 5$
d) $6 \cdot (81 + 18) : 9$

7. a) Aus einem Stück Draht soll ein Würfelmodell mit 6 cm Kantenlänge geschnitten werden. Der Draht muss ▪ cm lang sein.
b) Welcher Körper besteht aus einer quadratischen Fläche und vier dreieckigen Flächen?
Würfel (10) Pyramide (20) Prisma (30)
Kegel (40) Kugel (50)

8. Wie heißt die gesuchte Zahl?
a) Wenn ich meine gedachte Zahl mit drei multipliziere und vom Ergebnis 11 subtrahiere, erhalte ich 58.
b) Wenn ich meine Zahl durch 6 dividiere und zum Ergebnis 27 addiere, erhalte ich 99.

10	K
11,15	T
11,88	F
12,23	P
15	A
16	H
20	A
30	U
23	U
36	C
40	T
48	E
62	S
66	T
72	H
80	R
81	S
120	O
171	E
175	R
246	G
308	R
408	I
432	S
720	T
5 500	A
6 499	G
6 500	O

Kreis

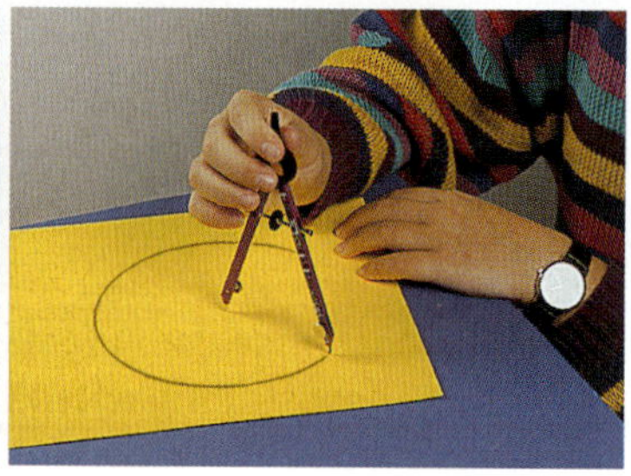

Jeder Kreis ist festgelegt durch den **Mittelpunkt** M und den **Radius** r.
Der **Durchmesser** d ist doppelt so groß wie der Radius.
Alle Punkte eines Kreises sind vom Mittelpunkt gleich weit entfernt.

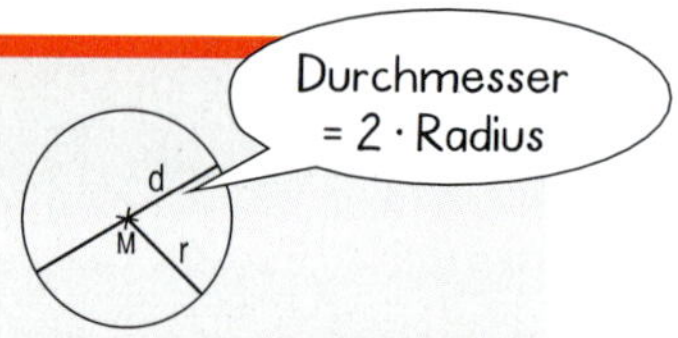

Aufgaben

1. Berechne die fehlende Größe des Kreises und zeichne ihn.

Radius r	a) 4 cm	b)	c) 2 cm	d)	e) 20 mm	f)	g) 1,9 cm
Durchmesser d		70 mm		5 cm		4,4 cm	

2. Zeichne das Muster mit dem Zirkel. Überlege zuerst die Zeichenschritte.

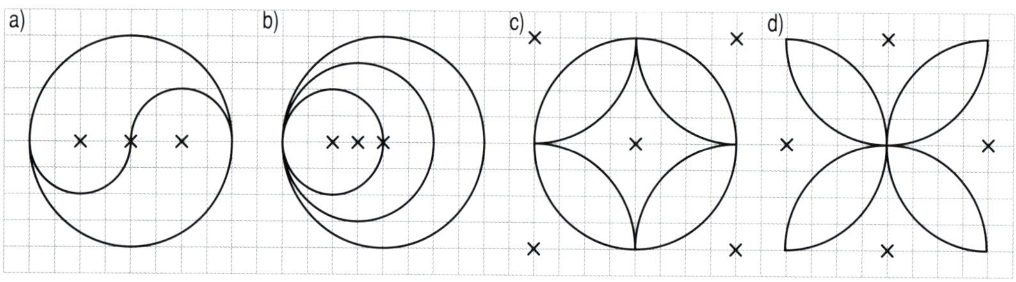

3. Miss den Durchmesser der Münze, berechne den Radius und zeichne einen Kreis dieser Größe.

a) 
b) 

4. Miss den Durchmesser des Gegenstandes und berechne den Radius.
a) Uhrglas b) Bierdeckel c) Tortenplatte d) Fahrradfelge e) CD-Scheibe

5. Miss die Radien und Durchmesser der abgebildeten Kreise.

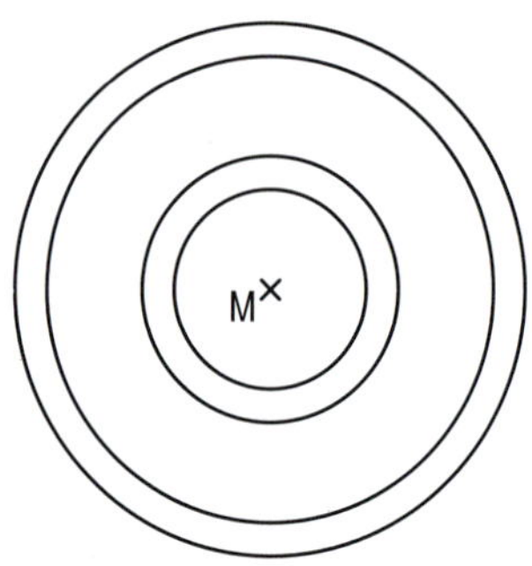

6. a) Zeichne vier Kreise mit gemeinsamem Mittelpunkt M und den Radien 1,5 cm; 3,5 cm; 5,5 cm; 7,5 cm.
b) Wie groß ist der Abstand zwischen benachbarten Kreisen?

7. a) Zeichne zwei Kreise mit gemeinsamem Mittelpunkt M und den Durchmessern 4 cm und 6 cm.
b) Wie breit ist der Ring zwischen beiden Kreisen?

Winkel

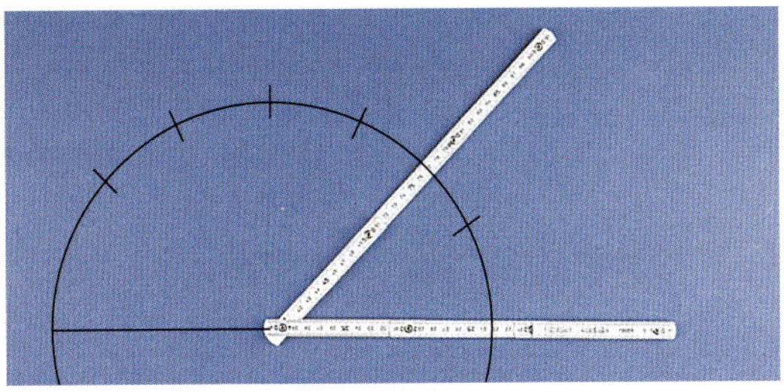

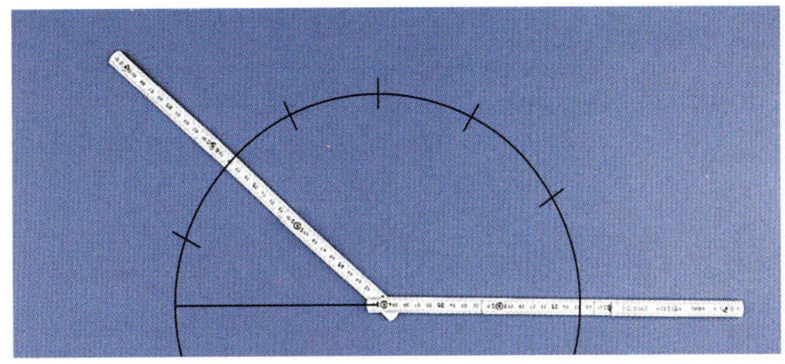

Jeder **Winkel** besitzt einen **Scheitelpunkt** S und zwei **Schenkel** (Strahlen, die in S beginnen).

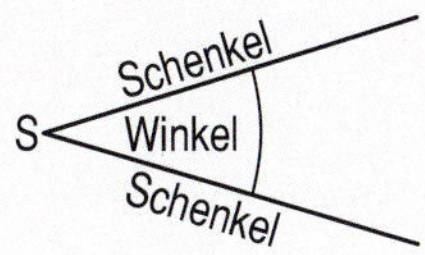

Winkel werden in **Grad** gemessen. Ein Winkel mit zueinander senkrechten Schenkeln misst **90°**.

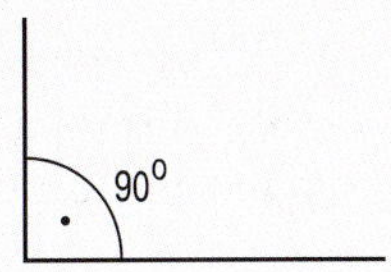

Winkel werden mit griechischen Buchstaben bezeichnet:
α (alpha), β (beta), γ (gamma), δ (delta), ϵ (epsilon)

Aufgaben

LVL **1.** Die Winkelmessung in Grad mit 90° für den rechten Winkel geht vermutlich auf die alten Babylonier zurück (ca. 2000 v. Chr.), die das Jahr als Kreis darstellten, wobei zu jedem Tag ein Winkel von 1° gehörte. Wie genau war der Babylonische Kalender? Überlege zusammen mit anderen, begründe.

2. Winkel werden mit griechischen Buchstaben und einem Winkelbogen gekennzeichnet.

a) Zeichne einen Winkel α. Er soll kleiner als 90° sein.

b) Zeichne einen Winkel β. Der Scheitelpunkt heißt B und die Schenkel heißen x und y.

3. a) b) c) d)

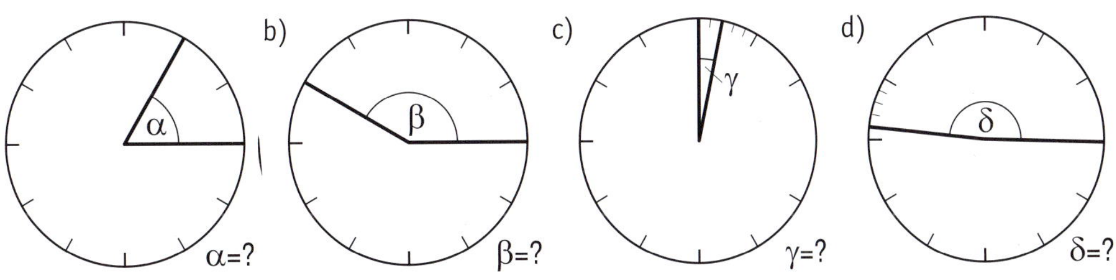

4. Wie groß ist der Winkel zwischen den Zeigern?

a) b) c) d) e) f)

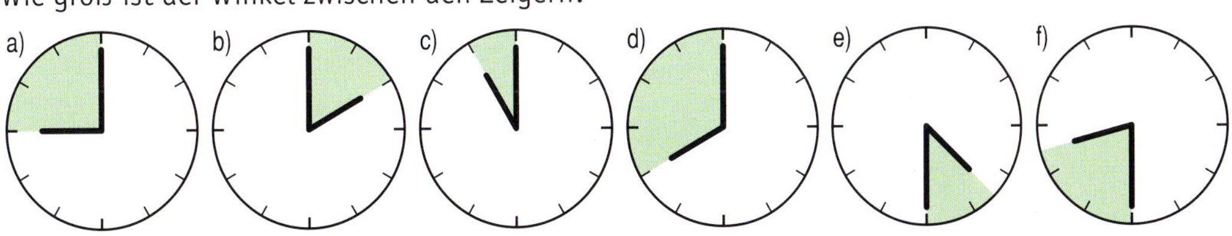

LVL **5.** Wie bewegt sich der kleine Zeiger einer Uhr, während der große eine Stunde durchläuft?

Winkelarten

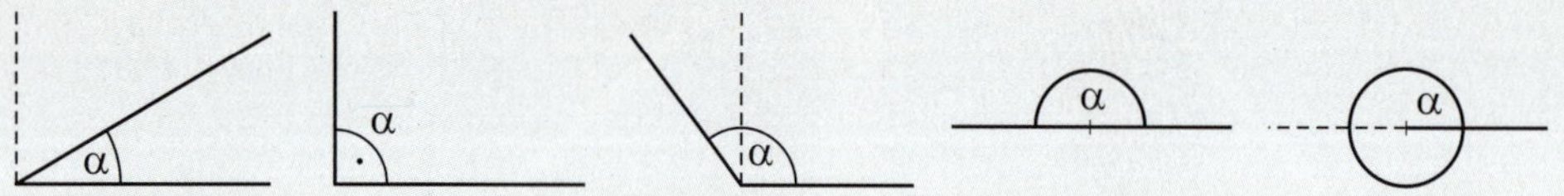

spitzer Winkel	**rechter** Winkel	**stumpfer** Winkel	**gestreckter** Winkel	**Voll**winkel
$0 < \alpha < 90°$	$\alpha = 90°$	$90° < \alpha < 180°$	$\alpha = 180°$	$\alpha = 360°$

Aufgaben

1. Notiere zu jedem markierten Winkel die Winkelart.

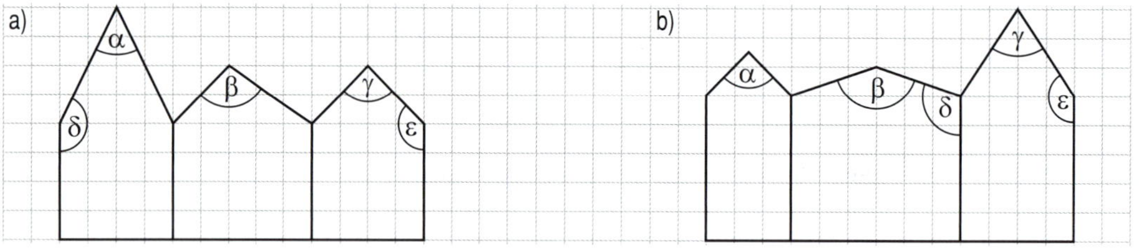

2. Falte ein Blatt Papier zweimal und wieder auseinander. Kennzeichne die entstandenen Winkel und ihre Art.

a) Es soll ein spitzer Winkel dabei sein.

b) Es soll ein rechter Winkel dabei sein.

3. Notiere die Winkelart für α und β.

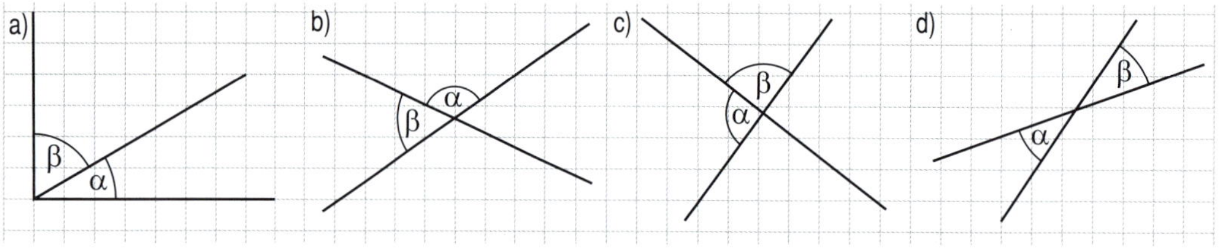

LVL **4.**

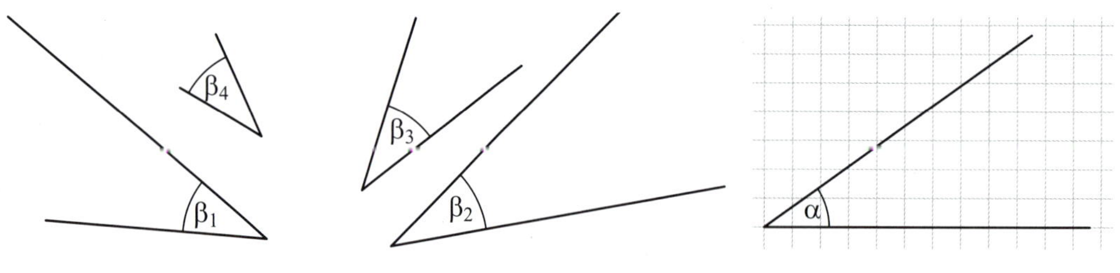

a) Vergleiche die Winkel β_1, ... β_4 nach Augenmaß und ordne sie der Größe nach.

b) Übertrage den Winkel α ins Heft und fertige durch Ausschneiden eine Schablone von ihm.

c) Lege die Schablone von α an die Winkel β_1, ..., β_4 an und vergleiche. Was stellst du fest?

LVL **5.** Zeichne ein Dreieck mit

a) drei spitzen Winkeln,

b) einem rechten Winkel,

c) einem stumpfen Winkel.

LVL **6.** Zeichne ein Viereck mit

a) zwei stumpfen und zwei spitzen Winkeln,

b) mindestens 2 rechten Winkeln.

Winkel messen mit dem Geodreieck

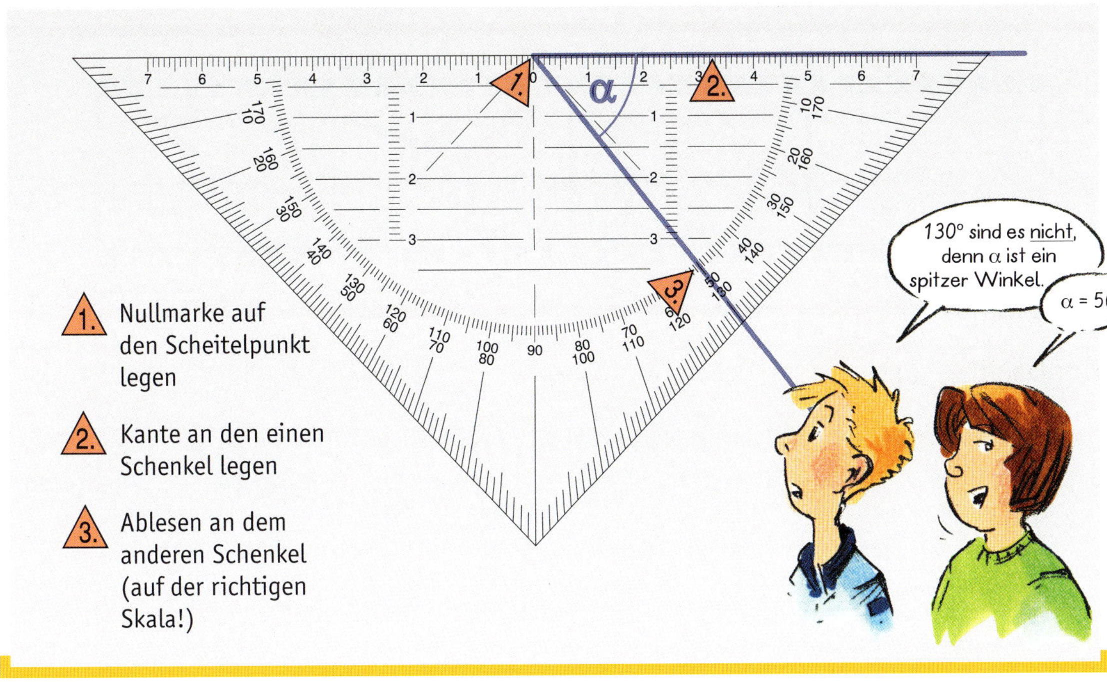

Aufgaben

1. a)

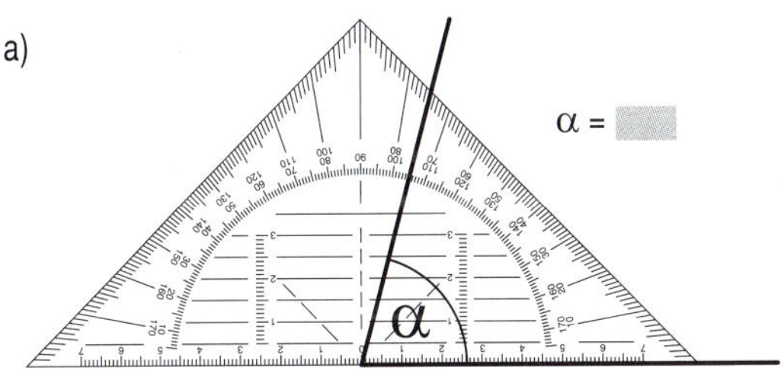

b)

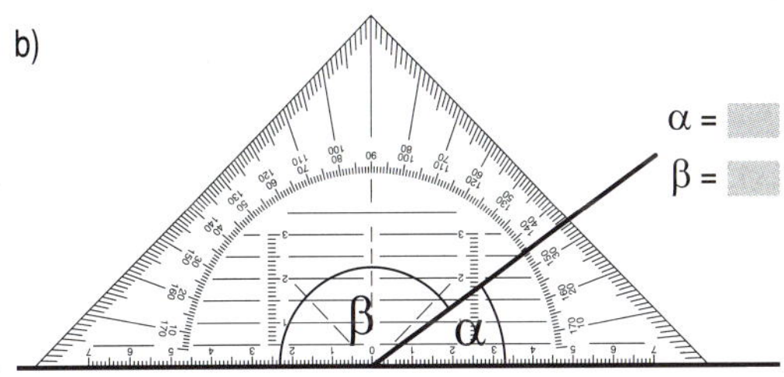

2. Übertrage den Winkel mithilfe der markierten Punkte ins Heft und miss ihn mit dem Geodreieck.

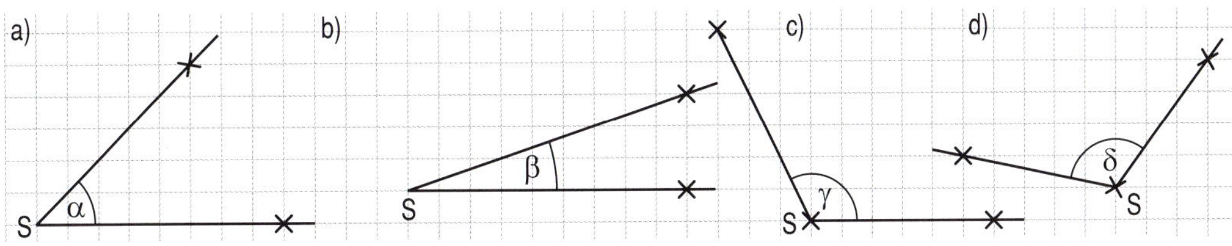

3. Zeichne ein Rechteck mit 12 cm und 8 cm Seitenlängen und seine Diagonalen. Miss die Winkel
a) zwischen den Diagonalen b) zwischen Diagonalen und Rechteckseiten.

LVL **4.** Zeichne das Dreieck mit 4fachen Längen (4 Karolängen statt 1), miss die Winkel und berechne ihre Summe. Vergleiche und besprich dein Ergebnis mit anderen.

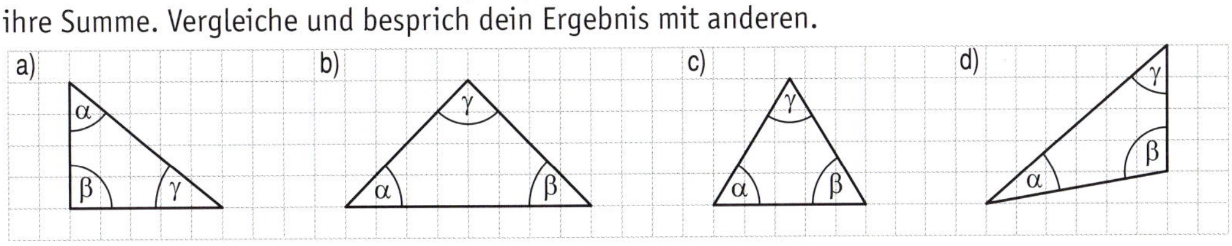

Winkel zeichnen und messen

Aufgaben

1. Zeichne den Winkel α und berechne den Winkel β, der bis zum rechten Winkel fehlt ($\alpha + \beta = 90°$).
a) $\alpha = 45°$ b) $\alpha = 70°$ c) $\alpha = 35°$ d) $\alpha = 82°$ e) $\alpha = 65°$ f) $\alpha = 15°$

2. Zeichne den Winkel α und berechne den Winkel β, der bis zum gestreckten Winkel fehlt ($\alpha + \beta = 180°$).
a) $\alpha = 90°$ b) $\alpha = 135°$ c) $\alpha = 110°$ d) $\alpha = 98°$ e) $\alpha = 155°$ f) $\alpha = 103°$

3. Zeichne zwei Straßen als Geraden, die sich unter einem Winkel von 40° schneiden. Welchen anderen Winkel könntest du auch als Schnittwinkel angeben?

4. Zeichne eine Strecke $\overline{AB} = 10$ cm und an den Endpunkten zweimal den Winkel α wie im Bild. Die Schenkel der beiden Winkel schneiden sich, miss den Schnittwinkel γ.
a) $\alpha = 60°$ b) $\alpha = 45°$ c) $\alpha = 30°$ d) $\alpha = 38°$

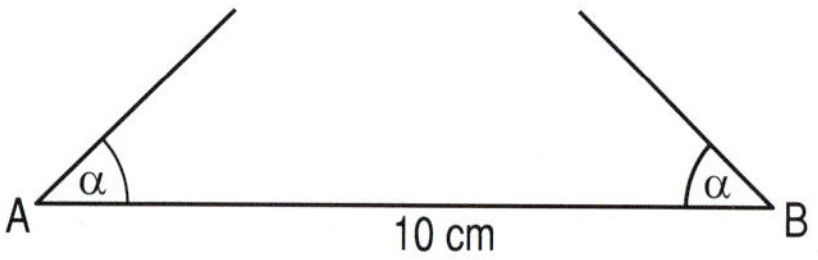

LVL **5.** In einem Neubaugebiet ist für die Dachneigung ein Winkel α von mindestens 27° und höchstens 34° vorgeschrieben. Zeichne zwei Dächer, die gerade noch zulässig sind. Die Frontlänge soll 12 m betragen. Zeichne 1 cm für 1 m und miss die Dachhöhen.

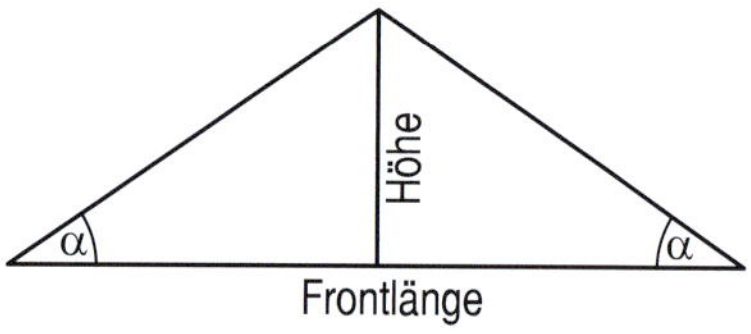

LVL **6.** In der Gauss-Schule wird eine Rampe für Rollstuhlfahrer gebaut. Sie soll höchstens mit 5° ansteigen und 10 m lang werden. Welchen Höhenunterschied überwindet sie? Zeichne (1 cm für 1 m) zwei Möglichkeiten und miss.

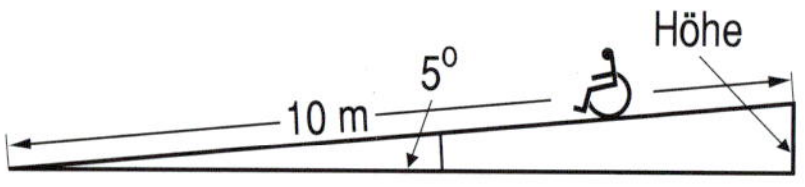

LVL **7.** Bei einem Parkhaus soll die Rampe zum nächsten Stockwerk mit maximal 8° ansteigen. Wie lang muss sie für 3 m Höhenunterschied sein? Zeichne (1 cm für 1 m) zwei Möglichkeiten und miss.

8. Eine kreisförmige Torte soll in 3 gleiche Teile geteilt werden. Zeichne mit r = 5 cm als Radius. Berechne zuerst den Winkel α.

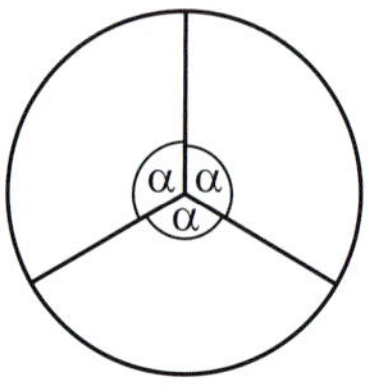

9. Teile einen Kreis mit 5 cm Radius in gleiche Teile. Berechne zuerst den Winkel α am Mittelpunkt.
a) 5 Teile b) 6 Teile c) 8 Teile d) 9 Teile

LVL **10.** Zeichne einen Winkel so groß wie den unten gezeichneten.

1.

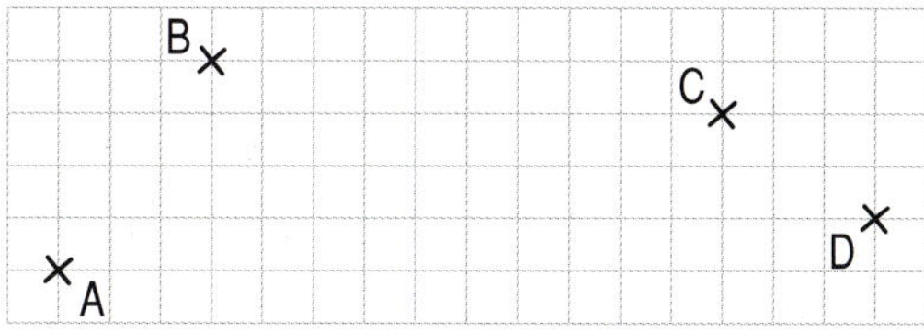

Übertrage ins Heft.

a) Zeichne die Gerade AB und dann die Senkrechte durch C zu AB.

b) Zeichne die Gerade AD und dann die Parallele durch C zu AD.

c) Bestimme den Abstand des Punktes D von der Geraden AB.

2. a) Zeichne ein Rechteck mit den Seitenlängen a = 7 cm und b = 5 cm.

b) Zeichne seine Diagonalen. Wie lang sind sie?

3. Zeichne mit zwei Streifen (2,5 cm und 5 cm breit) ein Parallelogramm, in dem es keine rechten Winkel gibt.

4. Zeichne mit zwei 4 cm breiten Streifen eine Raute ohne rechte Winkel.

5. Zeichne einen Drachen, dessen Diagonalen 6 cm und 4 cm lang sind.

6. Zeichne ein Trapez, bei dem die beiden parallelen Seiten 3 cm Abstand voneinander haben.

7. Zeichne einen Kreis mit dem Radius r.

a) r = 3 cm b) r = 4,5 cm c) r = 2,8 cm

8. Berechne aus dem Radius r den Durchmesser d.

a) r = 10 cm b) r = 5,8 cm c) r = 0,8 cm

9. Ordne den Winkeln ihre Größe zu!

50°	156°	39°	95°	83°

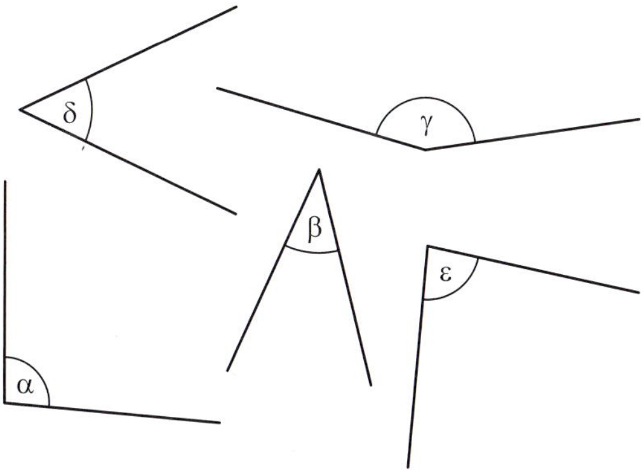

Gerade AB **Strecke** $\overline{AB}$ **Strahl** AB

Die **Geraden** a und c sind **senkrecht** zueinander (a ⊥ c).
Die Geraden a und b verlaufen zueinander **parallel** (a ∥ b).
Die Länge der zu b senkrechten **Strecke** $\overline{PQ}$ heißt **Abstand** des Punktes P von der Geraden b.

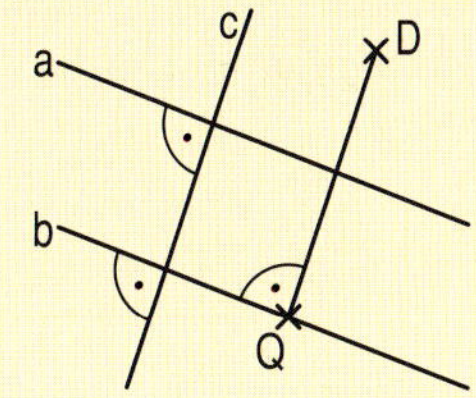

Rechteck:
– vier rechte Winkel
– gegenüberliegende Seiten parallel und gleich lang

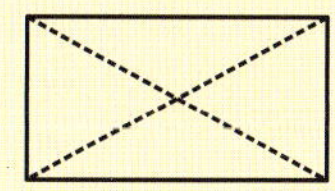

Quadrat:
– Rechteck mit vier gleich langen Seiten

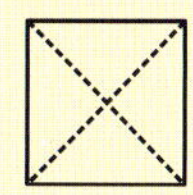

Parallelogramm:
– gegenüberliegende Seiten parallel und gleich lang

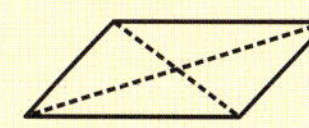

Raute:
– Parallelogramm mit vier gleich langen Seiten

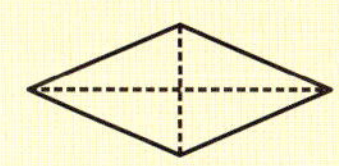

Drachen:
– **Diagonalen** stehen senkrecht zueinander
– eine der beiden Diagonalen wird von der anderen halbiert

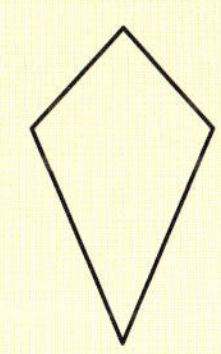

Trapez:
– zwei zueinander parallele Seiten

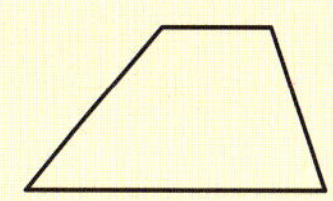

Kreis
Der **Durchmesser d** ist doppelt so groß wie der **Radius r.**

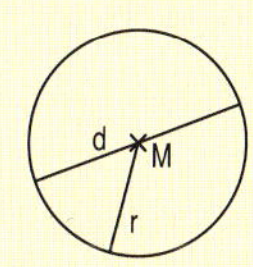

Winkel und Winkelarten
Jeder Winkel besitzt einen **Scheitelpunkt S und zwei** Schenkel.

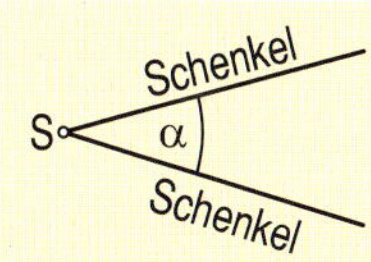

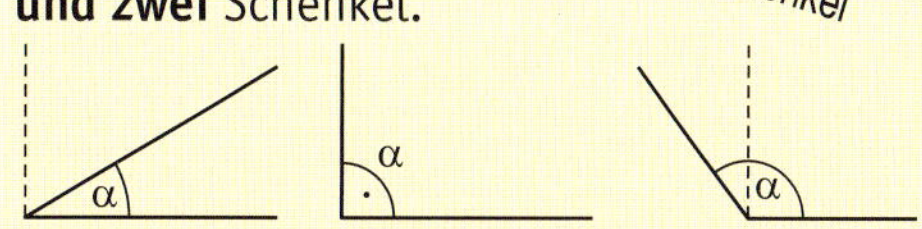

spitzer Winkel $0 < \alpha > 90°$ **rechter** Winkel $\alpha = 90°$ **stumpfer** Winkel $90° < \alpha > 180°$

DIAGNOSETEST

1. a) Gib je zwei zueinander senkrechte Linien an. Notiere: ■ ⊥ ■ und ■ ⊥ ■

b) Gib je zwei zueinander parallele Linien an. Notiere: ■ ∥ ■ und ■ ∥ ■

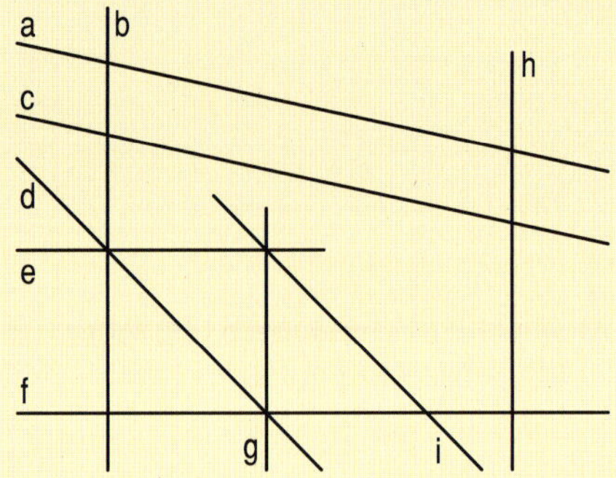

2. Markiere auf Papier fünf Punkte A, B, C, D, E mit einem Kreuz x. Zeichne anschließend die Strecke $\overline{AB}$, die Gerade CD und den Strahl $\overline{BE}$.

3. Zeichne ein Rechteck, 6 cm lang und 4 cm breit.

4. Ordne jedem Viereck eine andere, richtige Bezeichnung zu (Quadrat, Rechteck, Parallelogramm, Drachen, Raute, Trapez).

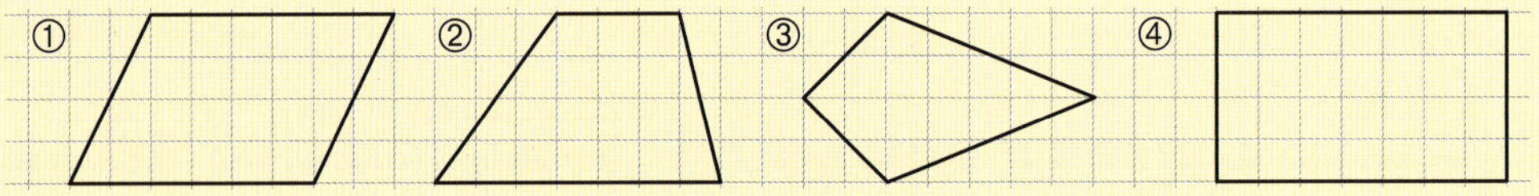

5. Wie groß ist der Winkel zwischen den Zeigern einer Uhr

a) um 8 Uhr b) um 13 Uhr c) um 22.30 Uhr

Wähle weitere 5 Aufgaben aus

1. Zeichne und beschrifte drei Geraden a, b, c mit folgenden Eigenschaften:

a) $a \parallel b$ und $a \perp c$ b) $a \perp b$ und $b \parallel c$

2. Zeichne zwei parallele Geraden mit dem Abstand 4 cm. Zeichne in den entstandenen Streifen ein Parallelogramm und eine Raute.

3. Zeichne ein Quadrat, dessen Diagonalen 4 cm lang sind.

4. Zeichne ein Trapez, bei dem die zueinander parallelen Seiten 5 cm und 3 cm lang sind.

5. Wie heißt das Viereck?

a)	b)	c)	d)
Das Viereck hat vier rechte Winkel.	In dem Viereck sind gegenüberliegende Seiten gleich lang und parallel zueinander.	Das Viereck hat vier gleich lange Seiten, gegenüberliegende Seiten sind parallel zueinander.	Das Viereck hat vier rechte Winkel und vier gleich lange Seiten.

6. Sebastian soll als Hausaufgabe ein Rechteck, ein Parallelogramm, eine Raute und ein Quadrat zeichnen. Er lacht: „Das schaffe ich mit nur einer Figur!" Hat Sebastian Recht? Zeichne die Figur, die Sebastian als Hausaufgabe vorlegen kann.

7. Welche Arten von Winkel liegen vor?

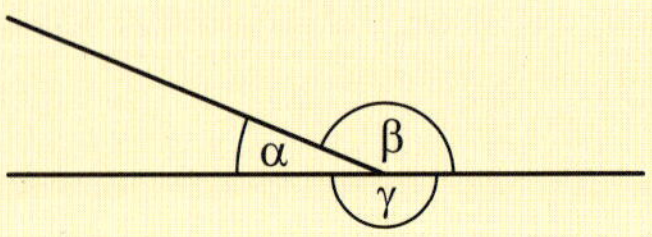

8. Ein Wagenrad besitzt 10 Radspeichen. Wie groß ist der Winkel zwischen den Speichen?

6

Größen

Elle
Spanne
Fingerbreite
Fuß
Klafter

DEUTSCHER REKORD
0307,500 kg
EUROPAREKORD
0320,000 kg
WELTREKORD
0320,000 kg
Stand 2004
Klasse bis 85 kg

Geld

Aufgaben

1. Wie viel Euro sind das zusammen?

a) 7 Münzen zu 2 € b) 4 Scheine zu 5 € c) 20 Münzen zu 50 Cent
d) 5 Münzen zu 50 Cent e) 13 Münzen zu 2 € f) 15 Münzen zu 10 Cent
g) 3 Scheine zu 500 € h) 6 Scheine zu 20 € i) 3 Scheine zu 20 €

6 Münzen zu 2 €

6 · 2 € = 12,00 €
7 · 50 Cent = 3,50 €

7 Münzen zu 50 Cent

2. Esther zahlt mit einem 10-€-Schein. Wie viel bekommt sie zurück?
a) 7,50 € b) 4,20 € c) 3,80 € d) 8,68 € e) 7,32 € f) 9,05 €

3. a) Andreas hat 50 €. Was kann er dafür alles kaufen?
b) Er entscheidet sich für das T-Shirt und die Hose.
Wie viel muss er zahlen? Wie viel Geld bleibt ihm übrig?

4. Berechne die Summe.

a)	b)	c)	d)
18 €	17 €	25,00 €	105,75 €
89 €	213 €	8,25 €	39,15 €
11 €	429 €	12,65 €	207,50 €

5.

Jan zahlt mit einem 10-€-Schein. Wie viel zahlt er? Wie viel bekommt er zurück?

6. Wie viel Euro sind es ungefähr? Überschlage mit gerundeten Beträgen.
a) 69 € + 19 € + 99 € b) 123 € + 59 € + 49 €
c) 109,90 € + 17,99 € + 89,80 € + 10,55 € d) 99,80 € + 58,75 € + 19,90 € + 5,29 €

7. a) 15 · 2 € + 9 € b) 6 · 13 € + 2 · 5 € c) 2 · 3,50 € + 5 · 1,20 €
20 · 5 € + 25 € 8 · 12 € + 6 · 7 € 4 · 2,25 € + 8 · 1,50 €

8. Von 1 000 000 € träumt fast jeder einmal. Wie viele Scheine wären es bei
a) nur 100-€-Scheinen; b) nur 50-€-Scheinen; c) nur 5-€-Scheinen?

LVL

Einkaufen im Supermarkt

2 · 3,49 € = [redacted]

2 · 3,50 € = 7,00 €
− 2 · 1 Cent = 2 Cent
6,98 €

Dein Vorteil: 3,49 € gleich 3,50 € minus 1 Cent.

1. Ulla kauft einen Blumenkohl und zwei Netze Paprika-Mix.
a) Wie viel muss sie bezahlen?
b) Sie zahlt mit einem 10-€-Schein. Wie viel Geld bekommt sie zurück?

2. Wie viel kosten
a) 4 Melonen,
b) 3 Beutel Brokkoli,
c) 6 Blumenkohl?

Angebote der Woche:

Waschpulver

(1 kg):	3,99 €
Sparpaket (3 kg):	11,98 €

Mineralwasser (ohne Pfand)

Kasten (12 Flaschen):	3,38 €
Einzelflasche:	0,39 €

Schokolade

100-g-Tafel:	0,49 €
75-g-Tafel:	0,39 €

3. Vergleiche Preis und Menge für
a) Waschpulver,
b) Mineralwasser,
c) Schokolade.

3 Pakete Butter
4 l Milch
2 Joghurt
1 Netz Paprika-Mix
1 kg Waschpulver

4. Martins Einkaufszettel:
a) Überschlage: Reichen 10 €?
b) Berechne den Preis.
c) Martin zahlt mit einem 20-€-Schein, wie viel erhält er zurück?

5. Arno hat genau 3 €. Wie viel kann er einkaufen?
a) Pakete Butter
b) Vollmilch
c) Buttermilch
d) Joghurt

6. Überlege, diskutiere mit anderen, begründe: Warum enden so viele Preise mit 9?

Längen schätzen und messen

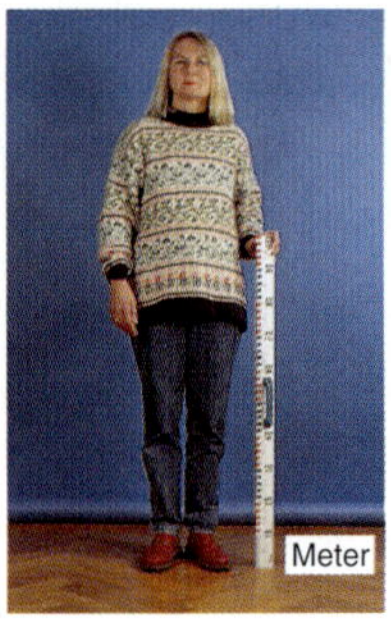

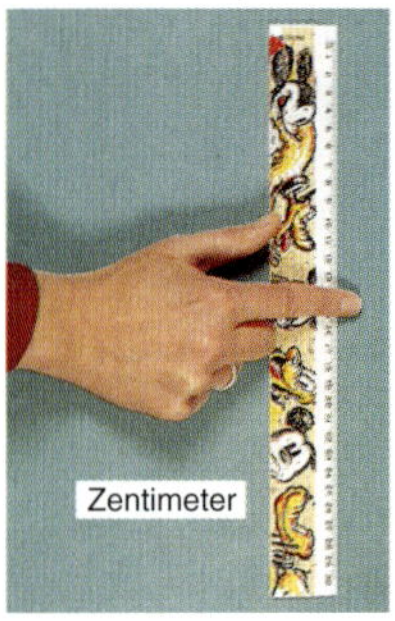

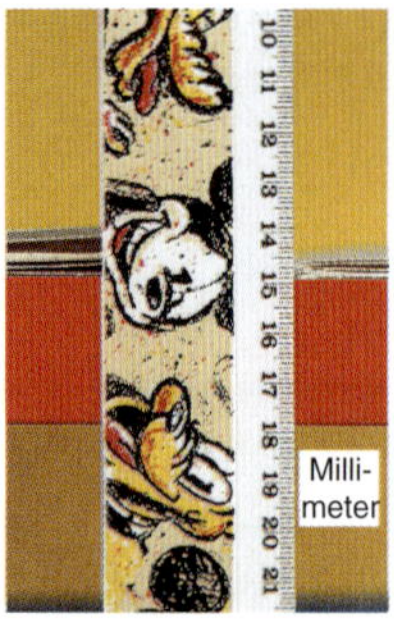

Messen heißt Vergleichen mit einer Einheit.

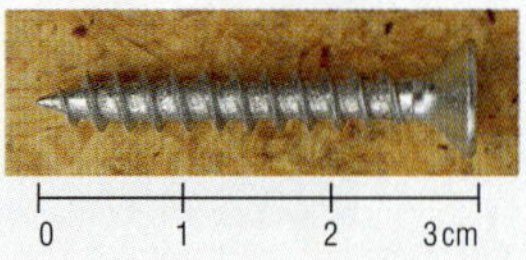

Maßzahl **3 cm** Einheit

Aufgaben

1. Früher wurde viel mit den Körpermaßen Spanne und Elle gemessen.

a) Vergleiche deine Spanne mit der Höhe deines Gesichts und mit der Länge deiner Elle.

b) Schätze deine Spanne und Elle in Zentimeter. Miss anschließend mit einem Zentimeterband.

2. a) Marcus Elle ist 33 cm lang. Mit ihr misst er die Höhe der Wand: 12 Ellen. Wie viel cm oder m sind das?

b) Torsten misst dieselbe Länge: 11 Ellen. Wie lang ist seine Elle?

3. a) Monikas Spanne ist 15 cm lang. Mit ihr misst sie die Länge des Tisches: 14 Spannen: Wie viel cm sind das?

b) Yvonne misst dieselbe Länge: 15 Spannen. Wie lang ist ihre Spanne?

LVL **4.** Olis Vater sagt: „Unsere Straße ist 80 Schritte lang." Oli sagt: „Nein, es sind 120 Schritte." Erkläre, warum beide Recht haben können. Die Straße ist 60 m lang.

5. Ein Stockwerk eines Hauses ist ungefähr 3 m hoch. Schätze die Höhe des Hochhauses und des Baumes.

6. Ein Neubau für eine Bank wird errichtet, insgesamt 50 Stockwerke, das unterste doppelt so hoch (= 6 m) wie die anderen. Wie hoch wird das Gebäude ungefähr?

7. Autos (Pkws) sind ungefähr 5 m lang. Schätze damit:

a) Wie viele Autos stehen in einem 3 km langen Stau auf einer zweispurigen Autobahn?

b) Wie lang ist ein Stau mit 5 000 Autos?

Messen und Umwandeln

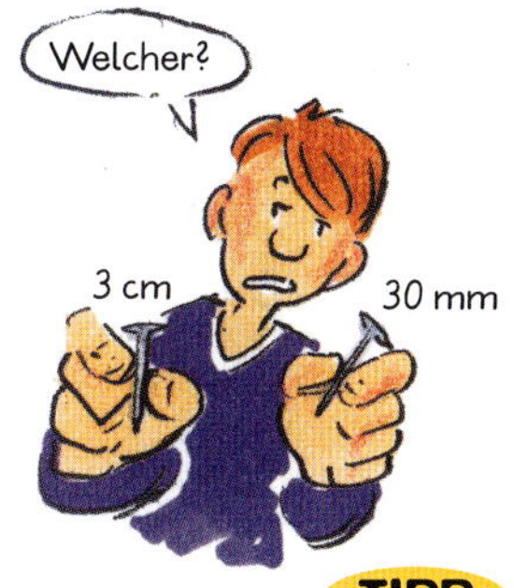

1 km = 1 000 m   1 m = 10 dm   1 dm = 10 cm   1 cm = 10 mm

TIPP
Umrechnungszahl 10.

Aufgaben

1. Ordne die passende Länge zu.

a) Türhöhe b) Stuhlbreite c) Handballdurchmesser
d) Türbreite e) Marathonstrecke f) Lokomotivlänge
g) Stadionrunde h) Zündholzlänge i) Wespenstachel
j) Autolänge k) Mt. Everest-Höhe l) Triathlon-Schwimmen

42 195 m | 45 mm | 3 mm | 95 cm | 5 m | 5 dm | 23 m | 400 m | 8 848 m | 2 m | 17 cm | 3 800 m

2. Wie viel Millimeter sind es?

a) 5 cm b) 7 cm c) 2 dm d) 10 cm e) 13 cm f) $\frac{1}{2}$ cm

3. Wie viel Zentimeter und Millimeter sind es? Schreibe so: 12 mm = 1 cm 2 mm.

a) 15 mm b) 43 mm c) 68 mm d) 100 mm e) 175 mm f) 228 mm

4. Wie viel Millimeter sind es?

a) 3 cm 4 mm b) 7 cm 3 mm c) 5 cm 8 mm d) 10 cm 3 mm e) 12 cm 5 mm f) 21 cm 8 mm

5. Wie viel Zentimeter sind es?

a) 2 m b) 6 dm c) 12 m d) $1\frac{1}{2}$ m e) 4 m 12 cm f) 6 m 8 dm
7 m 3 dm 25 m $\frac{1}{4}$ m 6 m 30 cm 12 m 4 dm

TIPP
1 m = 10 dm = 100 cm

6. Wie viel Meter und Zentimeter sind es?

a) 250 cm b) 207 cm c) 317 cm d) 860 cm e) 745 cm f) 1 000 cm
315 cm 412 cm 468 cm 583 cm 103 cm 1 400 cm

7. Wie viel Meter sind es?

a) 3 km b) 7 km c) 15 km d) $\frac{1}{4}$ km e) 5 km 250 m f) 7 km 355 m

8. Wie viel Kilometer und Meter sind es?

a) 1 500 m b) 3 700 m c) 8 240 m d) 4 025 m e) 12 400 m f) 100 000 m

9. Automaße werden im Verkaufsprospekt in Millimetern angegeben.
Wie viel Meter, Zentimeter und Millimeter ist das Auto

a) lang b) breit c) hoch?

Länge:	4 020 mm
Breite:	1 578 mm
Höhe:	1 441 mm

Kommaschreibweise

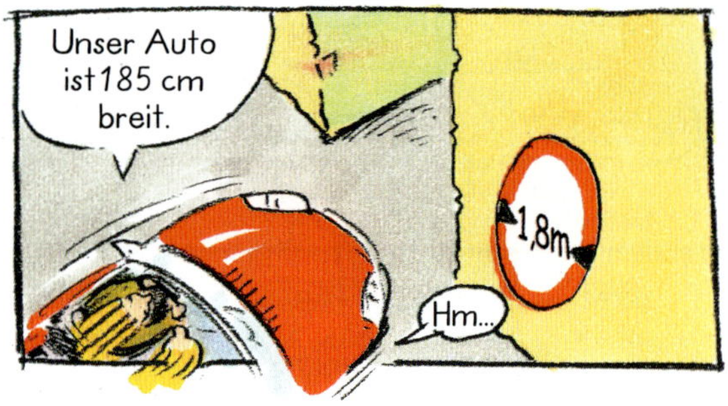

cm	mm	
10	5	10,5 cm = 10 cm 5 mm = 105 mm

m		cm	
0	3	5	0,35 m = 0 m 35 cm = 35 cm

km			m	
12	5	0	0	12,5 km = 12 km 500 m = 12 500 m

Aufgaben

1. Wie viel Zentimeter sind es? Schreibe mit Komma.
a) 25 mm b) 73 mm c) 56 mm d) 98 mm e) 121 mm f) 3 mm

2. Wie viel Millimeter sind es?
a) 3,2 cm b) 0,7 cm c) 5,3 cm d) 8,6 cm e) 11,2 cm f) 15,3 cm

3. Für Kinder ist die Kleidergröße gleich Körperlänge in cm.
a) Esthers Vater weiß, dass sie 1,46 m groß ist. Er möchte ihr eine Jacke kaufen. Welche Größe muss er wählen?
b) Für Esthers Bruder Jan wird eine Hose in Größe 128 gekauft. Wie groß ist Jan, wenn die Hose genau passt?

4. Wie viel Zentimeter sind es?
a) 1,75 m b) 0,53 m c) 2,35 m d) 3,70 m

5. Wie viel Meter sind es? Schreibe mit Komma.
a) 127 cm b) 168 cm c) 258 cm d) 83 cm

6. Wie viel Meter sind es?
a) 1,8 km b) 1,25 km c) 0,7 km d) 4,5 km e) 10,3 km f) 12,7 km

7. Wie viel Kilometer sind es? Schreibe mit Komma.
a) 3 500 m b) 800 m c) 1600 m d) 1750 m e) 8 700 m f) 12 300 m

8. Wie viel ganze Kilometer sind es ungefähr? Runde.
a) 1,3 km, 1,8 km, 4,5 km
b) 3,7 km, 2,9 km, 2,2 km
c) 3,4 km, 1,6 km, 9,9 km
d) 48,3 km, 70,6 km, 119,8 km

TIPP
Bei 0, 1, 2, 3, 4 abrunden, sonst aufrunden.

9. Wie viel ganze Meter sind es ungefähr? Runde.
a) 1,20 m b) 2,85 m c) 2,48 m d) 9,75 m e) 10,83 m f) 8,57 m g) 6,39 m

Rechnen mit Längenmaßen

Das Rechnen mit Längenmaßen in Kommaschreibweise erfolgt schrittweise:

① Umwandeln in eine kleinere Einheit, ohne Komma
② Rechnen ohne Komma
③ Umwandeln in die ursprüngliche Einheit

3,84 m − 1,73 m	=	384 cm − 173 cm	=	211 cm	=	2,11 m
	①		②		③	
1,6 km · 4	=	1600 m · 4	=	6400 m	=	6,4 km

Aufgaben

1. a) 2,60 m + 1,50 m; 1,75 m + 0,80 m   b) 4,83 m − 2,58 m; 5,35 m − 1,75 m   c) 6,24 m + 2,49 m; 7,27 m − 2,84 m   d) 3,34 m − 1,99 m; 5,64 m + 2,58 m

2. a) 1,30 m · 7; 8,45 m · 8   b) 12,75 m · 5; 18,25 m · 9   c) 15,75 m : 3; 18,20 m : 4   d) 38,10 m : 6; 6,35 m · 7

3. a) 15,4 cm + 6,8 cm; 32,7 cm + 8,1 cm   b) 42,3 cm + 28,7 cm; 29,4 cm + 38,9 cm   c) 48,6 cm − 24,5 cm; 67,2 cm − 21,9 cm   d) 35,6 cm − 27,6 cm; 42,3 cm − 18,9 cm

4. a) 12,4 km + 4,8 km; 18,6 km − 4,3 km   b) 23,4 km − 9,9 km; 53,2 km + 19,8 km   c) 8,4 km : 3; 4,3 km · 5   d) 24,720 km : 6; 13,125 km · 4

5. Ein 3,50 m breites Regal wird durch ein Anbauteil um 75 cm verbreitert. Wie viel Meter ist die neue Regalbreite?

3,50 m + 75 cm
= 350 cm + 75 cm
…

6. Der Radweg von Marlach zum Kloster Schöntal ist 9,4 km lang, davon sind 7,8 km geteert. Wie lang ist die nicht geteerte Strecke?

7. a) 12,7 km + 0,9 km; 9,4 km − 2,7 km   b) 24,25 m − 2,75 m; 16,25 m + 7,85 m   c) 2,5 km − 0,8 km; 8,3 km + 1,7 km   d) 4,65 m + 2,28 m; 7,42 m − 3,91 m

8. Wie viele 75 cm breite Regale passen an eine 6 m lange Wand?

6 m : 75 cm
= 600 cm : 75 cm
= …

9. a) 3,2 m : 80 cm; 4,9 m : 70 cm   b) 6,25 m : 125 cm; 1,25 m : 25 cm   c) 4,2 km : 600 m; 5,4 km : 450 m

Vermischte Aufgaben

LVL **1.** An der Kirche in Schwäbisch Hall ist eine „Norm-Elle" in der Mauer zum Marktplatz.

a) Wozu brauchte man sie? Jeder Mensch hat doch eine Elle am eigenen Körper. Überlege, vertritt und begründe deine Meinung gegenüber anderen.

b) Die Norm-Elle ist 610 mm lang. Wie viel Zentimeter sind das?

c) Wie viel Meter sind 4 Ellen (= 1 Klafter)?

2. Im Alten Testament (1. Buch Mose, 7) steht, wie Noah seine Arche bauen sollte: „Dreihundert Ellen sei die Länge, fünfzig Ellen die Breite und dreißig Ellen die Höhe." Wie groß sind die Abmessungen der Arche in Meter? Rechne mit dem gerundeten Wert 1 Elle $\approx$ 0,44 m (1 Elle = 0,444 m im alten Testament).

3. Wandle um: Kilometer in Meter und umgekehrt Meter in Kilometer.

a) 3,5 km b) 9,8 km c) $1\frac{1}{4}$ km d) 5 700 m e) 8 400 m f) 600 m

4. Wandle um: Meter in Zentimeter und umgekehrt.

a) 1,80 m b) 8,10 m c) $13\frac{1}{2}$ m d) 390 cm e) 275 cm f) 85 cm

5. Die Länge von Schrauben wird in Millimeter angegeben.
Wandle um: Zentimeter in Millimeter und umgekehrt.

a) 4,5 cm b) 12,7 cm c) 63 mm d) 248 mm

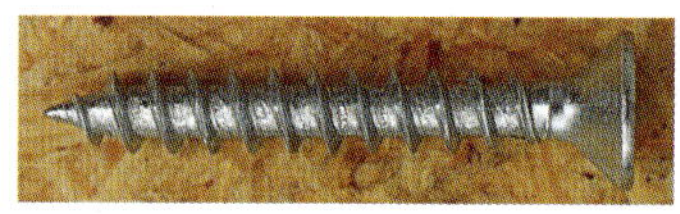

6. Wie viel Zentimeter fehlen am ganzen Meter?

a) 70 cm b) 29 cm c) 63 cm d) 0,47 m e) 0,23 m f) 0,5 m

7. Wie viel Meter fehlen am ganzen Kilometer?

a) 400 m b) 350 m c) 486 m d) 0,7 km e) 0,350 km f) 0,5 km

8. Ordne die Längen nach der Größe, beginne mit der kleinsten.

a) 250 cm 205 cm 199 cm 25 cm

b) 325 m 3,52 m $\frac{1}{2}$ m 4,1 m

c) 4 km 300 m 4,6 km 3 900 m $4\frac{1}{2}$ km

d) 6,3 km 3 600 m 6,090 km 6,9 km

9. Runde auf ganze Zentimeter.

a) 8,6 cm b) 12,3 cm c) 38,4 cm d) 24,7 cm e) 14,9 cm f) 19,8 cm

10. Runde auf ganze Meter.

a) 24,70 m b) 7,42 m c) 9,91 m d) 12,92 m e) 19,47 m f) 74,50 m

11. Runde auf ganze Kilometer.

a) 5,290 km b) 2,950 km c) 9,250 km d) 21,5 km e) 15,3 km f) 19,6 km

LVL **12.**

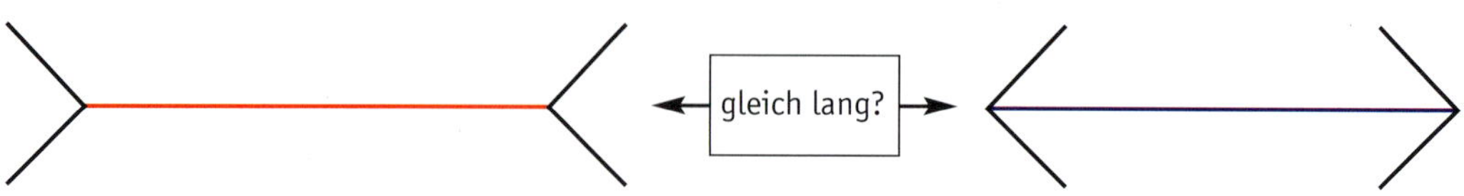

13. 

a) Jeder Wagen des Zuges ist 26,80 m lang, die Lokomotive 16,64 m. Wie lang ist der Zug?

b) Jeder Wagen hat 124 Sitzplätze. Wie viele hat der ganze Zug?

c) Wie viele Pkws mit 5 Sitzplätzen haben ungefähr dieselbe Anzahl Plätze wie der Zug?

14.

a)	b)	c)	d)
24,7 m + 18,6 m	14,25 m + 8,55 m	56,70 m + 26,20 m	16,78 m + 19,64 m
24,7 m − 18,6 m	8,94 m − 4,63 m	42,80 m − 18,30 m	22,64 m − 19,49 m

15. Der Flur in Tamaras Schule ist mit Platten ausgelegt. Tamara zählt für die Länge des Flures 32 Platten. Jede Platte ist 4 dm lang. Berechne die Länge in Meter.

16.

a)	b)	c)	d)
0,6 m · 24	0,960 km : 8	22,7 cm · 9	5,40 m · 12
1,59 m : 3	10,5 km · 6	50,4 cm : 9	45,60 m : 12

17. Vier gleich hohe Steinquader wurden zu einer Säule aufeinander gesetzt. Diese Säule ist insgesamt 2,48 m hoch. Wie hoch sind die einzelnen Steinquader?

18. Die Marathonstrecke ist 42,195 km lang.

a) Runde die Streckenlänge auf ganze km.

b) Wie viele Stadionrunden (400 m) ergeben ungefähr die Länge des Marathons?

c) Beim Wandern schaffst du 5 km in einer Stunde. Wie lange wärst du ungefähr auf der Marathonstrecke unterwegs?

d) Vergleiche die Marathonstrecke mit der Länge deines Schulweges.

19. Bei einem Radrennen werden 20 Runden gefahren, jede 7,2 km lang.

a) Wie lang ist die Gesamtstrecke des Rennens?

b) Du schaffst etwa 20 km in einer Stunde. Wie lange etwa wärst du auf der Strecke?

c) Rennfahrer fahren etwa 40 km pro Stunde. Wie lange ungefähr dauert das Rennen?

20. Wasser ist aufs Blatt gespritzt und hat einiges verwischt. Kannst du es ergänzen?

a) 7,23 m − [redacted] = 6,08 m

b) [redacted] + 2,73 m = 5,48 m

c) 12,6 m : [redacted] = 0,6 m

d) 3,1[redacted] m + 2,7[redacted] m = 5,88 m

e) 2[redacted] m · 9 = [redacted]1,6 m

f) [redacted],2 m : [redacted]4 = 2[redacted] m

21. Wie viel Kilometer sind 1 Million Millimeter? Wie lange brauchst du, um so weit zu laufen?

LVL **22.** Stelle jeweils eine Frage, notiere und präsentiere deinen Lösungsweg.

a) Karsten sprang bei den Bundesjugendspielen 20 cm weiter als Andreas. Ihre beiden Weiten betrugen zusammen 7,40 m.

b) Silke ist 3 cm größer als Carla. Monika ist 3 cm kleiner als Silke. Alle drei zusammen sind 4,44 m groß.

Masse*

1 Tonne (1 t)

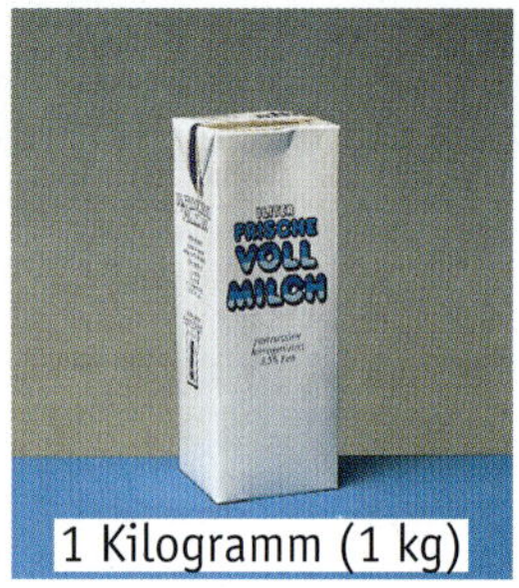
1 Kilogramm (1 kg)

1 Gramm (1 g)

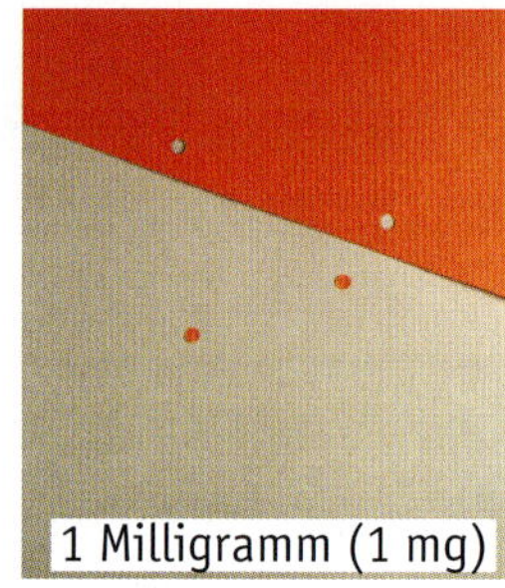
1 Milligramm (1 mg)

1 t = 1000 kg   1 kg = 1000 g   1 g = 1000 mg

Maßzahl **12 kg** Einheit

TIPP Umrechnungszahl 1000.

Aufgaben

LVL **1.**

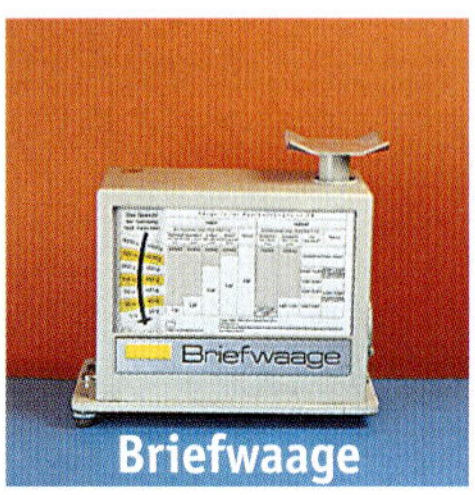
Briefwaage

Küchenwaage

Personenwaage

Großwaage

Mit welcher Waage würdest du das wiegen?

a) Packung Mehl b) Minibus c) dich selbst d) Schulheft
e) Schulbuch f) Waschmaschine g) 1 Esslöffel Zucker h) gepackter Koffer

2. Wie viel wiegt das? Ordne die Massen richtig zu.

a) Brötchen b) 2-Euro-Stück c) Glasflasche Sprudel
d) Füller e) Turnschuh f) Schultasche

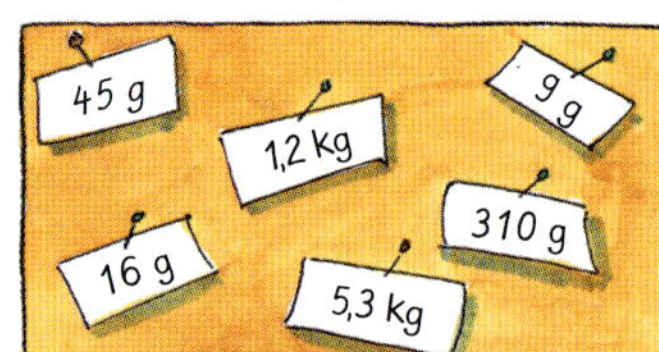

3. Mit welcher Maßeinheit würdest du die Masse angeben?

a) Lkw-Ladung b) Fernsehgerät c) Brotlaib d) Tortenstück

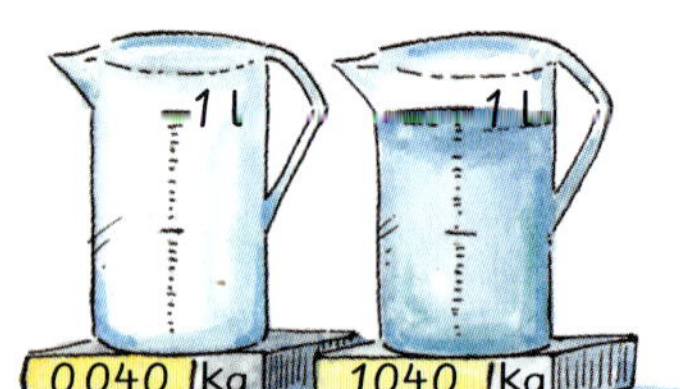

LVL **4.** 1 Liter Wasser wiegt 1 kg. Erkläre anderen den Messvorgang.

LVL **5.** Was kannst du leichter tragen: 1 Kilo Blei oder 1 Kilo Styropor?

LVL **6.**

Ordne danach, wer mehr wiegt, vom Leichtesten zum Schwersten.

---

*) In der Umgangssprache wird dafür häufig das Wort „Gewicht" verwendet.

7. Wie viel Gramm sind das?

a) 3 kg b) 5 kg c) 10 kg d) $4\frac{1}{2}$ kg e) 2 kg 515 g f) 11 kg 300 g

8. Wie viel Kilogramm und Gramm sind das?

a) 1 300 g b) 2 700 g c) 2 870 g d) 10 700 g e) 3 050 g f) 10 100 g

9. Brote werden gewogen. Wie viel Gramm wiegen sie mehr oder weniger als 1 kg?

a) 1085 g b) 995 g c) 1055 g d) 935 g e) 967 g f) 1034 g

10. a) Wiegen die Zutaten für Teufelsküsse insgesamt mehr oder weniger als 1 kg?

LVL b) Werden die fertigen Teufelsküsse genauso viel wiegen? Überlege und begründe deine Antwort.

Teufelsküsse

250 g Butter
100 g Puderzucker
100 g Schokolade (gerieben)
50 g Mehl
250 g Speisestärke

Butter und Zucker schaumig rühren, Schokolade, Mehl und Speisestärke dazu. Kleine Kugeln auf ein Blech setzen und für 10 min in den 190 °C warmen Backofen schieben.

11. Ergänze zum ganzen Kilogramm.

a) 600 g, 790 g b) 840 g, 480 g c) 873 g, 948 g

12. Wie viel Kilogramm sind es ungefähr? Runde.

a) 2 730 g, 3 280 g b) 7 230 g, 8 610 g c) 12 470 g, 12 560 g d) 5 493 g, 6 712 g

2 480 g ≈ 2 000 g ≈ 2 kg
2 503 g ≈ 3 000 g ≈ 3 kg

13. Durch unterschiedliche Ausstattung wiegt dasselbe Automodell unterschiedlich viel. Um wie viel Kilogramm wird 1 Tonne unter- oder überschritten?

a) 945 kg b) 1055 kg c) 982 kg d) 1087 kg e) 1109 kg f) 973 kg

14. Wie viel Kilogramm fehlen für eine ganze Tonne?

a) 800 kg b) 753 kg c) 418 kg d) 707 kg e) 897 kg f) 697 kg

15. Wie viel Kilogramm sind es?

a) 12 t b) 43 t c) $8\frac{1}{4}$ t d) 9 t 370 kg e) 17 t 500 kg f) 6 t 60 kg

16. Wie viel Tonnen und Kilogramm sind es?

a) 4 320 kg b) 9 430 kg c) 7 510 kg d) 12 080 kg e) 11 910 kg f) 19 640 kg

17. Wie viel Tonnen sind es ungefähr? Runde auf ganze Tonnen.

a) 7 820 kg b) 7 420 kg c) 9 390 kg d) 10 671 kg e) 9 495 kg f) 17 522 kg

18.

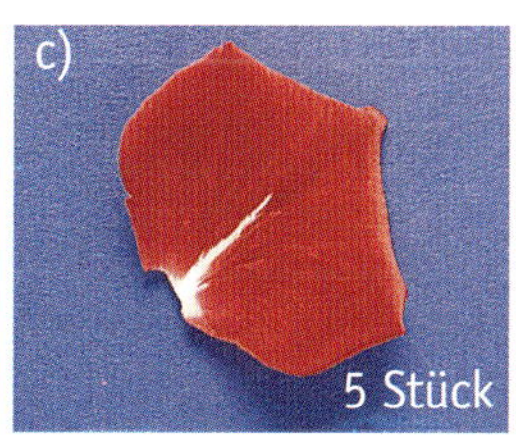

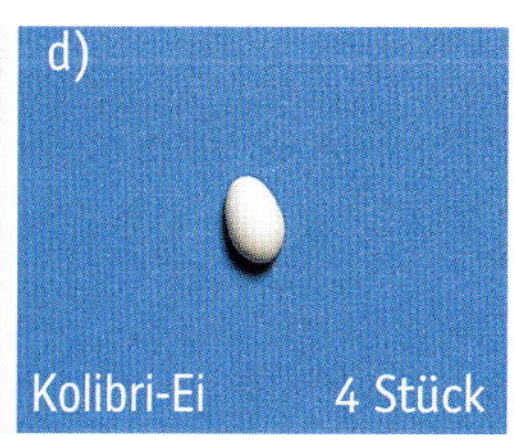

Die angegebene Stückzahl wiegt 1 g. Wie viel Milligramm wiegt jedes einzelne Stück?

LVL **19.** Ein Ei wiegt 25 g und ein halbes Ei. Wie viel Gramm wiegt das Ei?

LVL **20.** Die volle Flasche wiegt 1200 g, die leere ist 200 g leichter als der Inhalt. Wie viel wiegt der Inhalt?

Kommaschreibweise

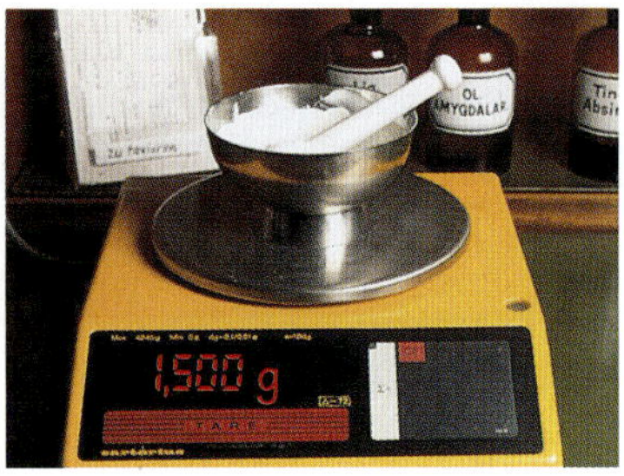

t	kg		
7	5	0	0

7,5 t = 7 t 500 kg = 7 500 kg

kg	g		
2	4	5	0

2,450 kg = 2 kg 450 g = 2 450 g

g	mg		
1	0	3	1

1,031 g = 1 g 31 mg = 1031 mg

Aufgaben

1. Bei ihrer Geburt wog Annika 3,1 kg. Wie viel Gramm sind das mehr als 3 Kilogramm?

2. Wie viel Gramm sind es?
a) 2,700 kg b) 4,900 kg c) 3,250 kg d) 2,843 kg e) 5,5 kg f) 12,4 kg

3. Wie viel Kilogramm sind es? Schreibe mit Komma.
a) 4 300 g b) 6 700 g c) 6 070 g d) 4 273 g e) 5 645 g f) 980 g

4. Wie viel Gramm fehlen zum nächsten vollen Kilogramm?
a) 4,300 kg b) 2,750 kg c) 6,850 kg d) 3,125 kg e) 6,4 kg f) 2,8 kg

5. Wie viel Kilogramm sind es ungefähr? Runde auf ganze kg.
a) 2,7 kg; 1,2 kg b) 4,350 kg; 0,782 kg c) 4,4 kg; 3,8 kg d) 12,580 kg; 10,490 kg e) 5,730 kg; 3,295 kg

3,488 kg ≈ 3 kg
3,5 kg ≈ 4 kg

6. Ordne die Massenangaben nach der Größe, beginne mit der Kleinsten. Wie heißt das Lösungswort?

1,5 kg	2,5 kg	2,050 kg	1 950 g	0,270 kg	2,1 kg	2 900 g
E	E	T	N	Z	N	R

7. Wie viel Kilogramm darf ein Fahrzeug höchstens wiegen, wenn es über dieses Schild hinaus fahren will?

8. Wie viel Kilogramm sind es?
a) 7,5 t b) 13,4 t c) 6,725 t d) 7,480 t e) 15,8 t

9. Wie viel Tonnen sind es? Schreibe mit Komma.
a) 5 300 kg b) 7 450 kg c) 8 764 kg d) 14 300 kg e) 21 500 kg f) 3 650 kg

10. Wie viel Tonnen sind es ungefähr? Runde auf ganze Tonnen.
a) 6,7 t b) 7,3 t c) 4,250 t d) 3 400 kg e) 4 650 kg f) 7 480 kg

Rechnen mit Massen

1,8 kg + 0,5 kg	= ①	1800 g + 500 g	= ②	2300 g	= ③	2,3 kg
1,8 kg · 4	=	1800 g · 4	=	7200 g	=	7,2 kg

TIPP
① Umrechnen in kleinere Einheit
② Rechnen ohne Komma
③ Umrechnen in ursprüngliche Einheit

Aufgaben

1. Bei ihrer Geburt wog Judith 2,9 kg, drei Monate später 5,2 kg. Wie viel hat sie zugenommen?

2. a) 4,3 kg + 2,5 kg b) 3,4 kg + 8,7 kg c) 5,1 kg – 3,6 kg d) 7,4 kg – 5,2 kg
e) 2,450 kg + 3,570 kg f) 4,250 kg – 2,559 kg g) 1,783 kg + 0,460 kg h) 2,570 kg – 1,380 kg

3. a) 2,8 kg + 400 g b) 7,3 kg – 800 g c) 4,6 kg + 750 g d) 3,5 kg – 700 g
e) 2,370 kg + 850 g f) 1,520 kg – 670 g g) 0,920 kg – 450 g h) 3,280 kg + 640 g

4. Ein Tierpark hat vier Löwen. Jeder erhält täglich 7,5 kg Fleisch als Futter.
a) Wie viel ist das täglich für alle vier?
b) Wie viel kg sind es im Monat (= 30 Tage)?
c) Wie viel Tonnen sind es im Jahr?

5. a) 7,2 kg · 12 b) 12,3 kg · 8
c) 4,8 kg : 8 d) 18,2 kg : 14

6. a) 7,3 kg · 4 b) 31,6 kg · 9 c) 24,6 kg · 10 d) 7,350 kg · 8
e) 2,4 kg : 6 f) 16,8 kg : 7 g) 1,016 kg : 8 h) 10,8 kg : 12

7. Kerstin kauft im Supermarkt 12 Dosen, jede wiegt 300 g. Wie viel Kilogramm hat Kerstin zu tragen?

LVL **8.** Die Samstagszeitung wiegt 370 g. Bernd muss 147 Zeitungen austragen. Soll er das Fahrrad mitnehmen? Überlege auch mit anderen, begründe deine Antwort.

9. Wie viele 125-g-Schokoladenhasen lassen sich aus 10 kg Schokomasse herstellen?

10. Mit 40 g ist der Zwergfalke der leichteste Raubvogel und der Condor mit 10 kg der schwerste. Wie viele Zwergfalken wiegen zusammen so viel wie ein Condor?

11. Eine Kiste mit sechs gefüllten Saftflaschen wiegt 8,3 kg. Die Kiste allein wiegt 800 g. Wie viel wiegt eine einzelne (volle) Saftflasche?

12. Eine Flasche Mineralwasser wiegt 1,3 kg, in einem Kasten sind 12 Flaschen. Der Kasten alleine wiegt 700 g. Passen zwei Kisten auf einen Fahrradanhänger für max. 40 kg?

13. Erik packt den Schulranzen. Mit Inhalt sollte er höchstens den zehnten Teil von Eriks Körpergewicht (42 kg) wiegen.

Zeit: Tag, Stunde, Minute, Sekunde

1 Tag = 24 Stunden (h) | 1 Stunde = 60 Minuten (min) | 1 Minute = 60 Sekunden (s)

Aufgaben

1. Schätze, wie lange es dauert. Ordne die Zeitangaben richtig zu.

ein Ei kochen, ein Fußballspiel, Klingelton, Sommerferien, Marathonlauf, ein Jahr	3 s, 365 Tage, 2 h 10 min, 45 Tage, 5 min, 1 h 30 min

2. Dominik zählt seinen Pulsschlag: in einer Minute 75 Schläge. Wie oft schlägt dein Herz in 1 min?

LVL **3.** Versuche, genau 1 min lang die Augen zu schließen. Stoppe die Zeit. Wie viele Sekunden hast du zu kurz oder zu lange die Augen geschlossen? Vergleiche mit anderen.

4. Wie viele Stunden sind es? a) 2 Tage b) 4 Tage c) 5 Tage d) $1\frac{1}{2}$ Tage

5. Wandle in Minuten um.
a) 2 h b) 3 h c) 5 h d) 10 h e) 12 h f) $\frac{1}{4}$ h

6. Wie viele Sekunden sind es? a) 2 min b) 10 min c) 30 min d) $\frac{1}{3}$ min

7. Rechne um in die angegebene Zeiteinheit.
a) 3 Tage 8 h (in h) b) 2 h 15 min (in min) c) 105 s (in min und s)
d) 1 min 45 s (in s) e) 4 Tage 4 h (in h) f) 135 min (in h und min)

2 Tage 7 h
= 2 · 24 h + 7 h
= 55 h

8. Ordne, beginne mit der kürzesten Dauer. Wie heißt das Lösungswort?

a) 20 min R; 1 h U; $\frac{1}{2}$ h D; 45 min N; 85 min G; 1 h 15 min N; 1000 s O

b) 36 h Z; 4 Tage 5 h T; 50 h I; 2 Tage E; 100 Tage G; 10 Tage U; 1000 h N

9. In einer Eieruhr läuft der Sand 5 min lang. Wie oft musst du sie umdrehen in
a) 5 min; b) 25 min; c) 1 h; d) einer halben Stunde; e) 3 Viertelstunden?

LVL **10.** Überlege auch mit anderen, ob das stimmt: 1 Jahr, das sind viel mehr als 2 Millionen Sekunden.

Anfang, Dauer, Ende

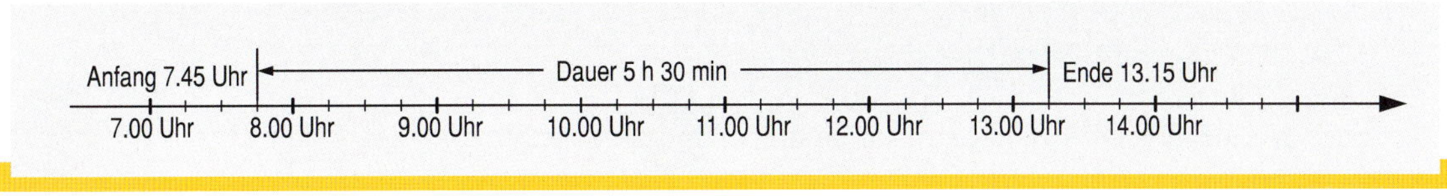

Aufgaben

1. Vanessa hört die Zeitansage: „Es ist sieben Uhr zwanzig." Um 8 Uhr muss sie in der Schule sein.

2. Wie viele Minuten sind es bis zur nächsten vollen Stunde?
a) 7.35 Uhr b) 10.42 Uhr c) 11.08 Uhr d) 25 Minuten nach 10 Uhr e) Viertel vor 9 Uhr

3. Eine Unterrichtsstunde dauert 45 Minuten. Wann endet sie beim angegebenen Anfang?
a) 8.00 Uhr b) 8.10 Uhr c) 7.55 Uhr d) 11.35 Uhr e) 12.20 Uhr f) 11.45 Uhr

4. Vom Hauptbahnhof fährt die Straßenbahn von 7.10 Uhr bis 9.10 Uhr alle 20 Minuten.
a) Wann fahren die Bahnen in dieser Zeit? b) Wie viele Bahnen fahren in dieser Zeit?

5. Wann endet die Veranstaltung?

Beginn	a) 15.00	b) 9.00 Uhr	c) 15.30 Uhr	d) 17.45 Uhr	e) 20.10 Uhr
Dauer	90 min	2 h 15 min	3 h 45 min	2 h 50 min	$3\frac{1}{2}$ h

6. Ein Film endet um 17.30 Uhr. Er dauerte 70 Minuten. Wann hat er angefangen?

7. Antonio ist 3 h 50 min mit dem Fahrrad gefahren. Wann ist er gestartet bei Ankunft um
a) 16 Uhr; b) 12.55 Uhr; c) 9.15 Uhr; d) Viertel vor 10 Uhr; e) Viertel nach 11 Uhr?

8. Wie lange dauert die Fahrt?
a) 7.10 Uhr bis 10.00 Uhr b) 8.20 Uhr bis 12.10 Uhr
c) 8.50 Uhr bis 17.25 Uhr d) 9.35 Uhr bis 22.35 Uhr
e) 10.25 Uhr bis 14.10 Uhr f) 6.20 Uhr bis 9.55 Uhr

7.10 Uhr bis 21.45 Uhr

7.10 bis 8.00		50 min
8.00 bis 21.00	13 h	
21.00 bis 21.45		45 min
7.10 bis 21.45		14 h 35 min

9. Berechne die fehlenden Werte

Anfang	a) 8.15 Uhr	b)	c) 9.25 Uhr	d)	e) 12.05 Uhr	f) 0.12 Uhr
Dauer	1 h 20 min	2 h 10 min		100 min	10 h 55 min	
Ende		10.00 Uhr	11.45 Uhr	13.10 Uhr		23.50 Uhr

LVL **10.** Am 20. Mai 1927 startete Charles A. Lindbergh um 8 Uhr in New York zum ersten Flug über den Atlantik, am 21. Mai landete er in Paris.
Die Pariser Zeitungen berichteten:
„... landete nach 34 Stunden Flug um 22 Uhr in Paris."
Wie passen die Angaben über Flugdauer und Zeitpunkt der Landung zusammen?

Tag, Monat, Jahr

In 365 Tagen und rund 6 Stunden umkreist die Erde einmal die Sonne.
Im Kalenderjahr rechnet man mit ganzen Tagen:
1 Jahr = 365 Tage   1 Schaltjahr = 366 Tage
1 Jahr = 12 Monate

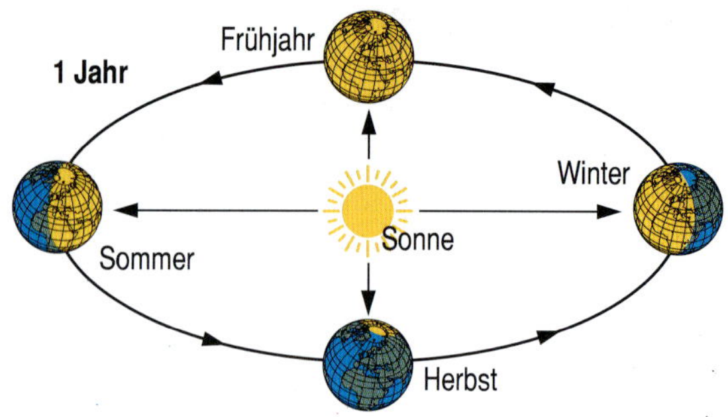

Aufgaben

1. Säugetiere brauchen unterschiedlich lange, bis sie erwachsen sind. Wie viele Monate sind es?
a) Orang-Utan: 7 Jahre   b) Schimpanse: 10 Jahre   c) Rind: $1\frac{1}{2}$ Jahr

2. Andrea feiert ihren 12. Geburtstag.
a) Wie viele Monate ist sie alt?   b) Wie viele Monate dauert es noch, bis sie 18 ist?

3. Wie viele Monate sind es? a) 4 Jahre b) 4 J. 10 M. c) 5 J. 5 M. d) zwei Jahre und ein halbes

4. Wandle um in Jahre und Monate. a) 60 Monate b) 100 Monate c) 1 000 Monate

5. Das Bild zeigt, wie lange die Planeten unserer Sonne für einen Umlauf brauchen.
a) Der Merkur dreht sich in einem Jahr viermal um die Sonne. Wie viele Tage bleiben übrig?
b) Wie oft umrundet die Venus in einem Jahr die Sonne? Wie viele Tage bleiben übrig?
c) Der Mars braucht fast 2 Jahre für einen Umlauf. Wie viele Tage fehlen an 2 Jahren?

6. Eine Woche hat 7 Tage. Wie viele Wochen hat ein Jahr? Wie viele Wochen hat ein Schaltjahr?

7. Der nebenstehende Kalender gilt für das Jahr 2006. Auf welchen Wochentag fällt der 1. Januar im Jahr 2006, im Jahr 2007, im Jahr 2008?

	Januar	Februar	März
MO	2 9 16 23 30	6 13 20 27	6 13 20 27
DI	3 10 17 24 31	7 14 21 28	7 14 21 28
MI	4 11 18 25	1 8 15 22	1 8 15 22 29
DO	5 12 19 26	2 9 16 23	2 9 16 23 30
FR	6 13 20 27	3 10 17 24	3 10 17 24 31
SA	7 14 21 28	4 11 18 25	4 11 18 25
SO	1 8 15 22 29	5 12 19 26	5 12 19 26

	April	Mai	Juni
MO	3 10 17 24	1 8 15 22 29	5 12 19 26
DI	4 11 18 25	2 9 16 23 30	6 13 20 27
MI	5 12 19 26	3 10 17 24 31	7 14 21 28
DO	6 13 20 27	4 11 18 25	1 8 15 22 29
FR	7 14 21 28	5 12 19 26	2 9 16 23 30
SA	1 8 15 22 29	6 13 20 27	3 10 17 24
SO	2 9 16 23 30	7 14 21 28	4 11 18 25

	Juli	August	September
MO	3 10 17 24 31	7 14 21 28	4 11 18 25
DI	4 11 18 25	1 8 15 22 29	5 12 19 26
MI	5 12 19 26	2 9 16 23 30	6 13 20 27
DO	6 13 20 27	3 10 17 24 31	7 14 21 28
FR	7 14 21 28	4 11 18 25	1 8 15 22 29
SA	1 8 15 22 29	5 12 19 26	2 9 16 23 30
SO	2 9 16 23 30	6 13 20 27	3 10 17 24

	Oktober	November	Dezember
MO	2 9 16 23 30	6 13 20 27	4 11 18 25
DI	3 10 17 24 31	7 14 21 28	5 12 19 26
MI	4 11 18 25	1 8 15 22 29	6 13 20 27
DO	5 12 19 26	2 9 16 23 30	7 14 21 28
FR	6 13 20 27	3 10 17 24	1 8 15 22 29
SA	7 14 21 28	4 11 18 25	2 9 16 23 30
SO	1 8 15 22 29	5 12 19 26	3 10 17 24 31

8. Manche Monate haben nur 30 Tage. Welche sind es?

9. Wie viele Tage liegen dazwischen?
a) 1. Jan. – 20. Feb.   b) 13. März – 12 Juni
c) 25. Mai – 6. Juli   d) 2. Aug. – 22. Nov.
e) 10. Sept. – 24. Dez.   f) 19. Juni – 3. Nov.

LVL **10.** Berühmte Frauen: In welchem Alter sind sie gestorben? Erkläre deine Ergebnisse.
① Clara Schumann * 13. 9.1819 † 20. 5.1896
② Marie Curie * 7.11.1867 † 4. 7.1934
③ Lise Meitner * 7.11.1878 † 27.10.1968

Vermischte Aufgaben

1. Welche Zeitspanne dauert ungefähr so lange? Ordne jeder genauen Zeitspanne den gerundeten Wert zu.

1 h 35 min $\approx 1\frac{1}{2}$ h

genaue Zeitspanne	gerundete Dauer
2 h 37 min 125 s 1 000 Tage	2 min 17 min $\frac{1}{2}$ h
100 Wochen 100 Tage 1 h 55 min	2 h $2\frac{1}{2}$ h 3 Monate
33 min 10 s 1 000 s	2 Jahre 3 Jahre

2. Patrick ist 10 Jahre und 10 Monate alt. Wie viele Monate sind das?

3. Sind 12 Jahre mehr als 3 600 Tage oder sogar mehr als 4 800 Tage?

4. Die Vorräte einer Höhlenexpedition reichen noch für 60 Stunden. Wie viele Tage und Stunden kann die Expedition noch ohne Hilfe von außen auskommen?

5. Petra ist 12 Jahre alt, ihr Bruder 15 Jahre und ihre Eltern 42 Jahre. Wie oft hat bisher schon ihr Herz geschlagen? Rechne mit einem Pulsschlag pro Sekunde, also 60 Schläge pro Minute.

6. a) 3 Jahre 8 Monate = ░ Monate
b) 1000 Tage = ░ Jahre ░ Tage
c) 3 Tage 12 Stunden = ░ Stunden
d) 150 Stunden = ░ Tage ░ Stunden
e) 5 Stunden 25 Minuten = ░ Minuten
f) 4000 Sekunden = ░ Stunden ░ Minuten ░ Sekunden

7. Frau Schmitz arbeitet von montags bis freitags. Sie hat 30 freie Arbeitstage. Wie viel Wochen hat sie frei?

LVL **8.** Diese Züge fahren am Bahnhof Zoo in Berlin zwischen 18.00 Uhr und 18.10 Uhr ab.

a) Was bedeuten die Abkürzungen „RE“ und „IC“?

b) Frau Schulz fährt mit dem IC 2452 von Potsdam nach Eisenach. Wie lange ist sie unterwegs?

c) Herr Braun ist in Berlin-Wannsee in den RE 3 eingestiegen und nach 68 Minuten Fahrzeit wieder ausgestiegen. Wie hieß sein Reiseziel?

d) Stelle deiner Sitznachbarin oder deinem Sitznachbarn drei Fragen zu dem abgebildeten Fahrplan und überprüfe, ob die Antwort richtig ist.

Zeit	Zug	Richtung	Gleis
18.00	**RE 4** 38214	Berlin-Spandau 18.08 – Berlin-Staaken 18.12 – Dallgow-Döberitz 18.16 – Elstal 18.19 – Wustermark 18.23 ⊙ **Rathenow 18.54**	**4**
18.04	**IC 2452**	Potsdam Hbf 18.20 – Dessau Hbf 19.27 – Bitterfeld 19.44 – Halle (Saale) Hbf 20.02 – Weißenfels 20.26 – Naumburg (Saale) Hbf 20.37 – Apolda 20.54 – Weimar 21.05 – Erfurt Hbf 21.20 – Gotha 21.39 – **Eisenach 21.55 ⊙ Würzburg 23.54** So; nicht 28. Dez, 11. Apr, 30. Mai; auch 12. Apr, 31. Mai weiter nach Würzburg Hbf	**3**
18.08 Mo - Fr, So	**IC 2459**	Berlin Ostbahnhof 18.18 – Bernau (b Berlin) 18.46 – Eberswalde Hbf 19.03 – Angermünde 19.25 – Prenzlau 19.47 – Pasewalk 20.04 – Anklam 20.30 – Züssow 20.41 – Greifswald 20.53 – **Stralsund 21.17 ⊙** nicht 24., 25., 31. Dez, 9., 11. Apr, 30. Mai	**1**
18.09	**RE 3** 38397	Berlin Wannsee 18.21 – Potsdam Medienstadt Babelsberg 18.26 – Potsdam-Rehbrücke 18.30 – Wilhelmshorst 18.33 – Michendorf 18.36 – Seddin 18.40 – Beelitz-Heilstätten 18.45 ⊙ Brück (Mark) 18.56 – Baitz 19.01 – Belzig 19.07 – Wiesenburg (Mark) 19.17 – Medewitz (Mark) 19.21 – Jeber-Bergfrieden 19.29 – Thießen 19.34 – Roßlau (Elbe) 19.43 – **Dessau Hbf 19.50**	**4**

9. 22. Dezember, 12 Uhr: Die Ferien haben begonnen und Inga freut sich auf Heiligabend. Wie viele Stunden sind es noch bis zum 24. Dezember 18.00 Uhr?

10. Mark ist am 2. April 1996 geboren. Wie alt ist er am 5.3.2005 (1.5.2006, 31.12.2006, 1.1.2007)?
a) Berechne das Alter in vollen Jahren.
b) Berechne das Alter in Jahren und vollen Monaten.

11. Der 1.1.2004 war ein Donnerstag. In welchem der folgenden Jahre fällt der Neujahrstag auf einen Sonntag? Wann ist der 1. Januar wieder ein Donnerstag?

Bleib FIT!

Die Ergebnisse der Aufgaben 1 bis 8 ergeben einen Stadtteil in Potsdam.

1. Berechne.

a) 145,29 € + 23,59 € = ■ €

b) 27,98 € + 13,69 € − 8,82 € = ■ €

c) 35,25 € + 23,75 € − 13,97 € = ■ €

d) 124,32 € − 36,40 € + 9,07 € = ■ €

2. Berechne.

a) 112 · 36

b) 96 · 21

c) 48 · 37

3. Berechne.

a) 1 239 : 3

b) 1 636 : 4

c) 5 472 : 12

4. Beim Fußballspiel wurden 648 Karten zu 8,60 € und 324 Schülerkarten zum halben Preis verkauft.

a) Wie viele Karten wurden verkauft?

b) Es wurden dabei ■ € eingenommen.

5. Welche Fläche besitzt zwei gleich lange Diagonalen, die zueinander senkrecht sind?
Quadrat (10)
Rechteck (20)

6. Lässt sich aus diesem Netz ein Würfel falten?

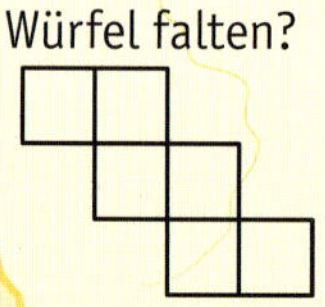

ja (30) nein (40)

7. Was stimmt?

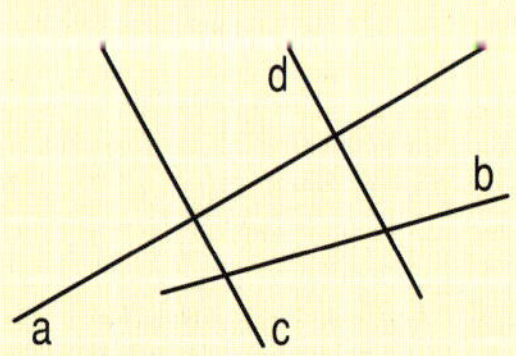

a ⊥ b (12) a ⊥ c (22) c ∥ d (32) b ∥ a (42)

8. Runde.

a) 2 398 auf Zehner

b) 44 560 auf Tausender

c) 5 649 auf Hunderter

d) 6 550 auf Tausender

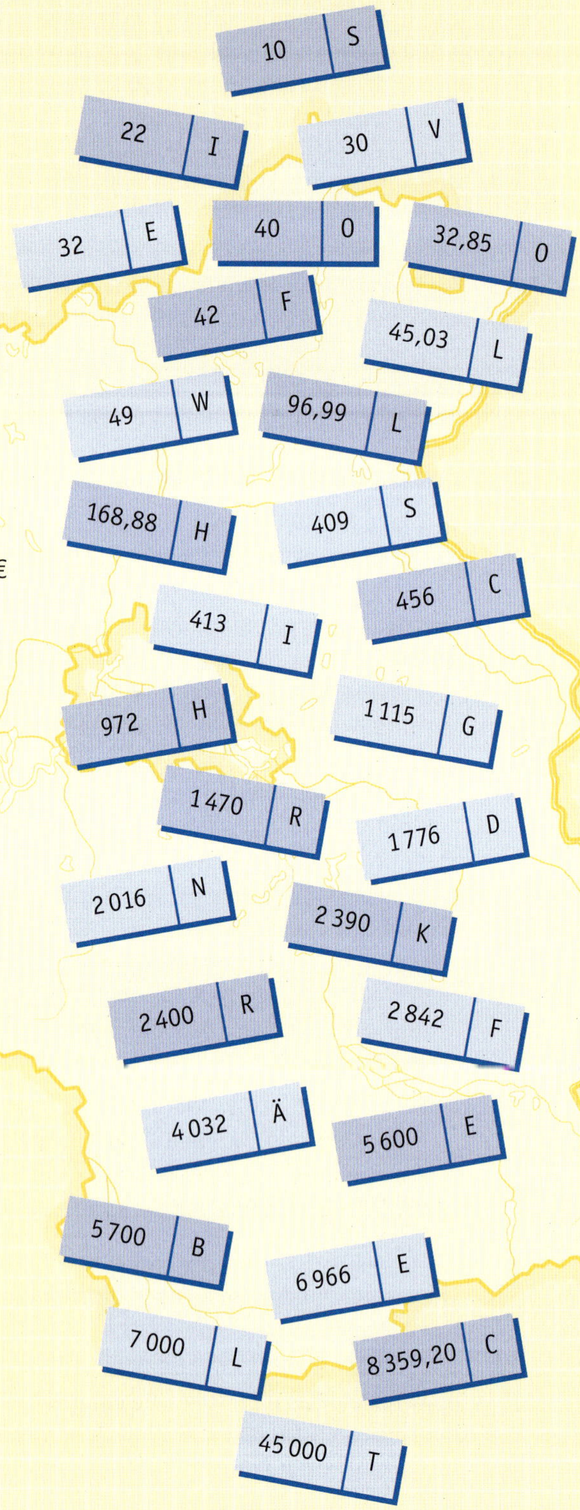

LVL

Sport

1. Bei großen Fußballspielen, die frühzeitig ausverkauft sind, bezahlen Fans stark erhöhte Preise für Eintrittskarten. Herr Bastian hat im Vorverkauf 6 Karten für je 38 € gekauft. Welchen Verdienst hat er, wenn sich genug Käufer auf seine Anzeige melden?

2. Die bisher meisten Zuschauer in der Fußballbundesliga hatte das Spiel Hertha BSC gegen den 1. FC Köln (1:0). 88 074 Menschen kamen am 26. September 1969 ins Berliner Olympiastadion. Die wenigsten Zuschauer hatte das Spiel Rot-Weiß Oberhausen gegen Kickers Offenbach mit 1 352 in der Saison 1972/73. Berechne den Unterschied.

3. Bei der Fußballweltmeisterschaft 2002 in Korea/Japan sahen durchschnittlich 42 680 Zuschauer jedes der 64 Spiele. Wie viele waren es in allen Spielen zusammen?

4. Kurz nach dem Start eines Triathlons sind noch alle Starter dicht zusammen. Zuerst werden 3,8 km geschwommen, dann 180 km mit dem Rad gefahren und am Schluss 42,195 km gelaufen. Berechne die Gesamtstrecke.

5. 25 Chemnitzer verbesserten 1992 den acht Jahre alten Rekord im 100-km-Flossenschwimmen gleich um eine Stunde, 42 Minuten und 54 Sekunden und schwammen 14 Stunden, 12 Minuten und 47 Sekunden. Wie lautete der alte Rekord?

6. Der älteste Olympiasieger war der amerikanische Bobfahrer Jay O'Brian mit 48 Jahren und 357 Tagen. Er gewann 1932 in Lake Placid. 35 Jahre und 272 Tage jünger war Kim Yoon-Mi, die 1994 in Lillehammer der erfolgreichen südkoreanischen 3 000-m-Shorttrack-Staffel, einem Eisschnelllaufwettbewerb, angehörte. Wie alt war Kim Yoon-Mi, die jüngste Olympiasiegerin?

7. Beim Boxen dauert eine Runde 3 Minuten, die Pause dazwischen dauert eine Minute. Am 21. Juni 1932 boxte Max Schmeling gegen Jack Sharkey in New York um die Weltmeisterschaft. Der Boxkampf begann um 22.09 Uhr. Er ging über die volle Zahl von 15 Runden.

8. In der Zeit um 1900 dauerten Boxkämpfe so lange, bis ein Kämpfer nicht mehr weiterboxen konnte. Der längste Kampf begann am 6.4.1893 um 21.15 Uhr. Eine Meldung im Guinness-Buch der Rekorde von 1993 besagt, dass dieser Kampf mit Pausen 449 Minuten dauerte.

LVL **Merkwürdige Rekorde**

1.

Das ist das längste Auto der Welt. Es ist 30,48 m lang und rollt auf 26 Rädern durch Kalifornien (USA). Das Auto hat sogar einen Hubschrauberlandeplatz und einen Swimmingpool.

a) Das Auto kann in zwei gleich lange Teile zerlegt werden. Wie lang ist dann jedes der beiden Autos?

b) Das Auto ist genau so lang wie 8 Kleinwagen derselben Marke. Wie lang ist jeder?

2. 1991 wurde in Erfurt eine 1638 m lange Thüringer Bratwurst hergestellt. Eine „normale" Bratwurst ist ungefähr 24 cm lang.
Schätze zunächst, in wie viele normale Bratwürste die „Erfurter Bratwurst" hätte zerlegt werden können.
Rechne dann genau.

3. Diese Burg wurde 1991 in Bocholt aus 162 000 Bierdeckeln erbaut. Stelle dir vor, man hätte alle Bierdeckel (Dicke 2 mm) zu einem Turm übereinander gestapelt.

a) Schätze zunächst, ob der Turm ungefähr die Höhe eines Klassenzimmers (3,25 m), die Höhe eines Leuchtturmes (33 m) oder die Höhe des Pariser Eiffelturmes (321 m) hätte.

b) Berechne genau die Höhe des Turms.

Rechnen mit Tabellen

1. Svenja hat mit ihren Eltern entlang der Donau eine 5-tägige Fahrradtour unternommen, dabei hat sie fast jeden Tag den Tachostand notiert.

a) Übertrage die Tabelle in dein Heft und berechne für jeden Tag die gefahrenen Kilometer.

b) Wie lang war die Radtour insgesamt?

	Kilometerstand bei		Tagesstrecke in km
	Abfahrt	Ankunft	
Montag	295 km	333 km	
Dienstag	333 km		
Mittwoch	375 km	420 km	
Donnerstag			
Freitag	466 km	518 km	

2.

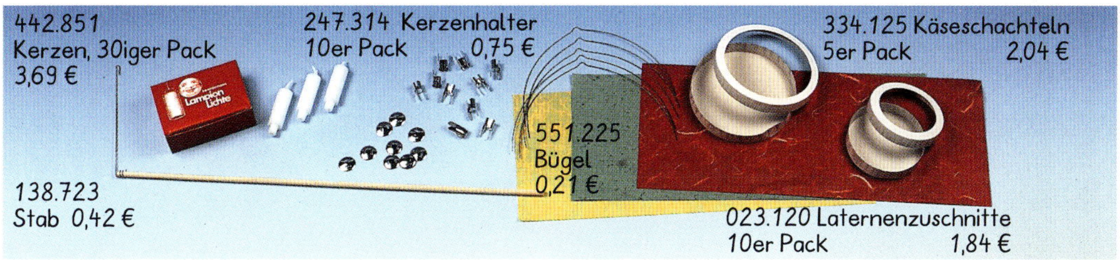

Frau Solms möchte mit ihrer Klasse, 30 Schülerinnen und Schülern, Laternen basteln.

a) Übertrage die angefangene Tabelle in dein Heft.

b) Trage ein, wie viel Stück bzw. Packungen sie von den einzelnen Artikeln bestellen muss.

c) Berechne jeweils den Gesamtpreis und vervollständige die Tabelle.

d) Wie hoch ist der Rechnungsbetrag?

Bestellnummer	Menge	Einheit	Artikelname	Einzelpreis	Gesamtpreis
334.125	6	Pack	Käseschachtel	2,04 €	

LVL **3.** Das Gewicht des Schulranzens von Schülerinnen und Schülern soll höchstens den 10ten Teil ihres Körpergewichtes betragen. Sechs Freunde haben folgende Werte gemessen:

	Sina	Max	Tim	Marlyn	Sead	Fynn
Körpergewicht in kg	44	38	46	41	39	45
Gewicht Ranzen in kg	5,3	4,6	4,2	3,9	5,1	5,1

a) Erstelle eine Tabelle nach folgendem Muster.

Name	Körpergewicht in		10ter Teil	Gewicht Ranzen	„Übergewicht"	„Untergewicht"
	kg	g	in g	in g	in g	in g
Sina	44	44 000	4 400	5 300		

b) Führt Untersuchungen in eurer Klasse durch und stellt die Ergebnisse in einer Tabelle übersichtlich dar.

LVL **4.**

Janis hat in der vergangenen Woche notiert, wann er jeweils seine Hausaufgaben erledigt hat. Lege eine Tabelle an und berechne Janis Arbeitszeit für die einzelnen Wochentage und seine Wochenarbeitszeit.

LVL

Neue Trikots für die Schulmannschaft

Flamenco

Trikot	27,–	€
Hose	26,–	€
Stutzen	6,–	€
Handschuhe	24,95	€

Shark

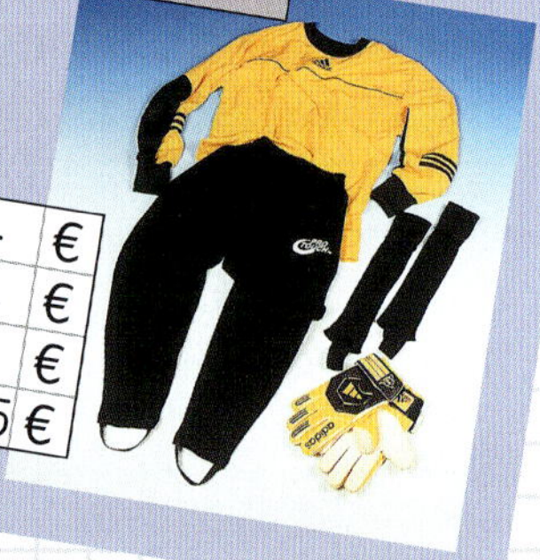

Trikot	29,–	€
Hose	40,–	€
Stutzen	6,–	€
Handschuhe	39,95	€

Madrid

Setpreis 459,– €

Trikot	20,–	€
Short	16,–	€
Stutzen	5,–	€

Set
besteht aus:
14 Trikots
14 Shorts
14 Paar Stutzen

Porto

Setpreis 622,– €

Trikot	26,–	€
Short	22,–	€
Stutzen	7,50	€

TESTEN · ÜBEN · VERGLEICHEN

1. Wie viel sind es in der kleineren Einheit?
a) 7 cm 3 mm b) 2 m 72 cm c) 4 km 820 m

2. Schreibe mit Komma in der größeren Einheit.
a) 64 mm, 123 mm b) 175 cm, 238 cm c) 8 700 m, 1 140 m

3. Schreibe ohne Komma in der kleineren Einheit.
a) 4,2 cm, 8,7 cm b) 4,58 m, 10,70 m c) 3,7 km, 4,250 km

4. a) Von $6\frac{1}{2}$ m Geländer sind 2,70 m montiert.
b) 5,70 m Zaun werden um 3,50 m verlängert.

5. Franz fährt eine 7,4 km lange Strecke 6-mal.

6. Bei einem 50-km-Lauf ist die Rundstrecke 8-mal zu laufen. Wie lang ist eine Runde?

7. Wie viele der kleineren Einheiten sind es?
a) 4 kg 250 g b) 2 kg 50 g c) 3 t 400 kg

8. Schreibe mit Komma in der größeren Einheit.
a) 3 720 g b) 5 180 g c) 12 700 kg

9. Schreibe ohne Komma in der kleineren Einheit.
a) 4,630 kg b) 1,5 kg c) $5\frac{1}{2}$ t

10. a) Udos Fahrrad wiegt 14,8 kg, das Gepäck wiegt 5,4 kg. Wie schwer ist alles zusammen?
b) Mit Inhalt wiegt der Koffer 19,2 kg, ohne Inhalt wiegt er 3,4 kg.

11. Die volle Dose wiegt 0,975 kg, die leere 0,830 kg.

12. a) Wie schwer sind 12 Platten, jede mit 3,6 kg?
b) 8 Personen teilen sich 5 kg Honig.

13. a) 5 Jahre = ▢ Monate b) 4 Tage 6 h = ▢ h
c) 2 h = ▢ min d) 3 h 15 min = ▢ min
e) 4 min = ▢ s f) 2 min 45 s = ▢ s
g) 720 min = ▢ h h) 480 s = ▢ min

14.

	a)	b)	c)	d)
Anfang	8.15 Uhr	12.30 Uhr	9.45 Uhr	
Dauer			2 h 10 min	4 h 30 min
Ende	10.30 Uhr	17.15 Uhr		18.15 Uhr

15. Bald ist deine Einschulung 5 Jahre her. Wie viele Monate sind das, wie viele Tage?

Längen, Einheiten
1 km = 1 000 m   1 m = 10 dm = 100 cm
1 dm = 10 cm   1 cm = 10 mm

Kommaschreibweise bei Längen

km	m		
12	5	0	0

12,5 km = 12 km 500 m = 12 500 m

m	cm	
2	3	5

2,35 m = 2 m 35 cm = 235 cm

Rechnen in drei Schritten
① Umwandeln in eine kleinere Einheit
② Rechnen ohne Komma
③ Umwandeln in die ursprüngliche Einheit
3,84 m + 1,73 m = 384 cm + 173 cm
= 557 cm = 5,57 m
1,6 km · 4 = 1 600 m · 4 = 6 400 m = 6,4 km

Massen, Einheiten
1 t = 1 000 kg 1 kg = 1 000 g 1 g = 1 000 mg

Kommaschreibweise bei Massen

kg	g		
2	4	5	0

2,450 kg = 2 kg 450 g = 2450 g

Rechnen in drei Schritten: ① ② ③
1,8 kg + 0,5 kg $\stackrel{①}{=}$ 1 800 g + 500 g
$\stackrel{②}{=}$ 2 300 g $\stackrel{③}{=}$ 2,3 kg
1,8 kg · 4 $\stackrel{①}{=}$ 1 800 g · 4 $\stackrel{②}{=}$ 7 200 g $\stackrel{③}{=}$ 7,2 kg

Zeiten, Einheiten 1 Jahr = 365 Tage
1 Tag = 24 h 1 h = 60 min 1 min = 60 s

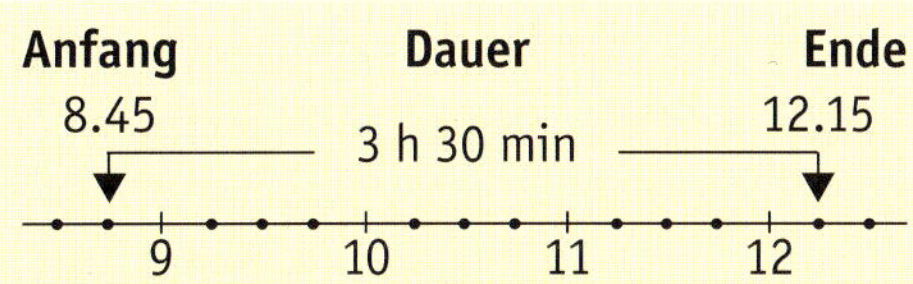

1 Jahr = 12 Monate
= 365 Tage

DIAGNOSETEST

1. Frau Sprint kauft eine Packung Cornflakes zu 3,15 € und eine Flasche Spülmittel zu 1,97 €. Wie viel Euro muss sie bezahlen?

2. Schreibe mit Komma in der größeren Einheit. a) 3 cm 7 mm b) 1 km 130 m

3. Schreibe ohne Komma in der nächstkleineren Einheit. a) 7,350 kg b) 2,050 t

4. Rechne in die angegebene Einheit um. a) 4 h = ▪ min b) 3 Tage 4 h = ▪ h

5. a) Wie viel Kilogramm wiegt der Hund? b) Wie viel Kilometer ist Jan gefahren?

Wähle weitere 5 Aufgaben aus

1. Eine Dose Hundefutter kostet normalerweise 1,78 €. Im Sonderangebot wird die Dose für 1,59 € angeboten.

a) Wie viel Euro zahlt man beim Normalpreis beim Einkauf von 6 Dosen?

b) Wie viel Euro spart man, wenn man die gleiche Menge im Sonderangebot einkauft?

2. Berechne. a) 77,2 kg : 4 b) 0,257 t · 8

3. Ein Pkw ist 1,48 m hoch. Es wird ein Fahrradträger montiert, der das Auto mit Fahrrädern um 88 cm erhöht. Darf man mit Fahrrädern auf dem Dach in ein Parkhaus einfahren, bei dem die Einfahrt auf 2,10 m begrenzt ist?

4. Timos Schultag beginnt um 7.40 Uhr und endet um 13.05 Uhr.

a) Wie viel Zeit verbringt er täglich in der Schule?

b) Wie viele Stunden sind das in einer Woche (Mo. – Fr.)?

5. In einem Autoatlas sind Karten im Maßstab 1:400 000 abgedruckt. Dort ist die Entfernung zwischen Stuttgart und Ulm etwa 18 cm groß. Wie viel km beträgt sie in Wirklichkeit?

6. Bei einem Radrennen werden 15 Runden gefahren, jede 9,4 km lang.

a) Wie lang ist die Gesamtstrecke des Rennens?

b) Peter schafft in einer Stunde etwa 35 km. Wie lange würde er ungefähr für das Rennen brauchen?

7. Schreibe die wichtigen Informationen auf und löse die Aufgabe:
Peter ist 12 Jahre alt. Seine Schule ist 1,3 km von seiner Wohnung entfernt. Morgens verlässt er pünktlich um 7.30 Uhr das Haus. Im letzten Schuljahr ist Peter an 190 Tagen zur Schule geradelt. Wie viel Kilometer hat er dabei zurückgelegt?

7 Umfang und Flächeninhalt

Zerlegen und Vergleichen von Flächen

Lisa zerschneidet ein rechteckiges Stück Papier und legt es anschließend so zusammen, dass sie den Anfangsbuchstaben ihres Namens erhält. Vergleiche die Fläche des Buchstabens mit der Fläche des Rechtecks.

Flächen von unterschiedlicher Form sind gleich groß, wenn man sie aus gleich großen Teilflächen zusammensetzen kann.

Lege aus allen Teilflächen des Rechtecks ein Quadrat, sodass Rechteck und Quadrat dieselbe Größe haben.

Aufgaben

1. Zeichne ein Rechteck mit den Maßen 8 cm und 4 cm auf Karopapier. Zerschneide es so geschickt in Teilflächen, dass du mit ihnen den Buchstaben **F** legen kannst.

2. a) Jan bastelt im Werkunterricht eine Schachtel und möchte den Deckel mit Moosgummi bekleben. Die Lehrerin gibt ihm zwei gleich große rechteckige Stücke in grün und blau mit den Maßen 4 cm und 8 cm. Kann Jan daraus sein Muster herstellen? Zeichne dazu die zwei Rechtecke in dein Heft oder auf Tonpapier und zerlege sie. Überprüfe dann mithilfe von Jans Musterzeichnung.

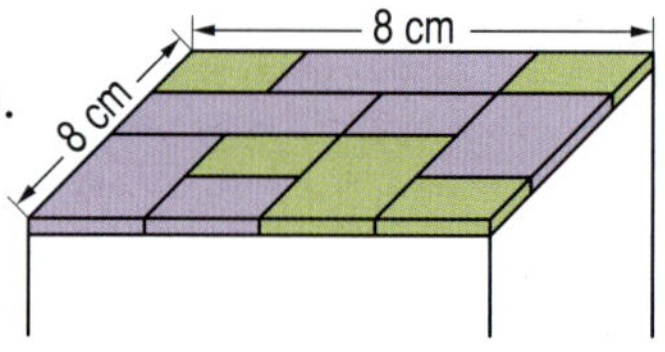

LVL b) Gibt es noch andere Muster, die sich aus den beiden rechteckigen Stücken zu einem Quadrat legen lassen? Überlege, zerlege und präsentiere dein Ergebnis den anderen.

LVL **3.** Welche Druckbuchstaben kannst du in deinem Heft mithilfe der Kästchen zeichnen und zerlegen, sodass sie sich zu einem gleich großen Rechteck neu zusammensetzen lassen?

Parkettieren

LVL **1.** Familie Schmidt hat die Fußbodenbeläge in den Kinderzimmern erneuert. Die Zimmer von Stefan, Sabine und Hella sind mit Korkfliesen ausgelegt worden. Stefan sagt: „Sabine hat es gut. Sie hat am meisten Platz in ihrem Zimmer." Sprich mit deinem Tischnachbarn über Stefans Äußerung und begründe deine Stellungnahme.

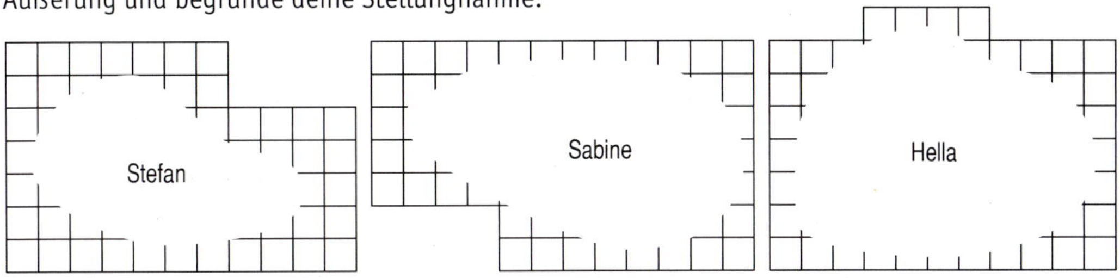

2. Zeichne das angefangene Muster in dein Heft und setze es bis zum Heftrand fort. Vergleiche jeweils die rote und die grüne Fläche miteinander.

3. Familie Fischer hat damit begonnen, ihren Balkon zu fliesen. Der Balkon ist 2 m breit und 4 m lang. Die Fliesen sind quadratisch (50 cm x 50 cm).

a) Zeichne den Balkon im Maßstab 1 : 100 (1 cm für 1 m).

b) Zeichne die Fliesen im selben Maßstab ein. Wie viele Fliesen braucht man?

c) Zeichne einen Balkon, der doppelt so lang und doppelt so breit ist. Wie viele Fliesen braucht man?

LVL **4.** Mittlerweile hat die Sophie-Scholl-Schule 16 Klassen. Dafür ist der bisherige Schulhof zu klein. Für einen neuen Schulhof werden die Grundstücke I und II angeboten.

a) Entnimm die Maße aus der Zeichnung und zeichne das Gelände genauso in dein Heft.

b) Unten rechts ist eingezeichnet, wie viel Platz eine Klasse benötigt. Zerlege alle drei Grundstücke in Quadrate dieser Größe.

c) Welches Grundstück sollte man kaufen? Begründe deine Meinung.

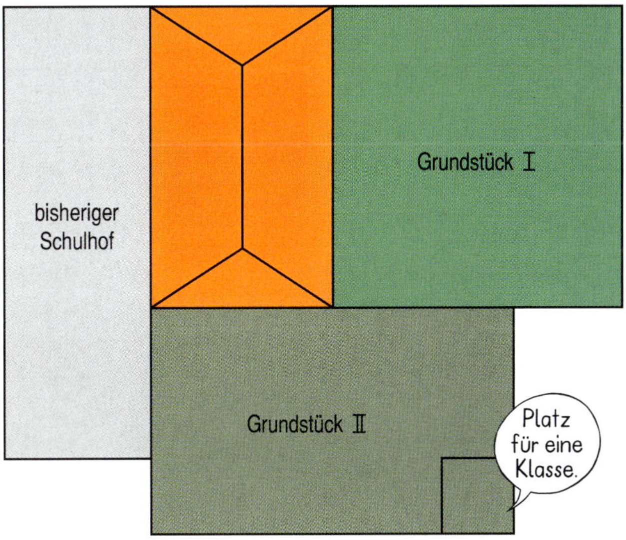

Parkettieren mit Quadratzentimetern

Ein Quadrat mit einer Seitenlänge von 1 cm hat den Flächeninhalt 1 cm² (1 Quadratzentimeter).
Es wird als Maßquadrat für die Flächenmessung benutzt.

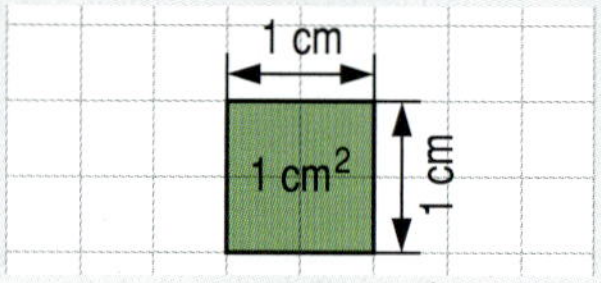

Gib den Flächeninhalt in cm² an.

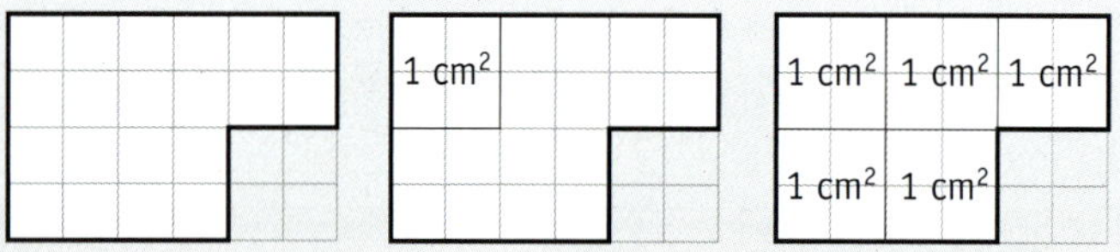

Maßeinheit

Der Flächeninhalt ist 5 cm².

Maßzahl

Aufgaben

1. Gib den Inhalt der Fläche in cm² an.

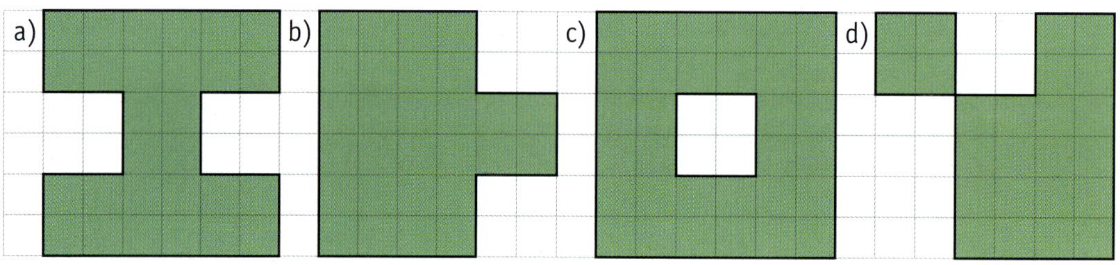

2. Zeichne jedes Mal ein Quadrat mit 10 cm Seitenlänge und färbe die angegebene Fläche ein.
a) 70 cm²   b) 30 cm²   c) 10 cm²   d) $25\frac{1}{2}$ cm²   e) $65\frac{3}{4}$ cm²

LVL **3.** Zeichne die Figur ab und fülle sie mit Maßquadraten (1 cm²) aus. Vergleiche und diskutiere verschiedene Lösungswege.

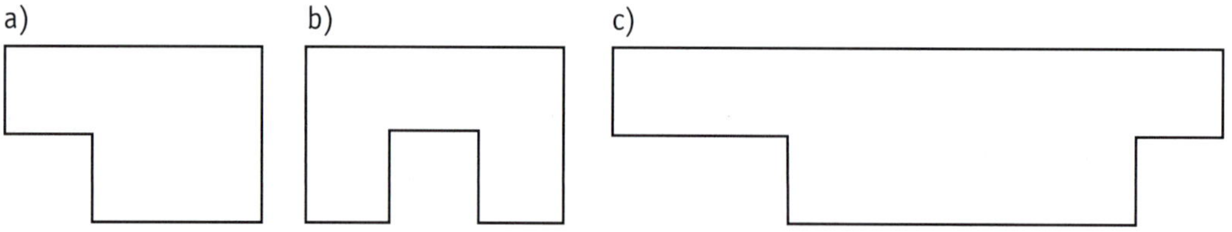

4. Welche Flächeninhalte sind gleich groß?

Flächeninhalt des Rechtecks

Flächeninhalt (A) des Rechtecks: Länge · Breite

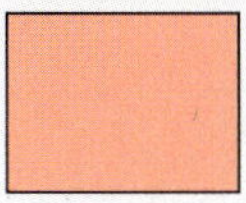

$A = a \cdot b$
Beispiel: $a = 4$ cm $b = 3$ cm
$A = 4 \text{ cm} \cdot 3 \text{ cm}$
$A = 12 \text{ cm}^2$

Flächeninhalt des Quadrats

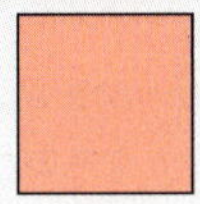

$A = a \cdot a$
Beispiel: $a = 3$ cm
$A = 3 \text{ cm} \cdot 3 \text{ cm}$
$A = 9 \text{ cm}^2$

Aufgaben

1. Zeichne das Rechteck und berechne seinen Flächeninhalt. Unterteile die Fläche zur Kontrolle in Quadratzentimeter.

a) 

b) 

c) 

2. Berechne den Flächeninhalt des Rechtecks. Wenn es dir hilft, fertige eine Zeichnung an.
a) Länge 7 cm und Breite 3 cm b) Länge 8 cm und Breite 4 cm c) Länge 2 cm und Breite 10 cm
d) Länge 6 cm und Breite 5 cm e) Länge 9 cm und Breite 1 cm f) Länge 4 cm und Breite 5 cm

3. Berechne den Flächeninhalt des Rechtecks.

	a)	b)	c)	d)	e)	f)
Länge	12 cm	34 cm	19 cm	25 cm	86 cm	54 cm
Breite	7 cm	27 cm	48 cm	17 cm	9 cm	31 cm

LVL **4.** Peter: „Mein Rechteck hat zwei Seiten von 11 cm und zwei Seiten von 8 cm. Leider weiß ich nicht, was die Länge und was die Breite ist. Dann kann ich den Flächeninhalt nicht berechnen." – Was sagst du dazu?

5. Berechne den Flächeninhalt des Quadrats mit der angegebenen Seitenlänge.
a) 6 cm b) 3 cm c) 1 cm d) 34 cm e) 67 cm

6. Berechne den Flächeninhalt des Rechtecks mit den angegebenen Seitenlängen.
a) $a = 5$ cm, $b = 4$ cm b) $a = 6$ cm, $b = 6$ cm c) $a = 9$ cm, $b = 7$ cm d) $a = 14$ cm, $b = 11$ cm e) $a = 24$ cm, $b = 18$ cm f) $a = 20$ cm, $b = 20$ cm

LVL **7.** Wie verändert sich der Flächeninhalt eines Rechtecks, wenn beide Seitenlängen verdoppelt werden? Überlege und begründe deine Meinung gegenüber den anderen.

Umfang des Rechtecks

Umfang (u) des Rechtecks: Summe aller Seitenlängen

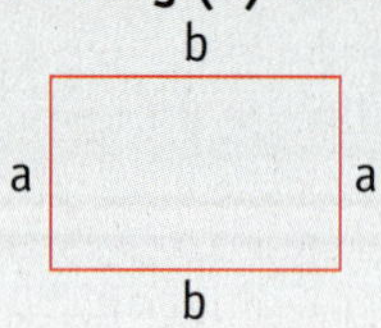

u = a + b + a + b = 2 · a + 2 · b

Beispiel: a = 4 cm, b = 5 cm
u = 2 · 4 cm + 2 · 5 cm
u = 18 cm

Quadrat

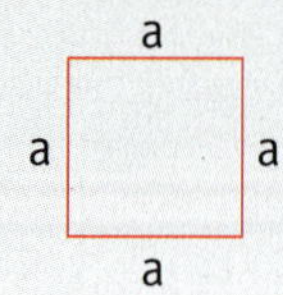

u = a + a + a + a = 4 · a

Beispiel: a = 3 cm
u = 4 · 3 cm
u = 12 cm

Aufgaben

1. Berechne den Umfang des abgebildeten Rechtecks.

a)
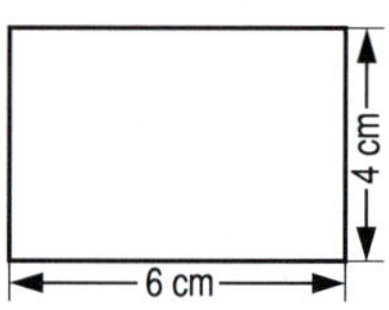

b)
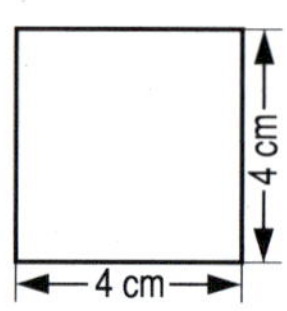

c)
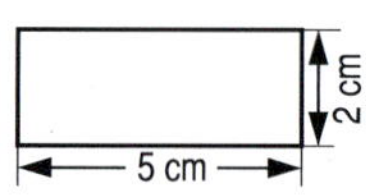

d)
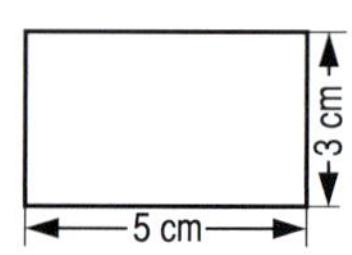

e)
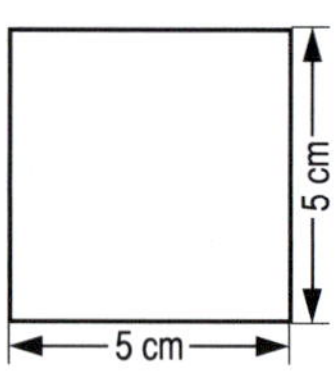

f)
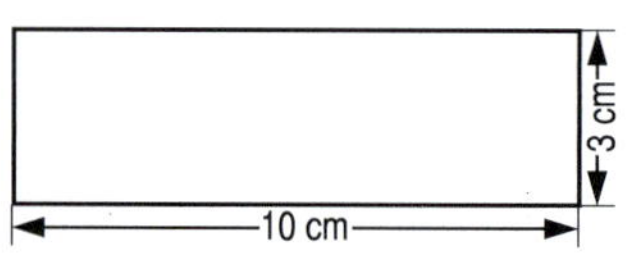

g)
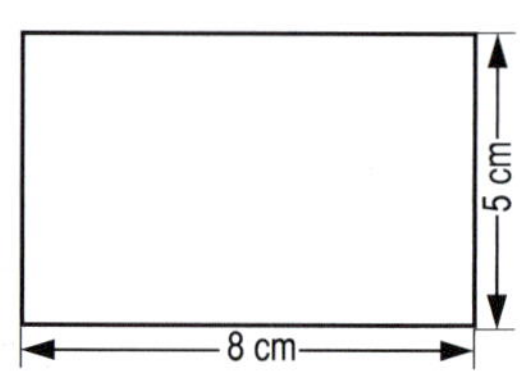

2. Berechne den Umfang des Rechtecks. Vielleicht hilft dir eine Skizze.

	a)	b)	c)	d)	e)	f)
Länge a	8 cm	15 cm	38 cm	72 cm	16,5 cm	26,5 cm
Breite b	7 cm	10 cm	59 cm	16 cm	20 cm	58,5 cm

3. Berechne den Umfang des Quadrats mit der angegebenen Seitenlänge.

a) a = 9 cm b) a = 14 cm c) a = 22 cm d) a = 48 cm e) a = 56 cm f) a = 62,5 cm

LVL **4.** Berate dich mit anderen und stelle dein Ergebnis dar: Welche Rechtecke sind mit dem angegebenen Flächeninhalt und Umfang möglich, und wie sehen sie aus?

① $A = 24\ cm^2$, u = 22 cm ② $A = 48\ cm^2$, u = 24 cm ③ $A = 36\ cm^2$, u = 26 cm

LVL **5.** Wie verändert sich der Umfang eines Rechtecks, wenn beide Seitenlängen verdoppelt werden? Überlege und begründe deine Meinung gegenüber den anderen.

Vermischte Aufgaben

1. Ordne die passenden Flächeninhalte zu.

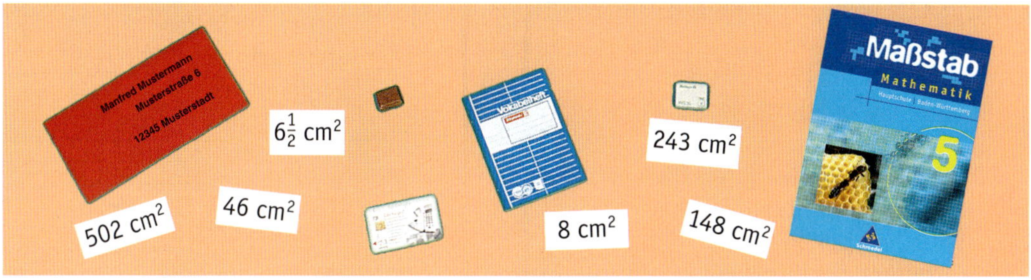

LVL **2.** Sabines Füller hat in der Schule gekleckst. Zu Hause sitzt sie vor der Aufgabe und überlegt, welche Breite das Rechteck wohl hatte. Kannst du ihr helfen? Überlege und begründe dein Ergebnis.

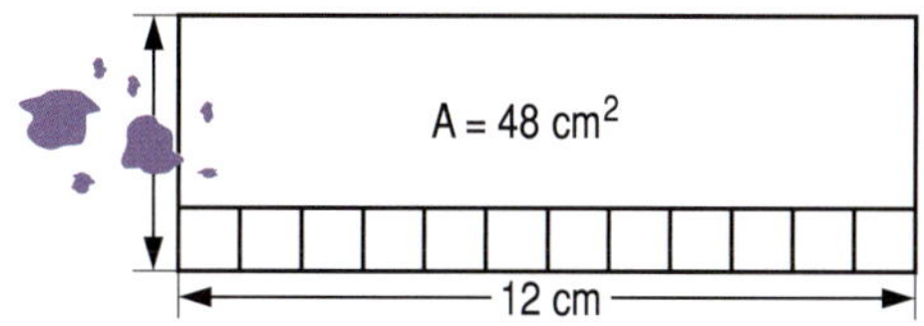

3. Berechne aus dem Flächeninhalt und einer Seitenlänge die zweite Seitenlänge. Notiere wie im Beispiel.

a) A = 153 cm²; a = 17 cm b) A 225 cm²; b = 15 cm

Aufgabe: A = 24 cm²; a = 6 cm; b = ?
Flächeninhalt A: 24 cm² = 6 cm · b
Umkehraufgabe: b = 24 cm² : 6 cm

LVL **4.** Klaus möchte die zweite Seitenlänge des Rechtecks wissen. Er überlegt: Der Umfang ist 18 cm und ich kenne zwei Seitenlängen ... Was muss Klaus rechnen, um die Länge der fehlenden Seite zu erhalten? Überlege, sprich mit anderen und begründe dein Ergebnis.

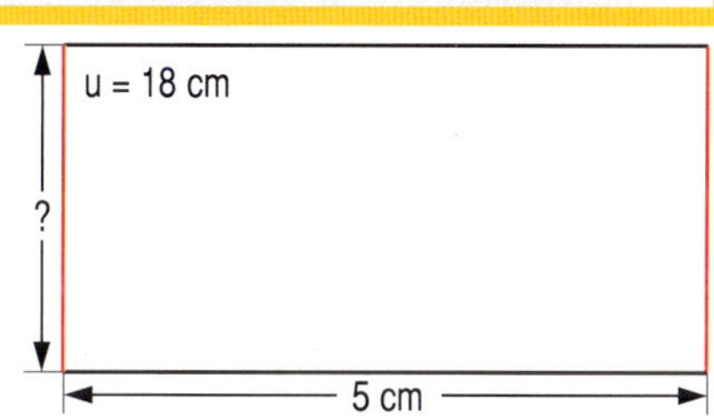

5. Berechne aus dem Umfang und einer Seitenlänge die zweite Seitenlänge. Notiere dazu wie im Beispiel.

a) u = 48 cm; Länge 14 cm b) u = 76 cm; Breite 18 cm

Aufgabe: u = 28 cm; a = 5 cm; b = ?
Umfang u: 28 cm = 2 · 5 cm + 2 · b
Umkehraufgabe: 2 · b = 28 cm − 10 cm

6.

	a)	b)	c)	d)	e)	f)	g)
Länge	4 cm	6 cm		20 cm		35 cm	
Breite	3 cm		12 cm		26 cm		21 cm
Umfang		22 cm	70 cm			154 cm	
Flächeninhalt				120 cm²	1 170 cm²		1 806 cm²

7. Zeichne zwei Rechtecke mit demselben Flächeninhalt bzw. Umfang. Notiere alle Größen in einer Tabelle.

a) A = 12 cm² b) A = 20 cm² c) A = 24 cm²
d) u = 20 cm e) u = 26 cm f) u = 30 cm

Länge	Breite	Umfang	Flächeninhalt
1 cm	12 cm	26 cm	**12 cm²**
1 cm	9 cm	**20 cm**	9 cm²

8. Ulli möchte seinen Zeichenblock mit in die Schule nehmen. Der Zeichenblock ist 30 cm breit und 42 cm lang. Passt der Zeichenblock in eine rechteckige Stofftasche mit einem Flächeninhalt von 1 280 cm² und einem Umfang von 144 cm, ohne oben „rauszugucken“?

LVL

Mathe-Olympiade

1. Notiere die nächsten beiden Zahlen der Folge.

a) 5, 7, 11, 19, 35, ■, ■

b) 2, 5, 6, 10, 18, 20, 54, ■, ■

2. Ein Rechteck hat einen Flächeninhalt $A = 120\ cm^2$ und einen Umfang $u = 46\ cm$.
Zeichne das Rechteck und miss die Länge der Diagonalen.

3. Bestimme a.
$5 \cdot a = 500 : a$

4. Eine vierstellige Zahl hat die Quersumme 7. Alle Ziffern sind verschieden, keine stammt aus dem Einmaleins der 3. Man kann die Zahl durch 10 teilen. Die Ziffer an der dritten Stelle ist doppelt so groß wie die an der ersten Stelle, die Ziffer an der zweiten Stelle ist die zweitkleinste. Wie heißt die Zahl?

1. a) Erkläre, mit welchem System die Stufen gemauert wurden.

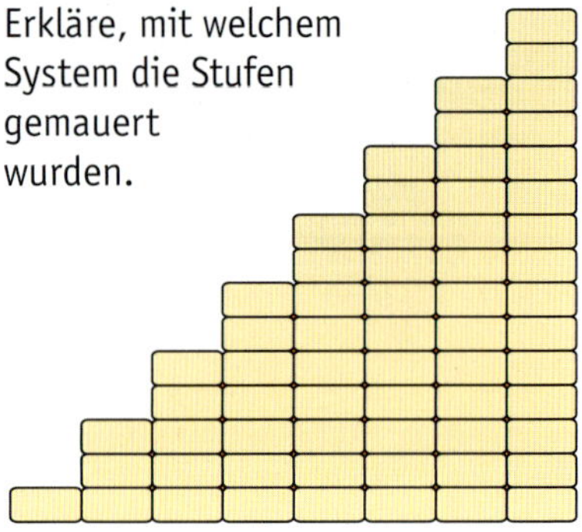

b) Wie viele Steine braucht man für die 24. Stufe?

c) Wie viele Steine braucht man insgesamt bis einschließlich zur 24. Stufe?

1. Von den 24 Schülerinnen und Schülern einer Potsdamer 5. Klasse waren 16 schon einmal in Dresden und 9 schon einmal in Leipzig. 4 Kinder der Klasse waren allerdings weder in Dresden noch in Leipzig. Wie viele Kinder waren schon in beiden Städten?

2. Die drei Jungen stammen aus Herzberg, Luckau und Moosbach.
Wir wissen:
① Alf und der Moosbacher spielen gern Fußball.
② Ben und der Luckauer lösen gern Knobelaufgaben.
③ Der Luckauer und Christian kennen sich kaum.
④ Ben ist mit dem Herzberger gut befreundet.
Aus welchen Städten stammen die Jungen?

LVL

1. Zerlege die abgebildete Figur durch Linien, die auf dem Karogitter verlaufen, in vier deckungsgleiche Teilflächen.

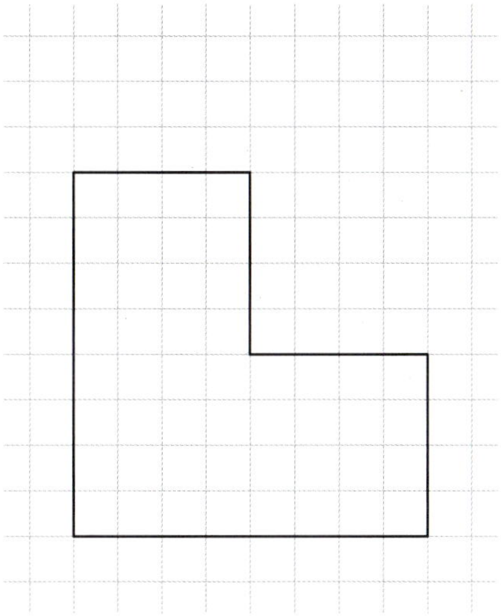

2. Welcher Punkt ist nicht richtig verschoben worden?

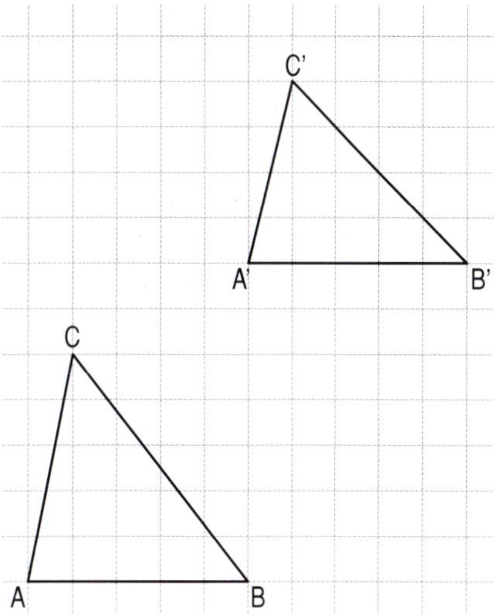

3. Ein Dreieck hat nur spitze Winkel. Der größte Winkel ist 15° kleiner als ein rechter Winkel und 30° größer als der kleinste Winkel des Dreiecks. Alle drei Winkel zusammen ergeben 180°. Wie groß ist der mittlere Winkel des Dreiecks?

1. Der 5 000-m-Läufer erreicht das Ziel in der angegebenen Zeit mit folgenden Zwischenzeiten:
1 000 m: 2 min 22 s
1 000 m – 2000m: 2 min 50 s
2 000 m – 3000 m: 2 min 48 s
Auf den vorletzten 1 000 m war der Läufer 9 s langsamer als auf den letzten 1 000 m.
Wie lange brauchte er für die vorletzten und die letzten 1 000 m?

1. Der Film „Wunderland" dauerte 1,6 Stunden, der Film „Wölfe" 2,1 Stunden. Wieviel Minuten Unterschied sind das?

2. Frau Sommer muss einen Stapel DIN-A4-Blätter an den Verlag schicken. Der Stapel wiegt 1,46 kg. Ein Briefumschlag wiegt 32 g.
Briefe
bis 500 g kosten 1,44 € Porto,
bis 1000 g 2,20 € Porto.
Wie sollte Frau Sommer die Blätter verschicken?

3. Mit einem Schluck trinkt Oma Köhler 25 ml. Sie soll 2 *l* am Tag trinken.

Bleib FIT!

Die Ergebnisse der Aufgaben 1 bis 8 ergeben zwei Seen in Berlin.

1. Rechne in die angegebene Einheit um.

a) 4 Tage 6 Std = ▒ h
b) 3 Std 35 min = ▒ min
c) 1 875 g = ▒ kg
d) 3 m 4 dm = ▒ cm

2. Berechne.

a) 2,87 m + 0,95 m = ▒ m
b) 12,75 m – 8,87 m = ▒ m
c) 725 m + 1,3 km = ▒ m

3. Berechne.

a) 332 · 27
b) 167 · 23
c) 235 · 58

4. Ein Sportgeschäft kauft 30 Paar Turnschuhe zum Gesamtpreis von 2 340 €. Ein Paar Turnschuhe kostet für das Sportgeschäft ▒ €.

5. Berechne die fehlenden Werte.

Anfang	8.30 Uhr	7.45 Uhr	▒ Uhr
Dauer	3 h ▒ min	4 h ▒ min	3 h 15 min
Ende	11.45 Uhr	12.05 Uhr	18.00 Uhr

6. Wie viele Schüler haben die Noten
a) 2, b) 4, c) 5?

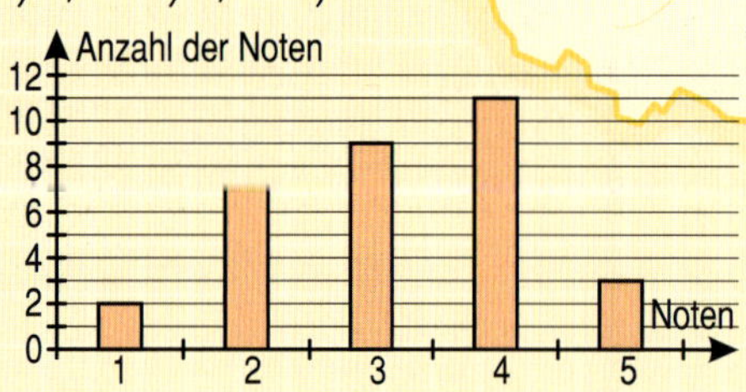

7. Überschlage. Runde die Ergebnisse auf Tausender.

a) 157 000 : 78
b) 215 · 58

8. Berechne die fehlende Zahl.

a) 442 : ▒ = 17
b) ▒ : 26 = 38
c) ▒ : 47 = 23
d) 225 : ▒ = 15

1,875	H	3	E
3,82	A	3,88	C
7	E	11	G
13.45	R	14.45	T
15	E	15	E
18,75 kg	G	20	E
26	R	78	S
102	S	215	C
250	G	340	L
988	S	1 081	E
1 082	U	2 000	L
2 025 m	H	3 841	E
8 964	T	12 000	E
13 630	N	13 670	T

Flächenmaße dm², cm², mm²

Wie viele Maßquadrate von 1 cm² sind in einem Streifen enthalten?

Wie viele Streifen hat das Quadrat mit der Seitenlänge von 10 cm?

Wie viele Maßquadrate von 1 cm² passen also in dieses Quadrat?

Wie viele kleine Maßquadrate (mm²) passen in das Quadrat mit der Seitenlänge von 1 cm = 10 mm?

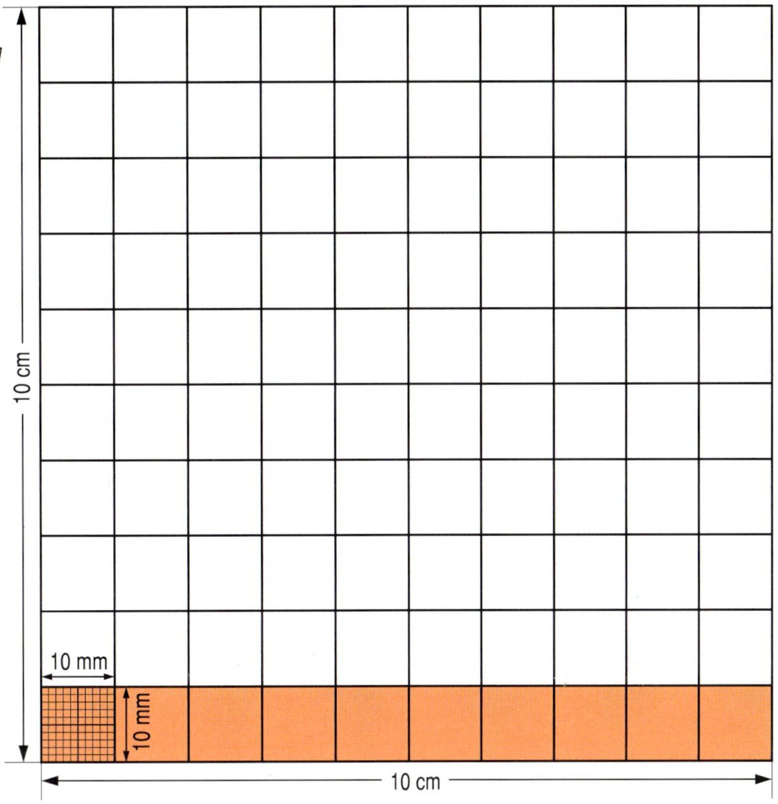

(Quadratzentimeter)

1 dm² = 100 cm² (Quadratdezimeter)

1 cm² = 100 mm² (Quadratmillimeter)

1 dm² = 10 000 mm²

TIPP
Vom Größeren zum Kleineren: **malnehmen.**

Aufgabe: **Wandle um: 13 dm² in cm²**
Rechnung: 1 dm² = 100 cm²
13 · 100 = 1 300
Ergebnis: **13 dm² = 1 300 cm²**

Aufgabe: **Wandle um: 24 000 mm² in cm²**
Rechnung: 100 mm² = 1 cm²
24 000 : 100 = 240
Ergebnis: **24 000 mm² = 240 cm²**

TIPP
Vom Kleineren zum Größeren: **teilen.**

Aufgaben

LVL **1.** Welche Einheit erscheint für die folgenden Flächen jeweils am geeignetsten: dm², cm² oder mm²? Überlege und vertritt deine Meinung in der Klasse.

Atlas | Postkarte | Stecknadelkopf | Briefmarke | Mücke | Telefonbuch

2.

a)	b)	c)	d)
6 dm² = ☐ cm²	5 cm² = ☐ mm²	67 dm² = ☐ cm²	7 cm² = ☐ mm²
12 dm² = ☐ cm²	82 cm² = ☐ mm²	78 cm² = ☐ mm²	11 dm² = ☐ cm²
e)	**f)**	**g)**	**h)**
200 cm² = ☐ dm²	600 mm² = ☐ cm²	300 mm² = ☐ cm²	9 800 cm² = ☐ dm²
7 500 cm² = ☐ dm²	2 800 mm² = ☐ cm²	900 cm² = ☐ dm²	6 400 mm² = ☐ cm²

Flächenmaß m^2

Quadratmeter: **$1\ m^2 = 100\ dm^2 = 10\,000\ cm^2$**

TIPP
Umwandeln in die kleinere Einheit: **malnehmen.**

Aufgabe: **Wandle um: 15 m² in dm²**
Rechnung: $1\ m^2 = 100\ dm^2$
$15 \cdot 100 = 1\,500$
Ergebnis: **$15\ m^2 = 1\,500\ dm^2$**

Aufgabe: **Wandle um: 700 dm² in m²**
Rechnung: $100\ dm^2 = 1\ m^2$
$700 : 100 = 7$
Ergebnis: **$700\ dm^2 = 7\ m^2$**

TIPP
Umwandeln in die größere Einheit: **teilen.**

Aufgaben

LVL **1.** Welche Fläche ist größer als 1 m²? Überlege mit anderen und begründe.
a) Garagentor b) Autodach c) Computerbildschirm d) Schreibtischplatte
e) Englischbuch f) Zeichenblock g) Klassenzimmertür h) Badetuch

2. Ordne die Flächenmaße zu.

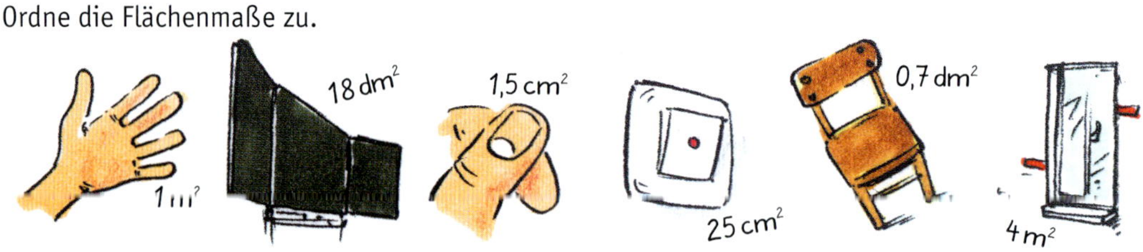

3. Wandle in die angegebene Einheit um.
a) $7\ m^2 = ▒\ dm^2$; $15\ cm^2 = ▒\ mm^2$
b) $4\ dm^2 = ▒\ cm^2$; $26\ dm^2 = ▒\ cm^2$
c) $500\ dm^2 = ▒\ m^2$; $6\,000\ cm^2 = ▒\ dm^2$
d) $30\,000\ mm^2 = ▒\ cm^2$; $5\,400\ dm^2 = ▒\ m^2$

4. a) $600\ mm^2 = ▒\ cm^2$; $2\,600\ cm^2 = ▒\ dm^2$
b) $41\,000\ dm^2 = ▒\ m^2$; $7\,000\ mm^2 = ▒\ cm^2$
c) $81\ dm^2 = ▒\ cm^2$; $4\ m^2 = ▒\ dm^2$
d) $120\ dm^2 = ▒\ mm^2$; $73\ m^2 = ▒\ cm^2$

LVL **5.** Überlege, diskutiere mit anderen, begründe.
Die Klassenlehrerin der 5a stellt den Schülerinnen und Schülern die Aufgabe der Woche:
„Ist unser Klassenraum 5 Millionen mm² oder 54 Millionen mm² oder 520 000 mm² groß?“

LVL **6.** Zeichne ein Quadrat mit dem Inhalt 1 dm² und dann ein Quadrat mit dem Inhalt $\frac{1}{2}$ dm².

Vermischte Aufgaben

1. Wie groß ist der Flächeninhalt ungefähr, der von den Gegenständen überdeckt wird?

2. a) Wie viele Maßquadrate von 1 dm^2 braucht man um 1 m^2 auszulegen?
b) Wie viele Maßquadrate von 1 cm^2 braucht man um 1 m^2 auszulegen?
c) Wie viele Maßquadrate von 1 mm^2 braucht man um 1 cm^2 auszulegen?

3. a) 100 Quadratzentimeter sind zu einem Quadrat gelegt. Gib die Seitenlänge an.
b) 10 000 Quadratmillimeter sind zu einem Quadrat gelegt. Wie lang ist seine Seitenlänge?

4. Wandle in Quadratmillimeter um.

a) 1 cm^2	b) 12 cm^2	c) 76 cm^2	d) $\frac{1}{2}$ cm^2	e) $15\frac{1}{2}$ cm^2
9 cm^2	15 cm^2	69 cm^2	$2\frac{1}{2}$ cm^2	$87\frac{1}{2}$ cm^2

50 mm^2 = $\frac{1}{2}$ cm^2

5. a) 12 dm^2 34 cm^2 = ▒ cm^2 b) 5 m^2 7 dm^2 = ▒ dm^2 c) 21 cm^2 5 mm^2 = ▒ mm^2
d) 5 m^2 20 dm^2 = ▒ dm^2 e) 31 dm^2 20 cm^2 = ▒ cm^2 f) 60 cm^2 30 mm^2 = ▒ mm^2

6. Gib die Flächeninhalte zuerst in dm^2, dann in m^2 an.
a) 10 000 cm^2 b) 320 000 cm^2 c) 3 750 000 cm^2 d) 70 000 cm^2

7. Rechne zuerst in dm^2, dann in cm^2 um: 1 m^2; 10 m^2; 12 m^2; 37 m^2; 58 m^2; 625 m^2

8. a) 6 m^2 15 dm^2 10 cm^2 = ▒ cm^2 b) 7 dm^2 14 cm^2 3 mm^2 = ▒ mm^2 c) 5 m^2 13 cm^2 = ▒ cm^2

9. Familie Menz möchte eine neue Einbauküche kaufen. Das Küchenstudio Küchli arbeitet einen Vorschlag für die Küchengestaltung aus.
a) Es sollen zwei elektrische Geräte eingebaut werden. Welche Fläche nehmen sie in der Zeichnung ein?
b) Bestimme in der Skizze, welche Bodenfläche durch die Eckbank bedeckt wird.
c) 4 mm^2 in der Zeichnung entsprechen in der Wirklichkeit 1 dm^2. Gib alle errechneten Flächeninhalte in dm^2 an.
LVL d) Überlege dir weitere Fragen und bestimme die Lösung.

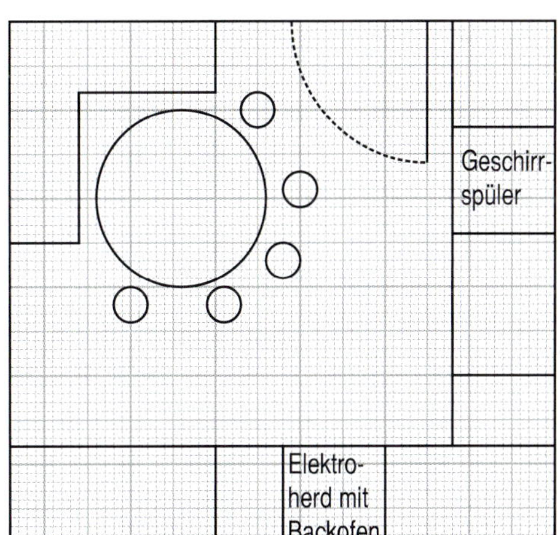

10. Die Villa Kunterbunt hat sechs verschiedene Fenstertypen. Dies sind die Maße für Breite und Höhe:
80 cm x 90 cm; 80 cm x 190 cm
160 cm x 90 cm; 40 cm x 100 cm
100 cm x 150 cm; 120 cm x 130 cm

a) Berechne die Glasflächen in Quadratdezimeter und vergleiche sie hinsichtlich der Größe.

b) Berechne den Umfang des Holzrahmens in m für jeden Fenstertyp.

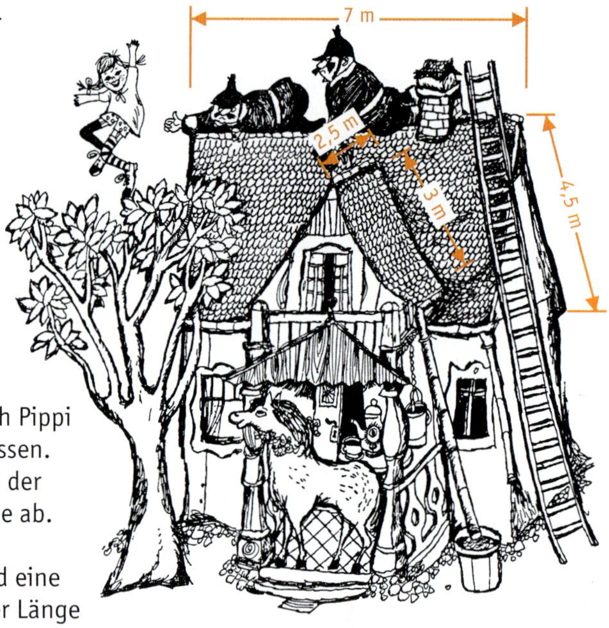

11. Nach dem letzten Regen entschließt sich Pippi Langstrumpf das Dach neu decken zu lassen. Wie viel m^2 ist es groß? Ziehe dabei von der Dachfläche 4 m^2 für die dreieckige Gaube ab.

12. Der Balkon hat eine Fläche von 5 m^2 und eine Breite von 2 m. Passt das Pferd mit einer Länge von 2,20 m unter den Balkon?

13. Berechne die fehlende Größe des Rechtecks. Rechne um, wenn die Einheiten nicht übereinstimmen.

	a)	b)	c)	d)	e)	f)	g)
Länge a	16 m	6,5 cm	28 mm		47 dm		
Breite b	8 m	3 cm		35 cm		4 dm	2 m
Flächeninhalt A					940 dm^2	1 m^2	700 dm^2
Umfang u			126 mm	17 dm			

14. Frau Lampe joggt jeden Morgen. Ihre Laufstrecke (rot) beträgt 2 km.

a) Heute ist sie gerade 400 m gelaufen, da sieht sie einen Hund. Wie weit ist er noch entfernt?

b) Berechne die Fläche der Tannenschonung, die Frau Lampe jeden Morgen umrundet.

c) Auf 1 m^2 stehen 6 Tannen. Wie viele Tannen befinden sich auf der gesamten Fläche?

15. Die Länge des Dünndarms im menschlichen Körper beträgt etwa 2 m. Denke dir den Dünndarm zu einem Rechteck ausgelegt. Zeichne zwei verschiedene Möglichkeiten. Dabei ist 1 cm in der Zeichnung 10 cm in der Wirklichkeit. Welche Fläche würde ein rechteckig ausgelegter Dünndarm in beiden Fällen einnehmen?

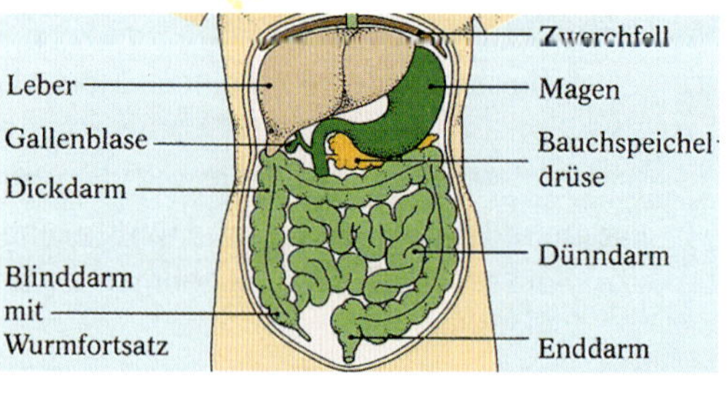

LVL **16.** Familie Werner möchte den Fußboden im Flur (Länge 1,80 m; Breite 1,50 m) fliesen lassen. Die ausgesuchten Fliesen haben eine Größe von 30 cm x 30 cm. 10 Fliesen kosten 23 €. Stelle drei Fragen und berechne die Lösungen.

LVL **17.** Die Rasenfläche in Sinas Garten ist 9 m^2 groß. Reichen alle Blätter ihres Mathebuches „Welt der Zahl" aus, um die Rasenfläche auszulegen? Präsentiere deine Überlegungen und Ergebnisse.

Die Klasse 5d gestaltet ihren Klassenraum neu.

LVL

Die Schülerinnen und Schüler der Klasse 5d möchten mithilfe ihrer Eltern und ihrer Klassenlehrerin den Klassenraum renovieren.

1. Die Wände sollen neu gestrichen werden. Dazu muss die Gesamtfläche ermittelt werden. Bedenke, dass Türen und Fenster nicht gestrichen werden. Auch die Tafel wird nicht abgebaut. Die Heizkörper sind neu, aber die Wand hinter ihnen wird gestrichen. Übertrage die Tabelle in dein Heft und berechne die einzelnen Flächeninhalte. Überlege dann, welche Flächen addiert und welche subtrahiert werden müssen.

	1. Wand	Tafel	2. Wand	Fenster	3. Wand	Tür	4. Wand
Länge	6 m						
Breite	3 m						
Flächeninhalt							

2. Nun wird ermittelt, wie viel Farbe eingekauft werden muss und wie teuer die Farbe ist.

TIPP

Weiter geht's!
1. Wandfläche – Tafelfläche
+ 2. Wandfläche – 4 · ▭
+ ▭ – ▭ + ▭ = Gesamtfläche

3. Um dem Klassenraum etwas mehr Farbe zu geben, sollen bunte Leisten an den Deckenkanten angebracht werden. Wie viel m Leisten werden gebraucht?

4. Für die geplante Leseecke, die 3 m x 2 m groß werden soll, wollen Julias Eltern einen Teppichrest zur Verfügung stellen. Zwei Reste stehen zur Auswahl: ein 7 m^2 großes rechteckiges Stück (eine Seite 3,50 m) und ein 7,5 m^2 großes rechteckiges Stück (eine Seite 4 m). Welcher Rest wäre geeignet?

LVL

Tierhaltung

Aus der Gesetzesvorschrift für Hundehalter:

Die Grundfläche des Zwingers muss der Zahl und Art der gehaltenen Hunde angepasst sein. Die Mindestbreite des Zwingers muss der Körperlänge des Hundes entsprechen. Für einen mittelgroßen, über 20 kg schweren Hund ist eine Grundfläche von mindestens 6 m² erforderlich; für jeden weiteren in demselben Zwinger gehaltenen Hund sind der Grundfläche 3 m² hinzuzurechnen.

1. Bevor du die Fragen a) bis d) beantwortest, lege dir eine Tabelle an, wie du es auf Seite 73 gelernt hast. Dann beantworte die Fragen.

a) Wie breit muss der Zwinger für einen 1 m langen Hund mindestens sein?

b) Wie viel Quadratmeter Grundfläche muss der Zwinger für einen 25 kg schweren Hund mindestens haben?

c) Wie viel Quadratmeter Grundfläche muss der Zwinger für zwei Hunde (beide schwerer als 20 kg) mindestens haben?

d) Wie viel Quadratmeter Grundfläche muss der Zwinger für drei über 20 kg schwere Hunde mindestens haben?

Wichtig für Frage a)	Wichtig für Frage b)	Wichtig für Frage ...
Die Mindestbreite des Zwingers muss der Körperlänge des Hundes entsprechen, ...	Für einen mittelgroßen, ...	

2. a) Zeichne zwei Möglichkeiten auf, wie der Zwinger für einen 1 m langen Hund aussehen könnte. (Maßstab 1 : 100, d. h. 1 cm entspricht 1 m).

b) Zeichne zwei Möglichkeiten auf, wie der Zwinger für drei Hunde aussehen könnte.

c) Überschlage, wie viel Platz in deinem Klassenzimmer für einen Schüler zur Verfügung steht. Vergleiche mit der „Hundezwingerverordnung“ und diskutiere mit deinem Nachbarn.

3. Jannik hat ein Kaninchen geschenkt bekommen. Er weiß, dass ein Kaninchen mindestens 20 dm², besser aber 40 dm² Platz im Käfig haben sollte.

a) Welche der angebotenen Käfige kommen in Frage?

b) In seinem Zimmer hat Jannik zwischen dem Schreibtisch und dem Schrank genau 65 cm Platz für einen Käfig. Welche Käfige könnte er kaufen?

c) Für welchen Käfig soll er sich entscheiden? Begründe deine Meinung.

1. Nenne Gegenstände, die ungefähr 1 m^2 groß sind (z. B. Schreibtischplatte).

2. Gib den Inhalt der Fläche in cm^2 an.

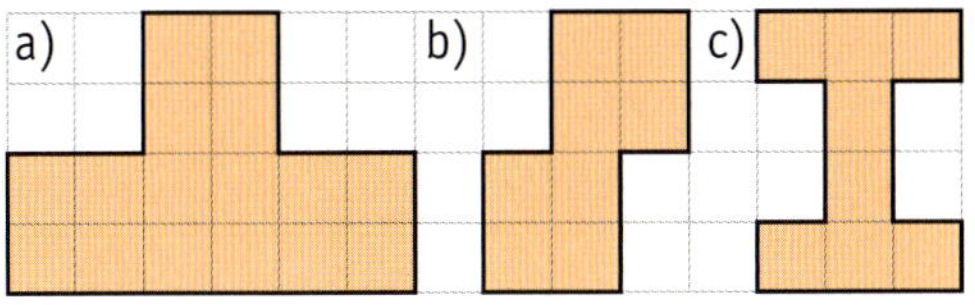

3. Gib die Flächeninhalte in cm^2 an.

a)	b)	c)
1 dm^2	300 mm^2	56 dm^2
21 dm^2	2 500 mm^2	200 mm^2
$7\frac{1}{2}$ dm^2	50 mm^2	$25\frac{1}{2}$ dm^2

4. Berechne den Flächeninhalt des Rechtecks.

a) Länge 15 cm, Breite 12 cm
b) Länge 28 cm, Breite 56 cm

5. Berechne die fehlende Seitenlänge des Rechtecks. Notiere dazu deinen Rechenweg.

a) A = 36 cm^2, Länge 6 cm
b) A = 135 cm^2, Breite 5 cm

6. Ein rechteckiger Handspiegel hat die Maße 12 cm und 9 cm. Wie groß ist die Fläche?

7. Ein Grundstück ist 30 m lang und 20 m breit. Gib den Flächeninhalt an.

8. Berechne den Umfang der beiden Rechtecke.

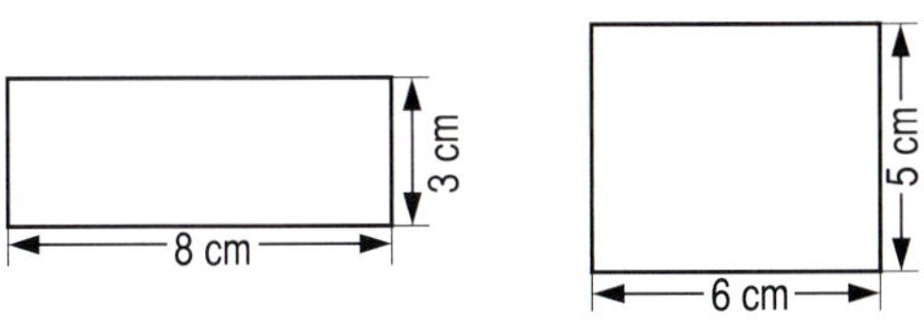

9. Wie groß ist die fehlende Seitenlänge des Rechtecks? Notiere dazu deinen Rechenweg.

a) u = 38 cm, Länge 12 cm
b) u = 95 cm, Breite 13 cm

10. Berechne Seitenlänge oder Umfang des Quadrates.

a) a = 8 cm
b) a = 24 cm
c) u = 24 cm
d) u = 128 cm

11. Berechne u und A des Rechtecks.

a) a = 87 mm, b = 53 mm
b) a = 2 m 4 dm, b = 3 m 7 dm

Ein Quadrat mit einer Seitenlänge von 1 m hat den Flächeninhalt 1 m^2 **(1 Quadratmeter).**

Flächenmaße für kleine Flächen

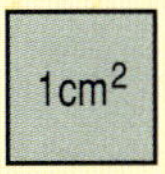

1 m^2 = 100 dm^2
1 dm^2 = 100 cm^2
1 cm^2 = 100 mm^2
1 mm^2.

Flächeninhalt A eines Rechtecks:

A = Länge · Breite A = a · b

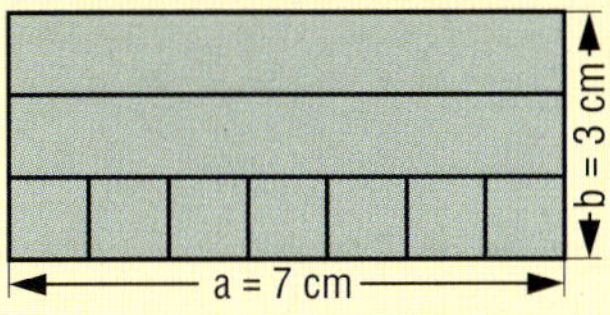

A = 7 cm · 3 cm
A = 21 cm^2

Flächeninhalt eines Quadrates:

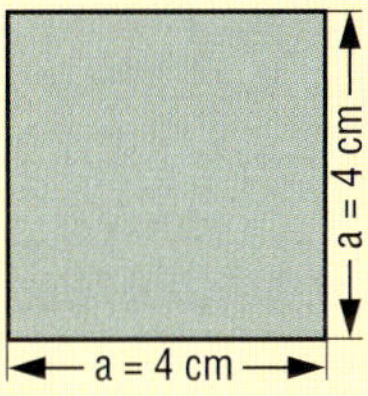

A = a · a
A = 4 cm · 4 cm
A = 16 cm^2

Umfang u eines Rechtecks:

u = Summe aller Seitenlängen

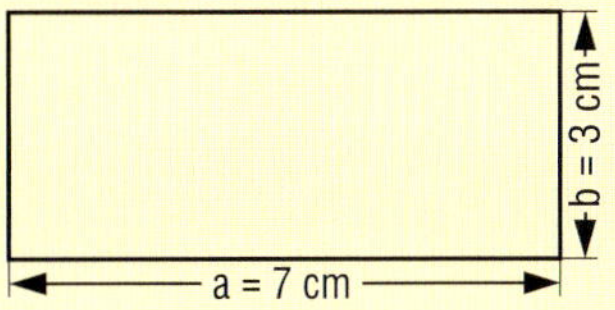

u = a + b + a + b = 2 · a + 2 · b
u = 7 cm + 3 cm + 7 cm + 3 cm
u = 20 cm

Umfang eines Quadrates:

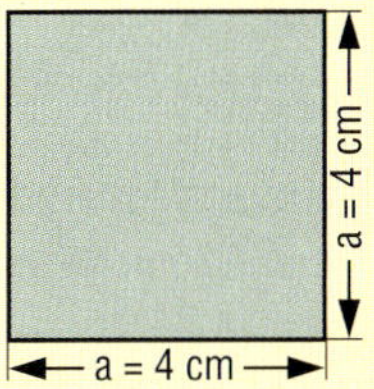

u = a + a + a + a
a = 4 · a

u = 4 · 4 cm
u = 16 cm

DIAGNOSETEST

1. Ordne den Gegenständen den passenden Flächeninhalt zu:
Englischbuch – CD-Hülle – Badetuch – Briefmarke – Fernsehbildschirm
6 cm² – 340 cm² – 24 dm² – 2 m² – 175 cm²

2. Ein Rechteck ist 6 cm lang und 4 cm breit.
a) Berechne den Flächeninhalt. b) Berechne den Umfang.

3. Bestimme den Flächeninhalt der abgebildeten Figur in cm².

a) 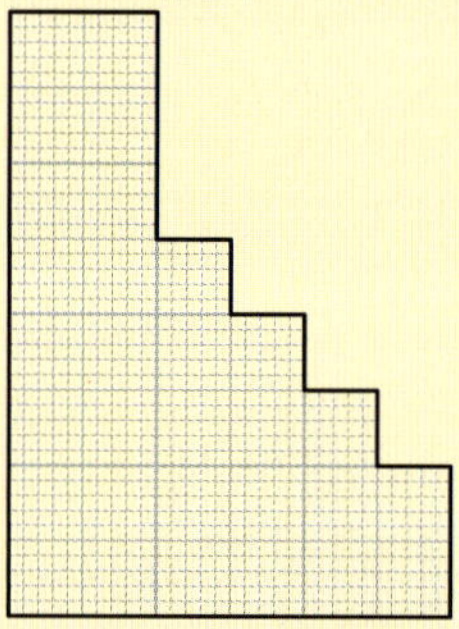

b) 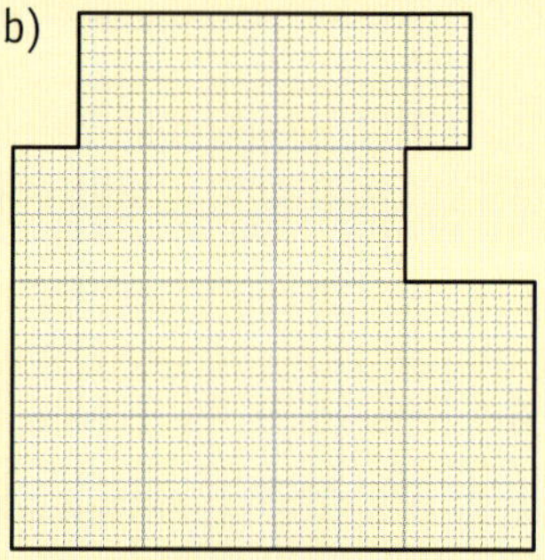

4. Rechne um:
a) 20 cm² = ■ mm² b) 1 m² = ■ cm²

5. Rechne in die nächstgrößere Einheit um:
a) 25 000 mm² b) 350 cm²

Wähle weitere 5 Aufgaben aus

1. Zeichne zwei verschiedene Rechtecke, die beide einen Flächeninhalt von 18 cm² haben.

2. Welche Flächen haben den gleichen Flächeninhalt?

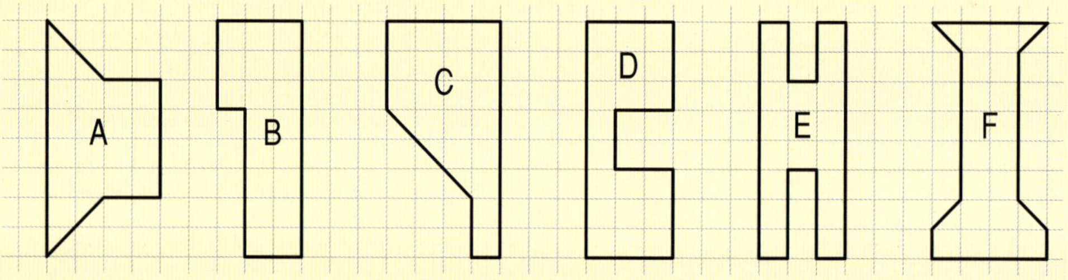

3. Zeichne die Grundfläche (den Boden) des Kaninchenkäfigs (Maßstab 1 : 10). Welche Fläche soll laut Gesetz ein Kaninchen zur Verfügung haben?

4. Wie viel Gitterdraht braucht man für die 4 Seiten des Kaninchenkäfigs? Wie viel Quadratmeter Sperrholz braucht man für den Deckel des Käfigs?

Aus einer Tierzeitschrift:
Kaninchen haben einen starken Bewegungsdrang. Deshalb ist für zwei Zwergkaninchen eine Mindestgröße des Käfigs von 120 cm x 80 cm vorgeschrieben. Die Höhe darf nicht unter 50 cm sein. Außerdem muss der Käfig einen Deckel haben, da Kaninchen problemlos 70 cm hohe Hindernisse überspringen können.

5. Natalie zeichnet ein Quadrat mit einem Umfang von 32 cm. Berechne den Flächeninhalt.

6. Marcos Rechteck ist 5 cm breit und hat einen Umfang von 34 cm. Berechne A.

7. Ein in Indien handgefertigter Teppich ist $2\frac{1}{2}$ m² groß. Auf 1 cm² passen 6 Knoten. Wie viel Knoten sind für diesen Teppich insgesamt geknüpft worden?

8. Sinas Eltern stiften für eine Pinnwand Korkplatten, 30 cm lang und 25 cm breit. Wie viele Platten werden für eine 1 m hohe und 1,50 m breite Pinnwand gebraucht?

8

Brüche

Stamm-brüche!
1/6
1/■
1/■
1/■
Die Hälfte rot, ein Drittel grün ...
Viertel und Achtel sind leicht!
Ich schaffe auch Drittel und Sechstel!
Fünftel und Zehntel ...?

Stammbrüche

Zerlegung in **Halbe**

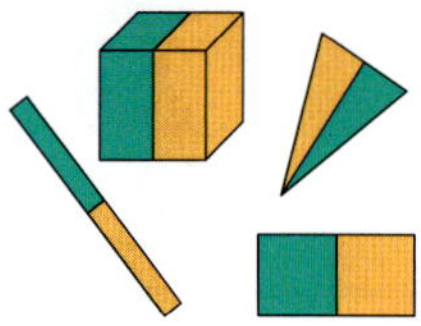

$\frac{1}{2}$ (ein halb); z. B. 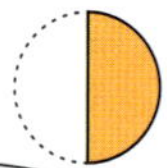

Zerlegung in **Drittel**

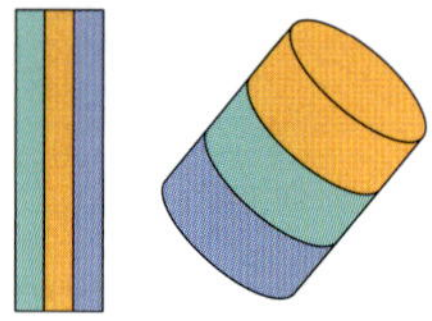

$\frac{1}{3}$ (ein Drittel); z. B. 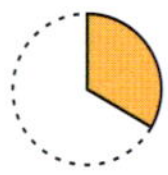

Zerlegung in **Fünftel**

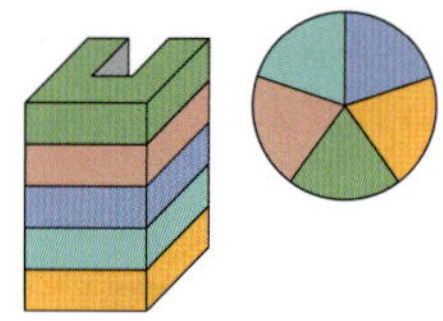

$\frac{1}{5}$ (ein Fünftel); z. B. 

> $\frac{1}{2}$ (ein halb), $\frac{1}{3}$ (ein Drittel), $\frac{1}{4}$ (ein Viertel) usw. heißen **Stammbrüche.**
> $\frac{1}{2}$ von einem Ganzen ist die Hälfte, $\frac{1}{3}$ von einem Ganzen ist der dritte Teil usw.

Aufgaben

1. Schreibe im Heft auf, welcher Bruchteil jeweils gefärbt ist.

a) 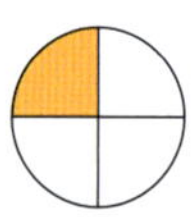 b) 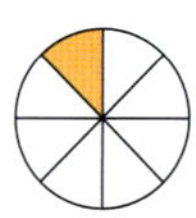 c) 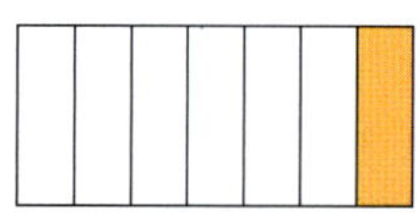 d) 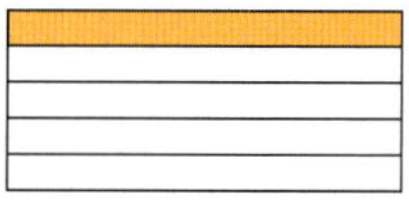

e) 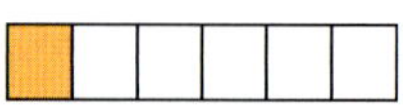 f) 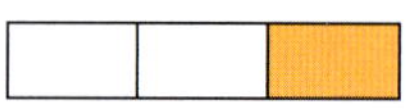 g) 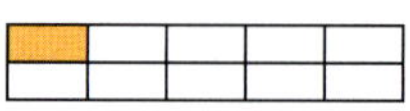 h) 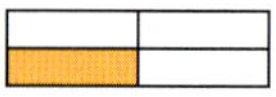

2. Falte ein rechteckiges Blatt Papier in 3 gleiche Teile.

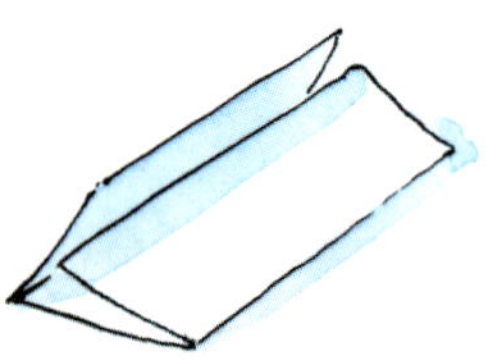

3. Falte ebenso.
a) $\frac{1}{2}$ b) $\frac{1}{4}$ c) $\frac{1}{8}$ d) $\frac{1}{6}$ e) $\frac{1}{12}$ f) $\frac{1}{10}$

4. Zeichne jeweils einen 12 cm langen und 1 cm breiten Streifen und färbe mit zwei Farben.
a) $\frac{1}{2}$ und $\frac{1}{4}$ b) $\frac{1}{3}$ und $\frac{1}{6}$ c) $\frac{1}{6}$ und $\frac{1}{12}$ d) $\frac{1}{3}$ und $\frac{1}{4}$ e) $\frac{1}{5}$ und $\frac{1}{10}$

5. Zeichne und färbe wie im Beispiel.
a) $\frac{1}{2}$ von 8 cm b) $\frac{1}{3}$ von 3 cm c) $\frac{1}{5}$ von 10 cm
d) $\frac{1}{4}$ von 8 cm e) $\frac{1}{2}$ von 5 cm f) $\frac{1}{6}$ von 6 cm
g) $\frac{1}{4}$ von 10 cm h) $\frac{1}{3}$ von 9 cm i) $\frac{1}{10}$ von 5 cm

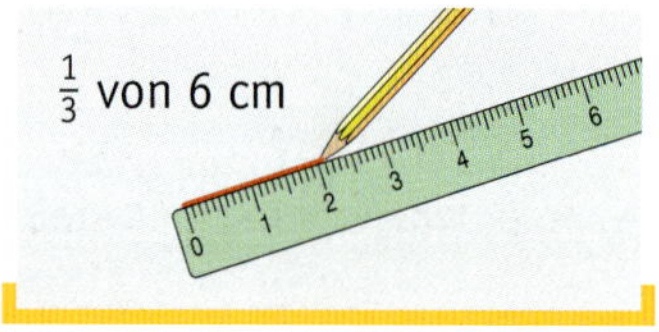

6. Notiere im Heft, welche Stammbrüche dargestellt sind. Ordne sie der Größe nach, beginne mit dem kleinsten Stammbruch.

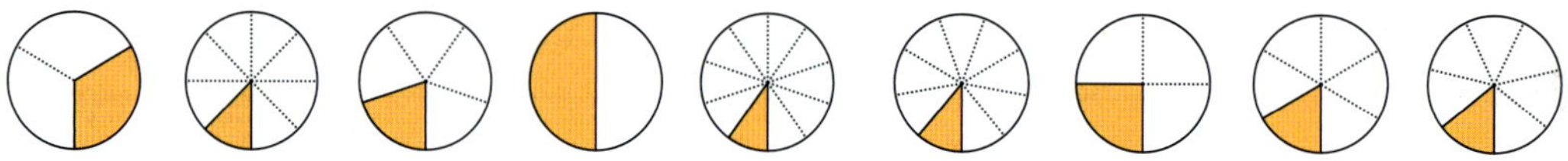

Mit Stammbrüchen rechneten schon vor fast 4000 Jahren die Ägypter. Für $\frac{1}{3}$ schrieben sie z. B. 

Berechnungen mit Stammbrüchen

(1) $\frac{1}{3}$ von 60 Kindern
= 60 Kinder : 3
= 20 Kinder

(2) $\frac{1}{5}$ von 800 €
= 800 € : 5
= 160 €

(3) $\frac{1}{4}$ von einer Stunde
= $\frac{1}{4}$ von 60 Minuten
= 60 Minuten : 4
= 15 Minuten

Aufgaben

1. a) $\frac{1}{4}$ von 20 Kindern b) $\frac{1}{3}$ von 36 € c) $\frac{1}{5}$ von 100 € d) $\frac{1}{2}$ von 18 Büchern
e) $\frac{1}{6}$ von 24 Tassen f) $\frac{1}{8}$ von 40 km g) $\frac{1}{3}$ von 90 m h) $\frac{1}{7}$ von 14 kg
i) $\frac{1}{4}$ von 120 *l* j) $\frac{1}{10}$ von 130 g k) $\frac{1}{3}$ von 270 € l) $\frac{1}{5}$ von 250 Tagen

LVL **2.** Die Klasse 5a hat 30 Schülerinnen und Schüler. Schreibe Fragen auf und beantworte sie.
a) Die Kinder sind je zur Hälfte ($\frac{1}{2}$) Mädchen bzw. Jungen.
b) Es fehlt $\frac{1}{10}$ der Kinder wegen Grippe.
c) $\frac{1}{5}$ der Kinder kommt mit einem Bus zur Schule. $\frac{1}{3}$ der Kinder kommt zu Fuß.

3. Wie viele Minuten sind es? Denke daran: Eine Stunde dauert 60 Minuten.
a) $\frac{1}{4}$ von einer Stunde b) $\frac{1}{5}$ von einer Stunde c) $\frac{1}{12}$ von einer Stunde d) $\frac{1}{6}$ von einer Stunde
e) $\frac{1}{10}$ von einer Stunde f) $\frac{1}{2}$ von einer Stunde g) $\frac{1}{20}$ von einer Stunde h) $\frac{1}{15}$ von einer Stunde

LVL **4.** In Andreas Klasse sind 24 Kinder. Schreibe Fragen auf und beantworte sie.
a) $\frac{1}{3}$ der Kinder sind Jungen.
b) Ein Sechstel kommt mit dem Bus zur Schule.
c) Jedes vierte Kind kann schwimmen.
d) Von jeweils 5 Kindern ist eines ausländisch.

5. Die Kosten für das Wellenbad sind gestiegen. Der Stadtrat berät eine Erhöhung des Eintrittsgeldes.
a) Wie teuer ist der Eintritt bei einer Erhöhung um ein Drittel?
b) Wie teuer ist der Eintritt bei einer Erhöhung um ein Viertel?
c) Was ist mehr: $\frac{1}{4}$ oder $\frac{1}{3}$ von 6 €?

6. a) Was ist mehr: $\frac{1}{5}$ von 100 € oder $\frac{1}{10}$ von 100 €?
b) Was ist mehr: $\frac{1}{5}$ von 100 € oder $\frac{1}{10}$ von 1 000 €?

LVL **7.** Katrin möchte das Computerspiel kaufen. Sie notiert:
- Preis des Computerspiels 60 €.
- $\frac{1}{10}$ des Betrages habe ich gespart.
- Meine Eltern geben $\frac{1}{3}$ des Betrages dazu.
- Die Großeltern spendieren $\frac{1}{4}$ des Betrages.
- Tante Edeltraut schenkt mir $\frac{1}{6}$ des Betrages.

a) Wie viel Geld hat Katrin gespart?
b) Stelle weitere Fragen und beantworte sie.

Erkennen und Herstellen von Bruchteilen

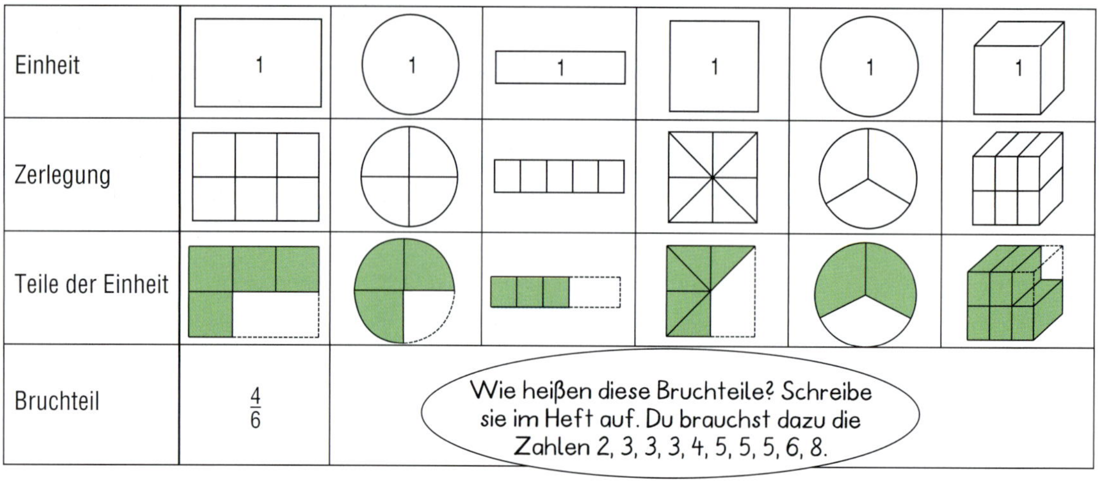

Das Ganze wird in so viele gleiche Teile zerlegt, wie der **Nenner** angibt. Dann nimmt man so viele Teile, wie der **Zähler** angibt.

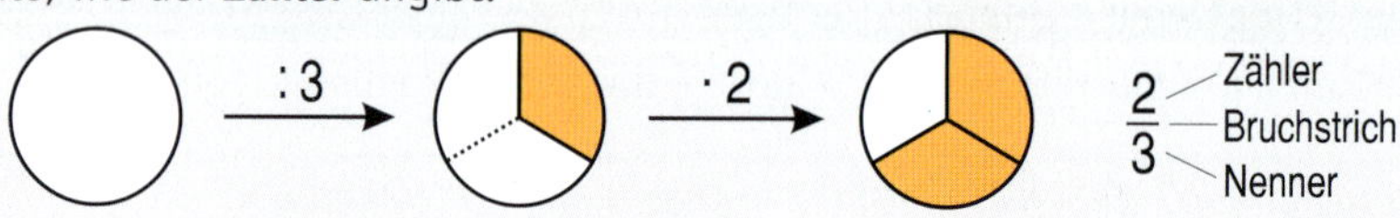

Aufgaben

Zähler zählt Teile.
Nenner benennt die Teilstücke.

1. Welcher Bruchteil der Torte ist gegessen, welcher ist noch übrig?

a) b) c) d)

2. Welcher Bruchteil des Lutschers („Lollies“) ist orange, welcher Teil ist weiß?

a) b) c) d) e) f)

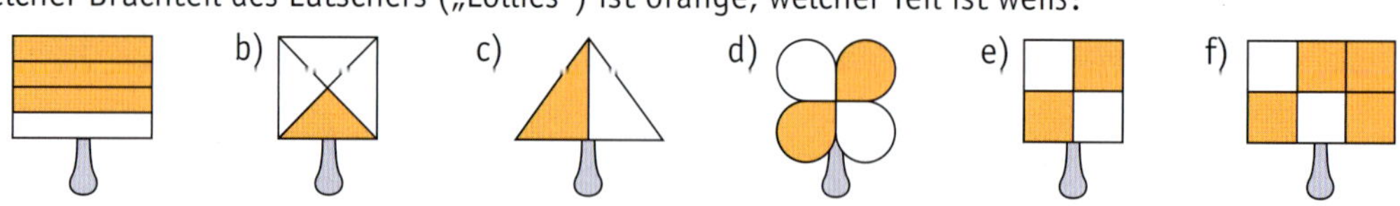

LVL **3.** Wähle selbst einen Bruch und entwirf dazu eine passend gefärbte rechteckige oder kreisrunde Pizza. Lass deinen Entwurf vom Sitznachbarn kontrollieren.

4. Welcher Bruchteil des großen Rechtecks ist es?

a) weiße Fläche b) grüne Fläche

c) schraffierte Fläche d) punktierte Fläche

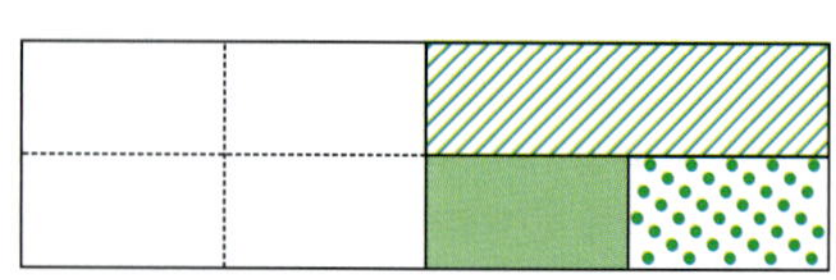

LVL **5.** Zwei Väter und zwei Söhne teilen sich einen Liter Orangensaft. Jeder bekommt ein Glas, das mit $\frac{1}{3}\,l$ gefüllt ist. Wie ist das möglich?

6.

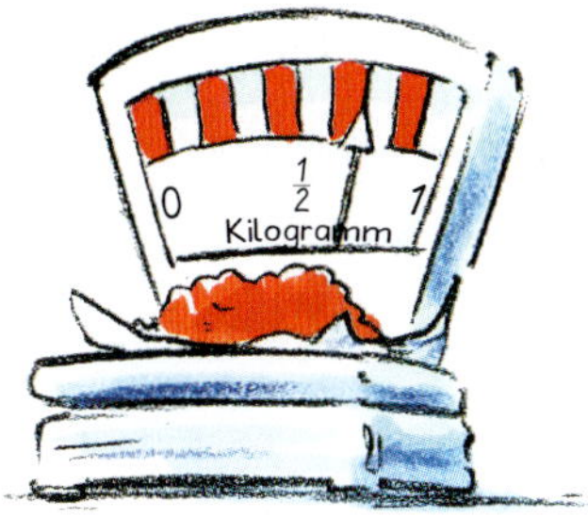

a) Welcher Bruchteil einer Stunde ist vergangen?

b) Wie viel Liter Wasser befinden sich in dem Messbecher?

c) Wie viel Kilogramm wurden abgewogen? Wie viel Gramm?

7. Gib den Anteil als Bruch an.

	a)	b)	c)	d)
Einheit	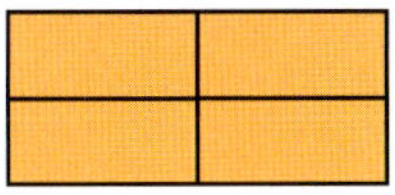	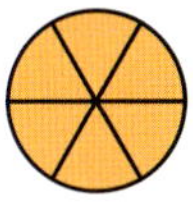		
Bruchteil	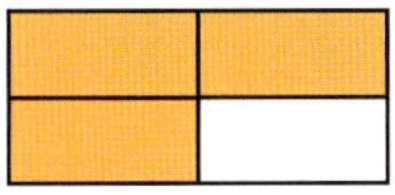	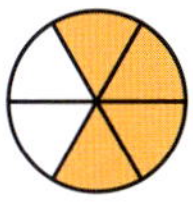		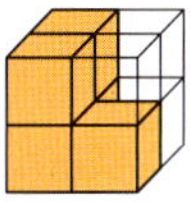

8. Großes Käferrennen! Um 8 Uhr ist jeder Käfer am Fuß seiner Messlatte gestartet. Hier ist der Stand um 8.10 Uhr abgebildet.

a) Welchen Bruchteil der Latte haben die Käfer jeweils geschafft?

b) Wie liegen sie im Rennen? Stelle eine Rangliste für die fünf Käfer auf.

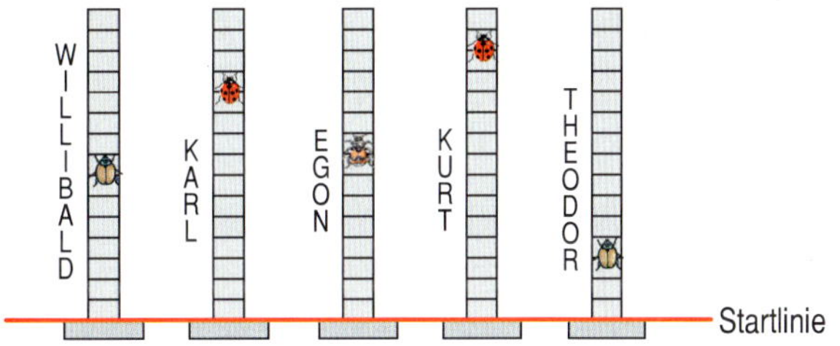

9. Übertrage das Rechteck auf Karopapier und färbe den Bruchteil.

a) $\frac{3}{10}$ 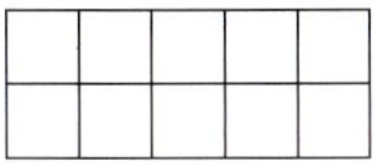

b) $\frac{1}{2}$ 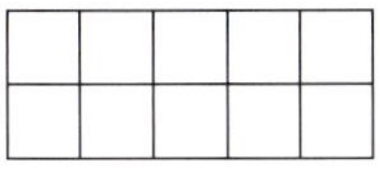

c) $\frac{2}{5}$ 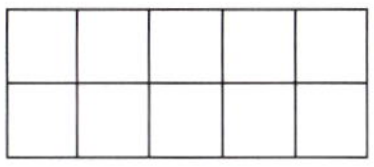

d) $\frac{7}{12}$ 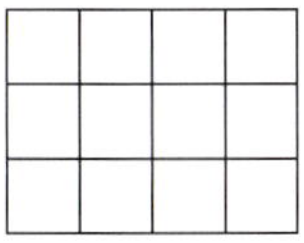

e) $\frac{2}{3}$ 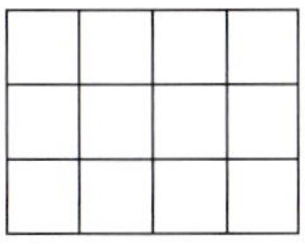

f) $\frac{3}{4}$ 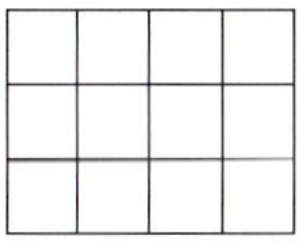

10. Zeichne jeweils einen Streifen von 60 mm Länge und färbe den Bruchteil.

a) $\frac{1}{2}$ b) $\frac{5}{6}$ c) $\frac{2}{3}$ d) $\frac{1}{4}$ 3) $\frac{3}{10}$ f) $\frac{4}{5}$

LVL **11.** Fußballfeld: Die äußeren weißen Linien um ein Tor schließen den Strafraum ein. Wird hier ein Stürmer gefoult, gibt es einen Elfmeter.

a) Welchen Bruchteil vom ganzen Spielfeld nimmt ein Strafraum ein?

b) Welcher Bruchteil des Spielfeldes liegt außerhalb beider Strafräume?

Hinweis: Die Punktlinien helfen dir.

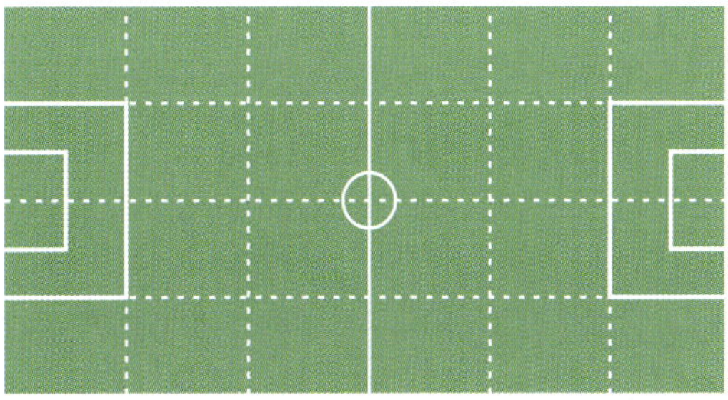

Berechnen von Bruchteilen

Man berechnet **Bruchteile** von einer **Größe** so:
(1) Man **dividiert** die Größe **durch** den **Nenner**. (2) Man **multipliziert** das Ergebnis **mit** dem **Zähler**.

Aufgabe: Berechne $\frac{5}{6}$ von 42 kg.

Schreibweise mit **Pfeilen (Operatoren):**

$42\text{ kg} \xrightarrow{\cdot \frac{5}{6}} 35\text{ kg}$

$42\text{ kg} \xrightarrow{:6} 7\text{ kg} \xrightarrow{\cdot 5} 35\text{ kg}$

Schreibweise mit **Gleichheitszeichen:**

$42\text{ kg} : 6 = 7\text{ kg}$

$7\text{ kg} \cdot 5 = 35\text{ kg}$

Zuerst dividieren, dann multiplizieren.

$\frac{5}{6}$ von 42 kg sind 35 kg.

Aufgaben

1. a) $\frac{3}{4}$ von 20 € b) $\frac{1}{3}$ von 12 h c) $\frac{4}{7}$ von 56 m d) $\frac{5}{6}$ von 84 Schülern
e) $\frac{3}{5}$ von 450 kg f) $\frac{5}{8}$ von 280 € g) $\frac{3}{10}$ von 8 km h) $\frac{3}{4}$ von 5 €

2. a) Zwei Drittel von sechzig Minuten b) Drei Fünftel von fünfzehn Kilogramm
c) Zwei Sechstel von dreißig Kindern d) Sieben Zwölftel von sechzig Nüssen

3. a) $28\text{ kg} \xrightarrow{\cdot \frac{3}{4}}$ ■ b) $24\text{ cm} \xrightarrow{\cdot \frac{5}{6}}$ ■ c) $70\text{ kg} \xrightarrow{\cdot \frac{7}{10}}$ ■
d) $45\text{ €} \xrightarrow{\cdot \frac{5}{9}}$ ■ e) $30\text{ t} \xrightarrow{\cdot \frac{2}{3}}$ ■ f) $64\text{ m} \xrightarrow{\cdot \frac{5}{8}}$ ■

$20\text{ €} \xrightarrow{\cdot \frac{3}{4}}$ ■ heißt $\frac{3}{4}$ von 20 € = ■

4. a) $40\text{ kg} \xrightarrow{\cdot \frac{2}{5}}$ ■ b) $28\text{ m} \xrightarrow{\cdot \frac{4}{7}}$ ■ c) $24\text{ €} \xrightarrow{\cdot \frac{3}{8}}$ ■ d) $36\text{ g} \xrightarrow{\cdot \frac{5}{12}}$ ■
e) $32\text{ €} \xrightarrow{\cdot \frac{7}{8}}$ ■ f) $35\text{ cm} \xrightarrow{\cdot \frac{4}{5}}$ ■ g) $48\text{ kg} \xrightarrow{\cdot \frac{7}{12}}$ ■ h) $32\text{ m} \xrightarrow{\cdot \frac{1}{4}}$ ■

5. a) $\frac{5}{7}$ von 91 m b) $\frac{5}{8}$ von 192 cm c) $550\text{ g} \xrightarrow{\cdot \frac{6}{25}}$ ■ d) $128\text{ cm} \xrightarrow{\cdot \frac{3}{8}}$ ■

6. Sabine ist Auszubildende im dritten Lehrjahr. Abgebildet siehst du ihr monatliches Gehalt.
a) $\frac{2}{10}$ gibt sie ihrer Mutter für Wohnen und Essen.
b) $\frac{3}{8}$ gibt Sabine für Garderobe aus.
c) $\frac{1}{4}$ spart sie für besondere Wünsche.
d) Wie viel Euro bleiben Sabine?

7. Die 20-Uhr-Vorstellung am Sonnabend ist leider ausverkauft. Bei den vorangegangenen Vorstellungen hätte man noch Karten bekommen können.

a) Bei der 18-Uhr-Vorstellung waren $\frac{5}{6}$ der Karten verkauft.

b) Bei der 16-Uhr-Vorstellung blieben $\frac{5}{12}$ der Karten übrig.

c) Die 14-Uhr-Vorstellung war nur zu $\frac{3}{8}$ besucht.

d) Bei der ersten Vorstellung des Tages blieben $\frac{7}{8}$ der Plätze frei.

8. a) $\frac{2}{7}$ von 154 b) $\frac{3}{8}$ von 104 c) $\frac{5}{6}$ von 126 d) $\frac{3}{11}$ von 187 e) $\frac{4}{5}$ von 300

9. a) $378 \xrightarrow{\cdot \frac{2}{3}} \blacksquare$ b) $136 \xrightarrow{\cdot \frac{7}{8}} \blacksquare$ c) $385 \xrightarrow{\cdot \frac{4}{11}} \blacksquare$ d) $252 \xrightarrow{\cdot \frac{7}{9}} \blacksquare$

e) $192 \xrightarrow{\cdot \frac{2}{6}} \blacksquare$ f) $372 \xrightarrow{\cdot \frac{5}{12}} \blacksquare$ g) $143 \xrightarrow{\cdot \frac{6}{13}} \blacksquare$ h) $216 \xrightarrow{\cdot \frac{3}{4}} \blacksquare$

10. Eine Minute hat 60 Sekunden. Wie viele Sekunden sind es?

a) $\frac{1}{2}$ Minute b) $\frac{1}{4}$ Minute c) $\frac{2}{3}$ Minute d) $\frac{3}{4}$ Minute e) $\frac{3}{10}$ Minute f) $\frac{7}{10}$ Minute

11. Eine Stunde hat 60 Minuten. Welcher Bruchteil einer Stunde ist es?

a) 15 Minuten b) 30 Minuten c) 10 Minuten d) 20 Minuten e) 6 Minuten f) 24 Minuten

LVL **12.** Zu ihren Urlaubsplänen wurden 400 Personen befragt. Stelle 4 Fragen und beantworte sie.

a) $\frac{3}{20}$ verreisen nicht. b) $\frac{2}{5}$ machen Ferien im Ausland. c) $\frac{1}{8}$ sind noch unentschlossen.

13. Petra verdient als Auszubildende 540 €. Ein Fünftel davon gibt sie für Wohnen und Essen ab.

14. Das Ehepaar Yildirim hat einen Obst- und Gemüsestand direkt am Bahnhof. Am vergangenen Sonnabend gab es folgendes Verkaufsergebnis:

a) Von den 120 kg Bohnen wurden $\frac{4}{5}$ verkauft.

b) Die Tomaten verkauften sich noch besser: $\frac{7}{8}$ von 64 kg wurden verkauft.

c) Von 48 kg Paprika blieben $\frac{3}{8}$ übrig.

LVL d) Stelle weitere Fragen zu den Einnahmen des Ehepaars Yildirim.

15. Das Handballspiel der Frauen-Bundesliga sahen 2 800 Zuschauer.

a) $\frac{4}{7}$ der Zuschauer waren weiblich.

b) $\frac{3}{4}$ aller Zuschauer waren jünger als 30 Jahre.

c) $\frac{1}{10}$ der Zuschauer waren mit der Gastmannschaft angereist.

d) Vor dem Spiel tippten $\frac{7}{10}$ der Zuschauer auf einen Sieg der Heimmannschaft.

e) $\frac{3}{100}$ der Zuschauer spielen selbst Handball.

Umwandeln in kleinere Maßeinheiten

Bruchteile von Größen kann man oft erst berechnen, wenn man die Größen in kleinere Einheiten umwandelt.

$\frac{2}{5}\ m^2 = \frac{2}{5}$ von $100\ dm^2 = 40\ dm^2$

Aufgaben

1. Gib die Masse in Gramm (g) an. Beachte: 1 kg = 1 000 g.

a) $\frac{2}{5}$ kg b) $\frac{3}{10}$ kg c) $\frac{8}{10}$ kg d) $\frac{11}{20}$ kg e) $\frac{19}{100}$ kg f) $\frac{7}{50}$ kg

$\frac{3}{5}$ kg = $\frac{3}{5}$ von 1 000 g = 600 g

2. Gib den Rauminhalt in Liter (l) an. Beachte: 1 hl = 100 l.

a) $\frac{3}{4}$ hl b) $\frac{4}{5}$ hl c) $\frac{9}{10}$ hl d) $\frac{3}{25}$ hl e) $\frac{11}{25}$ hl f) $\frac{19}{50}$ hl

$\frac{1}{4}$ hl = $\frac{1}{4}$ von 100 l = 25 l

3. Gib in der nächst kleineren Längen- oder Flächeneinheit an.

a) $\frac{1}{2}$ m b) $\frac{4}{5}$ m c) $\frac{7}{10}$ m d) $\frac{9}{20}$ m

e) $\frac{3}{100}$ km f) $\frac{7}{50}$ km g) $\frac{13}{25}$ km h) $\frac{29}{500}$ km

i) $\frac{1}{4}\ m^2$ j) $\frac{4}{5}\ m^2$ k) $\frac{9}{10}\ m^2$ l) $\frac{17}{20}\ m^2$

m) $\frac{1}{5}\ m^2$ n) $\frac{7}{50}\ m^2$ o) $\frac{9}{1000}\ m^2$ p) $\frac{31}{500}\ m^2$

TIPP

1 m = 10 dm
$1\ m^2 = 100\ dm^2$
1 m = 100 cm
$1\ m^2 = 10\,000\ cm^2$

4. Gib die Dauer in Minuten (min) an. Beachte: 1 h = 60 min.

a) $\frac{1}{2}$ h b) $\frac{1}{3}$ h c) $\frac{1}{4}$ h d) $\frac{1}{5}$ h e) $\frac{1}{6}$ h f) $\frac{1}{10}$ h

$\frac{2}{2}$ h $\frac{2}{3}$ h $\frac{3}{4}$ h $\frac{4}{5}$ h $\frac{5}{6}$ h $\frac{7}{10}$ h

5. Gib den Bruchteil einer Minute in Sekunden (s) an. Beachte: 1 min = 60 s.

a) $\frac{2}{3}$ min b) $\frac{2}{5}$ min c) $\frac{1}{6}$ min d) $\frac{1}{5}$ min e) $\frac{9}{10}$ min f) $\frac{4}{15}$ min

$\frac{1}{4}$ min $\frac{3}{5}$ min $\frac{3}{10}$ min $\frac{3}{4}$ min $\frac{5}{12}$ min $\frac{7}{20}$ min

6. Schreibe als Bruch mit der Maßeinheit Meter (m).

a) 50 cm b) 10 cm c) 25 cm d) 75 cm e) 90 cm f) 1 cm

7. Schreibe als Bruchteil einer Stunde (h).

a) 30 min b) 20 min c) 50 min d) 5 min e) 2 min f) 7 min

8. Schreibe als Bruchteil von 1 kg: a) 1 g b) 500 g c) 70 g d) 107 g

LVL

Bruchteile auf dem Nagelbrett

Du brauchst:
- quadratische Holzplatte oder Dämmplatte, 2 cm dick, Seitenlänge ca. 14 cm
- Karopapier, 10 cm lang und 10 cm breit, unterteilt in Kästchen von 1 cm x 1 cm
- Gummibänder in rot und blau (verschiedene Größen)
- Klebstoff
- Hammer
- Nägel, 1,5 cm lang mit breitem Kopf

Aufgaben

1. Das rote Gummiband soll 100 Kästchen umspannen. Das ist das „Ganze".

a) Stelle $\frac{1}{2}$; $\frac{1}{4}$; $\frac{3}{4}$; $\frac{2}{5}$; $\frac{4}{5}$; $\frac{3}{10}$; $\frac{7}{10}$ dar.

b) Welche Bruchzahlen kannst du sonst noch darstellen? Finde mindestens drei weitere.

2. Das rote Gummiband soll 56 Kästchen umschließen, 8 in der Länge und 7 in der Breite. Das ist jetzt das „Ganze".
Spanne nun das blaue Gummiband so, dass du folgende Bruchteile herstellen kannst:
$\frac{1}{2}$; $\frac{1}{4}$; $\frac{3}{4}$; $\frac{1}{7}$; $\frac{2}{7}$; $\frac{4}{7}$; $\frac{1}{8}$; $\frac{5}{8}$
Prüfe jedes Mal nach oder lass es von deinem Nachbarn überprüfen.

3. Lass dein rotes Gummiband nun 54 Kästchen umschließen. Das ist jetzt das „Ganze".
Stelle folgende Bruchteile dar.
$\frac{2}{3}$; $\frac{1}{3}$; $\frac{1}{6}$; $\frac{1}{9}$; $\frac{2}{9}$; $\frac{4}{9}$; $\frac{5}{9}$
Finde immer zwei verschiedene Möglichkeiten, um die Bruchzahlen darzustellen.

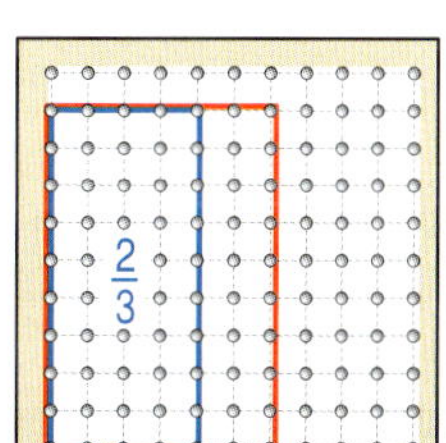

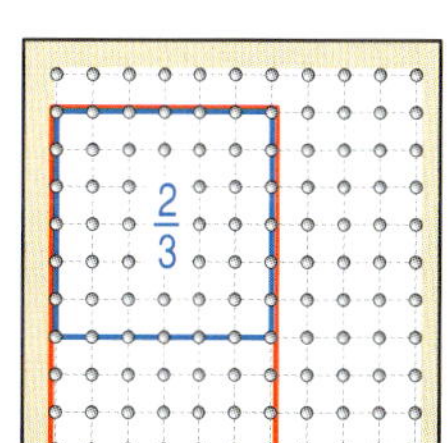

4. Partnerarbeit: Erfindet eigene Aufgaben und diskutiert die Lösungen.

Brüche größer als 1

Brüche größer als 1 nennt man auch **unechte Brüche.**
Man kann sie als **gemischte Zahl** schreiben.

$\frac{9}{4} = 2\frac{1}{4}$

Bruch — gemischte Zahl

Einheit	Teile der Einheit			Bruch	gemischte Zahl
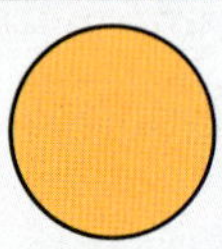	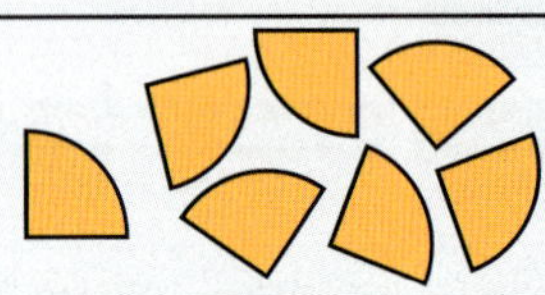	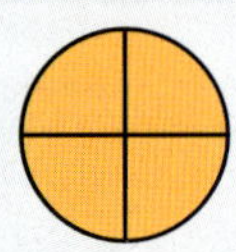	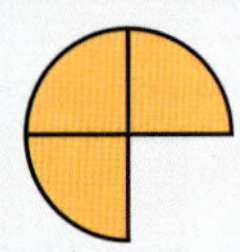	$\frac{7}{4}$ =	$1\frac{3}{4}$
1	7 Viertel	$1 = \frac{4}{4}$	$\frac{3}{4}$		

Aufgaben

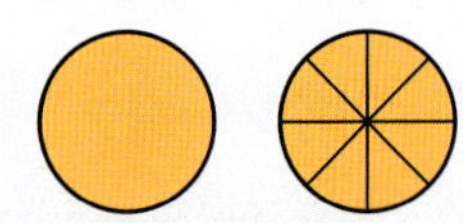

1. a) $1 = \frac{▢}{7}$ b) $1 = \frac{▢}{4}$ c) $1 = \frac{▢}{9}$ d) $1 = \frac{▢}{3}$

2. a) $2 = \frac{▢}{3}$ b) $2 = \frac{▢}{2}$ c) $2 = \frac{▢}{8}$ d) $2 = \frac{▢}{5}$

3. Notiere den unechten Bruch als gemischte Zahl.
a) $\frac{7}{4}$ b) $\frac{9}{4}$ c) $\frac{15}{6}$ d) $\frac{10}{7}$ e) $\frac{19}{15}$ f) $\frac{17}{10}$ g) $\frac{23}{8}$ h) $\frac{19}{14}$ i) $\frac{17}{12}$

4. Notiere als unechten Bruch.
a) $1\frac{1}{5}$ b) $2\frac{3}{4}$ c) $2\frac{1}{3}$ d) $1\frac{2}{7}$ e) $2\frac{4}{5}$ f) $1\frac{1}{2}$ g) $1\frac{5}{8}$ h) $2\frac{5}{6}$ i) $2\frac{7}{10}$

5. a) Welche Brüche sind größer als 1?
b) Welche Brüche sind größer als 2? Nenne sie und gib an, um welchen Bruchteil sie größer als 2 sind.
c) Drei Brüche sind so groß wie 1, ein Bruch ist so groß wie 2. Schreibe diese vier Brüche auf.

$\frac{4}{3}$ $\frac{5}{5}$ $\frac{2}{6}$ $\frac{4}{7}$ $\frac{9}{4}$ $\frac{7}{8}$ $\frac{2}{2}$ $\frac{1}{4}$ $\frac{17}{5}$
$\frac{11}{6}$ $\frac{3}{8}$ $\frac{19}{8}$ $\frac{7}{3}$ $\frac{8}{5}$ $\frac{6}{6}$ $\frac{14}{7}$ $\frac{7}{4}$

LVL **6.** Male zum folgenden Text ein Bild. Stelle eine Frage und gib eine Antwort dazu.
a) Anna verteilt zwei Pizzas an fünf Freundinnen.
b) Mario isst mit seinen drei Freunden zusammen $2\frac{1}{2}$ Pizzas.

Addition und Subtraktion von Brüchen mit gleichem Nenner

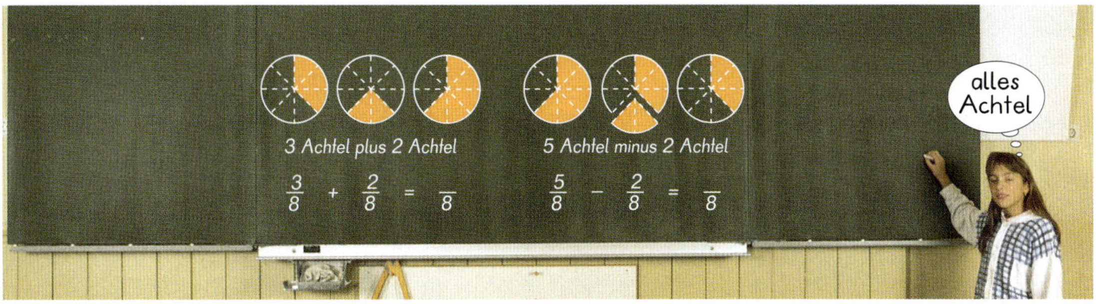

Man addiert zwei Brüche mit gleichem Nenner, indem man die beiden Zähler addiert.

Man subtrahiert zwei Brüche mit gleichem Nenner, indem man die Zähler subtrahiert.

$\frac{1}{4} + \frac{2}{4} = \frac{1+2}{4} = \frac{3}{4}$ $\qquad$ $\frac{3}{5} + \frac{4}{5} = \frac{7}{5} = 1\frac{2}{5}$ $\qquad$ $\frac{6}{7} - \frac{2}{7} = \frac{6-2}{7} = \frac{4}{7}$

TIPP
Mit Brüchen kann man rechnen, sie sind Zahlen. Deshalb nennt man Brüche auch **gebrochene Zahlen.**

Aufgaben

1. Notiere Aufgabe und Ergebnis im Heft (2 „Plus“-Aufgaben, 2 „Minus“-Aufgaben).

a) 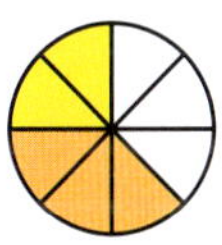

b) 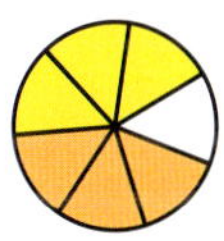

c) 

d) 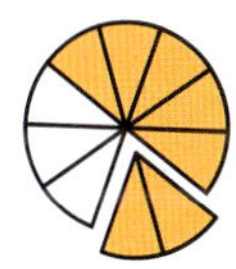

2. a) $\frac{2}{9} + \frac{5}{9}$ b) $\frac{2}{7} + \frac{3}{7}$ c) $\frac{1}{6} + \frac{3}{6}$ d) $\frac{7}{12} + \frac{3}{12}$ e) $\frac{2}{5} + \frac{3}{5}$ f) $\frac{3}{8} + \frac{1}{8}$

g) $\frac{4}{11} + \frac{6}{11}$ h) $\frac{4}{10} + \frac{5}{10}$ i) $\frac{2}{8} + \frac{3}{8}$ j) $\frac{7}{20} + \frac{11}{20}$ k) $\frac{1}{5} + \frac{3}{5}$ l) $\frac{5}{8} + \frac{3}{8}$

3. a) $\frac{11}{12} - \frac{7}{12}$ b) $\frac{5}{8} - \frac{2}{8}$ c) $\frac{5}{5} - \frac{1}{5}$ d) $\frac{8}{9} - \frac{3}{9}$ e) $\frac{17}{20} - \frac{6}{20}$ f) $\frac{5}{6} - \frac{4}{6}$

g) $\frac{6}{10} - \frac{3}{10}$ h) $\frac{6}{11} - \frac{4}{11}$ i) $\frac{11}{15} - \frac{7}{15}$ j) $\frac{3}{4} - \frac{1}{4}$ k) $\frac{4}{5} - \frac{2}{5}$ l) $\frac{7}{8} - \frac{3}{8}$

4. René wollte seiner Schwester Claudia eine Freude machen und kaufte beim Pizzabäcker drei Viertelpizzas. Claudia hatte 5 Minuten vorher denselben Gedanken und kaufte zwei Viertelpizzas der gleichen Größe. Wie viel Pizza haben sie jetzt zusammen?

5. Die Literflasche ist mit Apfelsaft gefüllt. Der Apfelsaft wird in die $\frac{7}{10}$ *l*-Flasche umgegossen, bis diese voll ist.
Wie viel Apfelsaft bleibt in der Flasche?

6. a) $1 - \frac{4}{5}$ b) $1 - \frac{1}{3}$ c) $1 - \frac{3}{8}$ d) $1 - \frac{7}{10}$ e) $1 - \frac{1}{6}$

f) $1 - \frac{4}{9}$ g) $1 - \frac{1}{2}$ h) $1 - \frac{3}{4}$ i) $1 - \frac{6}{7}$ j) $1 - \frac{2}{7}$

Vervielfachen von Brüchen

Ein Bruch wird mit einer natürlichen Zahl multipliziert, indem man den Zähler mit der natürlichen Zahl multipliziert. Der Nenner bleibt unverändert.

Beispiele: $\frac{2}{7} \cdot 3 = \frac{2 \cdot 3}{7} = \frac{6}{7}$ $\qquad 5 \cdot \frac{1}{4} = \frac{5 \cdot 1}{4} = \frac{5}{4} = 1\frac{1}{4}$

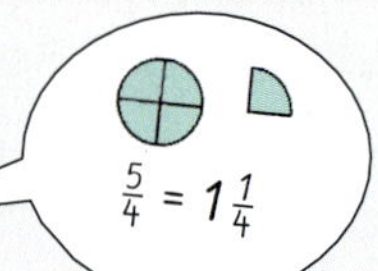

Aufgaben

1. Welche Aufgabe wird am Zahlenstrahl veranschaulicht?

a) 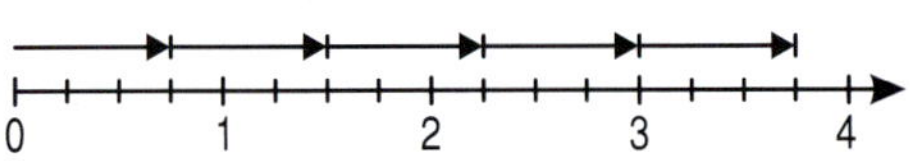

b) 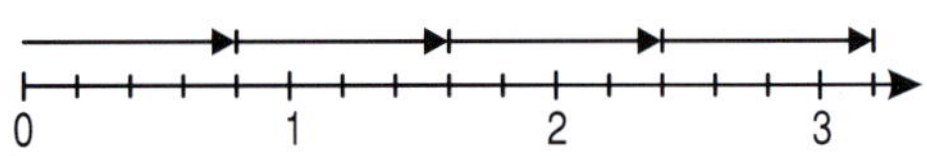

2. Schreibe als Produkt und berechne.

a) $\frac{3}{10}+\frac{3}{10}+\frac{3}{10}+\frac{3}{10}$ b) $\frac{4}{5}+\frac{4}{5}+\frac{4}{5}$ c) $\frac{6}{8}+\frac{6}{8}+\frac{6}{8}+\frac{6}{8}+\frac{6}{8}$ d) $\frac{1}{2}+\frac{1}{2}$

3. a) $\frac{2}{3} \cdot 4$ b) $2 \cdot \frac{3}{8}$ c) $\frac{3}{5} \cdot 7$ d) $5 \cdot \frac{1}{2}$ e) $\frac{5}{6} \cdot 3$ f) $9 \cdot \frac{7}{10}$ g) $\frac{7}{12} \cdot 10$

h) $\frac{2}{5} \cdot 8$ i) $5 \cdot \frac{2}{3}$ j) $\frac{7}{9} \cdot 7$ k) $6 \cdot \frac{2}{7}$ l) $\frac{3}{8} \cdot 7$ m) $4 \cdot \frac{1}{3}$ n) $\frac{7}{9} \cdot 8$

4. Eine Unterrichtsstunde dauert eine $\frac{3}{4}$ h.

a) Wie lang ist die Unterrichtszeit am Montag?

b) Wie lang ist die Unterrichtszeit für Mathematik in einer Woche?

LVL c) Überlege selbst zwei Fragen und stelle sie einem Mitschüler. Überprüfe seine Antworten.

	Stundenplan 5a				
	Montag	Dienstag	Mittwoch	Donnerstag	Freitag
1	Mathematik	Musik	Englisch	Mathematik	Englisch
2	Deutsch	Mathematik	NaWi	Musik	NaWi
3	Sport	Englisch	Deutsch	Englisch	Deutsch
4	Englisch	Gesch/Erdk	Rel/Ethik	Gesch/Erdk	Gesch/Erdk
5	NaWi	Deutsch	Mathematik	NaWi	Mathematik
6	Rel/Ethik	Kunst	Sport	Deutsch	Kunst
7			Sport		

5. a) $1\frac{1}{5} \cdot 4$ b) $3 \cdot 2\frac{1}{3}$ c) $1\frac{3}{5} \cdot 5$ d) $4 \cdot 2\frac{2}{3}$

e) $6\frac{1}{2} \cdot 2$ f) $8 \cdot 1\frac{3}{4}$ g) $2\frac{2}{3} \cdot 6$ h) $7 \cdot 2\frac{1}{3}$

$1\frac{1}{4} \cdot 3 = \frac{5}{4} \cdot 3 = \frac{15}{4} = 3\frac{3}{4}$

Zuerst die gemischte Zahl umwandeln in einen Bruch.

6. Die Zwillinge von Familie Willstamm trinken täglich $1\frac{3}{4}$ *l* Milch. Wie viel Liter sind das in einer Woche? Reichen 12 *l*?

7. Bei einem Mountainbike-Rennen wird ein $2\frac{1}{4}$ km langer Rundkurs 5-mal durchfahren. „Mehr als 11 km", sagt Guido. Stimmt das?

Prozentschreibweise

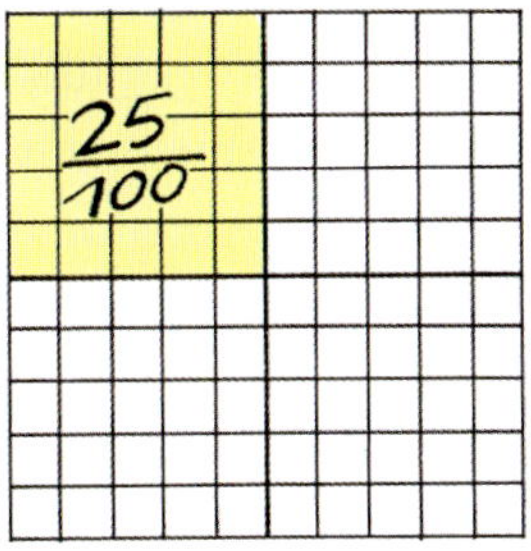

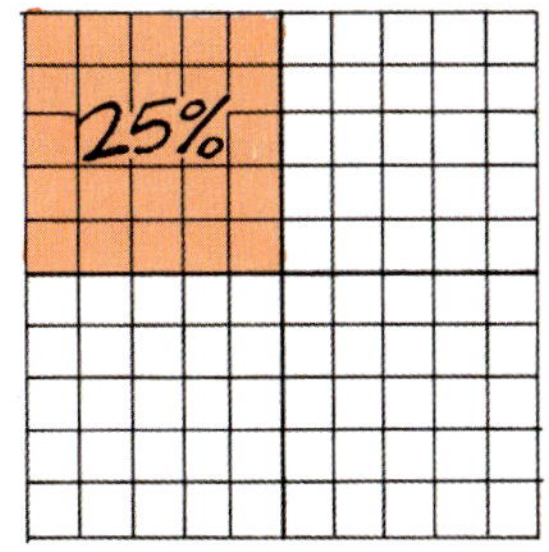

Brüche mit dem **Nenner 100** können in der **Prozentschreibweise** notiert werden.
Prozent heißt Hundertstel. Das Zeichen für Prozent ist %.

$\frac{1}{100} = 1\%$ $\frac{7}{100} = 7\,\%$ $\frac{25}{100} = 25\,\% = \frac{1}{4}$ $\frac{100}{100} = 100\,\% = 1$

Aufgaben

1. Schreibe in der Prozentschreibweise.

a) $\frac{50}{100}$ b) $\frac{75}{100}$ c) $\frac{1}{100}$ d) $\frac{4}{100}$ e) $\frac{20}{100}$ f) $\frac{34}{100}$ g) $\frac{15}{100}$ h) $\frac{2}{100}$
i) $\frac{16}{100}$ j) $\frac{27}{100}$ k) $\frac{10}{100}$ l) $\frac{45}{100}$ m) $\frac{85}{100}$ n) $\frac{99}{100}$ o) $\frac{200}{100}$ p) $\frac{115}{100}$

2. Schreibe als Bruch.

a) 11 % b) 33 % c) 6 % d) 70 % e) 1 % f) 10 % g) 23 % h) 40 %
i) 2% j) 24 % k) 76 % l) 8 % m) 51 % n) 90 % o) 150 % p) 300 %

3. Hier sind die Hundertstelbrüche eingefärbt. Schreibe in der Prozentschreibweise.

a) 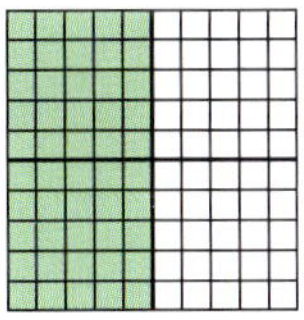 b) 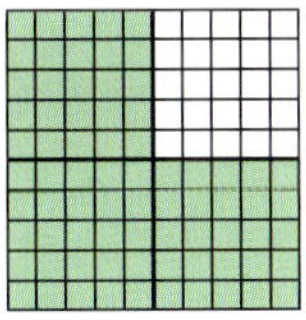 c) 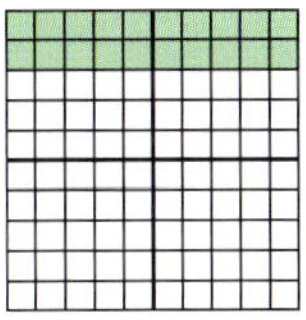 d) 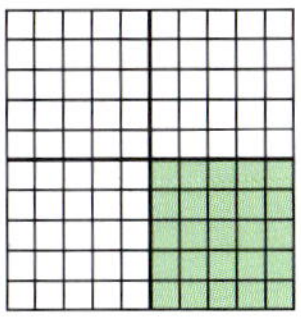 e) 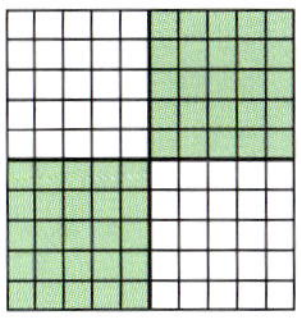

4. Wie viel Prozent des Kreises sind eingefärbt? Ordne die Prozentzahlen richtig zu.

a) b) c) d) e)

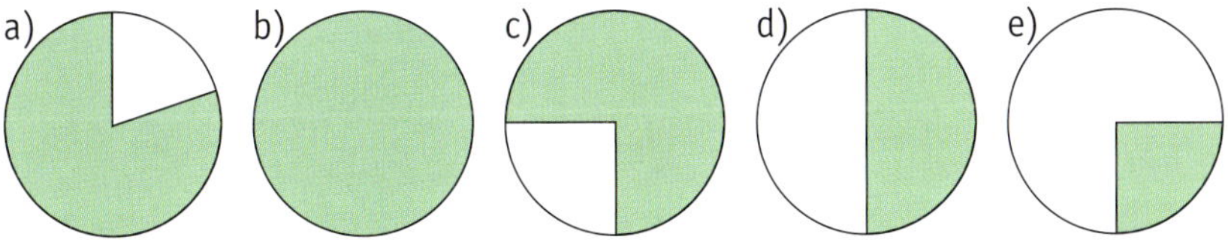

75 % 25 %
100 %
50 % 80 %

LVL **5.** Schreibe den Satz mit einer Prozentangabe auf und vergleiche mit anderen.

a) Von der Torte fehlt die Hälfte.
b) Drei Viertel der Klasse sind in einem Sportverein.
c) Memet hat ein Viertel der Strecke geschafft.
d) Alle Karten sind verkauft.
e) Ein Zehntel der Klasse fehlt.
f) Kein Mensch ist unsterblich.
g) 15 von 30 Kindern haben schlechte Zähne.
h) Elf von Hundert sind arbeitslos.
i) Jeder fünfte Mensch ist ein Chinese.
j) Das ganze Obst ist faul.
k) Von 100 Schülern fehlen 10.
l) Niemand kann singen.

Vermischte Aufgaben

Berechne 10 % von 250 m.

10 % von 250 m
$= \frac{1}{10}$ von 250 m
= 25 m

LVL **1.** Erkläre die Überlegungen von Ron deinen Mitschülerinnen und Mitschülern.

LVL **2.** Tatjana sagt: „Ich verstehe: wenn 10 % $\frac{1}{10}$ sind, dann sind 4 % $\frac{1}{4}$ und 50 % $\frac{1}{50}$." Unterhalte dich mit anderen Kindern über Tatjanas Behauptung.

3. Berechne 10 % der Größe.

a) 400 m b) 230 € c) 520 kg d) 40 kg
e) 150 € f) 5 m g) 3 kg h) 17 cm

4. Berechne, um wie viel die einzelnen Teile billiger werden, und bestimme die neuen Preise.

5. Schreibe als gemischte Zahl.

a) $\frac{10}{3}$ b) $\frac{15}{4}$ c) $\frac{9}{7}$ d) $\frac{21}{6}$ e) $\frac{50}{9}$ f) $\frac{20}{3}$ g) $\frac{20}{8}$ h) $\frac{12}{5}$ i) $\frac{33}{10}$
j) $\frac{25}{2}$ k) $\frac{31}{5}$ l) $\frac{81}{2}$ m) $\frac{92}{3}$ n) $\frac{124}{5}$ o) $\frac{211}{3}$ p) $\frac{170}{4}$ q) $\frac{121}{6}$ r) $\frac{200}{9}$

6. Schreibe die gemischte Zahl als unechten Bruch.

a) $3\frac{1}{3}$ b) $4\frac{2}{3}$ c) $1\frac{3}{7}$ d) $5\frac{3}{8}$ e) $2\frac{4}{5}$ f) $10\frac{1}{10}$ g) $11\frac{1}{2}$ h) $8\frac{6}{7}$ i) $12\frac{2}{3}$
j) $13\frac{1}{2}$ k) $9\frac{3}{5}$ l) $4\frac{5}{8}$ m) $6\frac{3}{7}$ n) $24\frac{3}{5}$ o) $11\frac{3}{4}$ p) $15\frac{2}{7}$ q) $23\frac{1}{2}$ r) $28\frac{3}{4}$

7. Berechne die Bruchteile.

a) $\frac{3}{4}$ von 360 € b) $\frac{2}{3}$ von 24 h c) $\frac{5}{6}$ von 150 cm d) $\frac{4}{9}$ von 360 Schülern
e) $\frac{1}{5}$ von 3 m f) $\frac{3}{10}$ von 12 € g) $\frac{7}{100}$ von 6 km h) $\frac{5}{8}$ von 2 kg

8. Schreibe, wenn möglich, das Ergebnis als gemischte Zahl.

a) $\frac{5}{9} + \frac{3}{9}$ b) $\frac{2}{3} + \frac{2}{3}$ c) $\frac{5}{6} + \frac{3}{6}$ d) $\frac{7}{8} + \frac{5}{8}$ e) $\frac{9}{10} + \frac{7}{10}$ f) $\frac{11}{20} + \frac{7}{20}$
g) $\frac{8}{10} - \frac{3}{10}$ h) $\frac{7}{12} - \frac{3}{12}$ i) $\frac{3}{4} - \frac{1}{4}$ j) $\frac{7}{8} - \frac{5}{8}$ k) $\frac{4}{10} - \frac{3}{10}$ l) $\frac{18}{20} - \frac{9}{20}$

9. Schreibe, wenn möglich, das Ergebnis als gemischte Zahl.

a) $\frac{3}{8} \cdot 3$ b) $\frac{3}{4} \cdot 5$ c) $4 \cdot \frac{3}{7}$ d) $7 \cdot \frac{1}{2}$ e) $5 \cdot \frac{2}{3}$ f) $6 \cdot \frac{1}{5}$
g) $4 \cdot \frac{2}{7}$ h) $\frac{8}{9} \cdot 2$ i) $\frac{3}{10} \cdot 4$ j) $\frac{9}{10} \cdot 2$ k) $3 \cdot \frac{7}{8}$ l) $5 \cdot \frac{4}{9}$

Bleib FIT!

Die Ergebnisse der Aufgaben 1 bis 8 ergeben die Geburtsstadt und den Namen eines deutschen Dichters in Brandenburg.

1. Berechne.

a) 123 + 79

b) 12 345 + 678

c) 1 602 − 789

2. a) 7 cm = ■ mm b) 16 dm = ■ cm

c) 4,5 m = ■ cm d) 180 cm = ■ m

3. Bestimme

a) den Umfang: u = ■ cm und

b) den Flächeninhalt des Rechtecks: A = ■ cm^2.

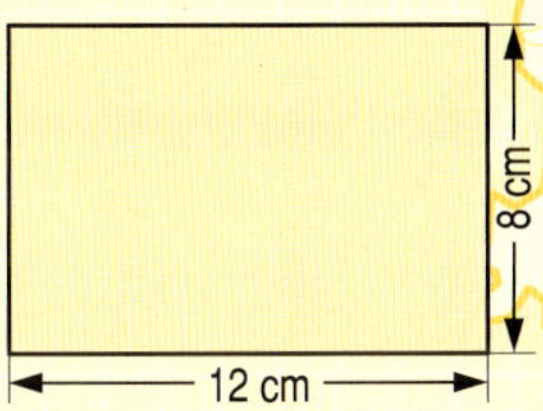

4. a) 2 m^2 = ■ dm^2 b) 12 kg = ■ g

c) 8 100 Sekunden = ■ h ■ min

5. Trage in ein Quadratgitter die Punkte ein und verbinde sie. A(2|1), B(3|3), C(2|5), D(1|3). Welches Viereck entsteht dabei?

Rechteck (20), Raute (35), Quadrat (45)

6. a) 15 258 m : 6 = ■ m b) 282,5 kg · 4 = ■ kg

c) 112, 50 € + 344,25 € + 24 € = ■ €

d) 15,50 € − 12,29 € = ■ €

7. Den neuen Film sahen 246 Schüler und Schülerinnen. Ein Drittel davon war 12 Jahre alt oder jünger. Die Hälfte der Zuschauer war weiblich.

a) Wie viele Jungen sahen den Film?

b) Wie viele Zuschauer waren 12 Jahre oder jünger?

c) Wie viele waren älter als 12 Jahre?

8. a) ■ + 324 = 417 b) 18 · ■ = 252

1,8	P	2	E
3,21	O	14	E
15	O	20	P
27,79	K	35	D
40	I	70	R
82	T	93	N
96	N	120	M
123	N	160	U
164	A	200	T
202	N	450	P
480,75	F	800	A
813	U	1 130	R
2 543	O	4 000	B
12 000	H	13 023	E

Brüche mit dem Nenner 10, 100 oder 1 000

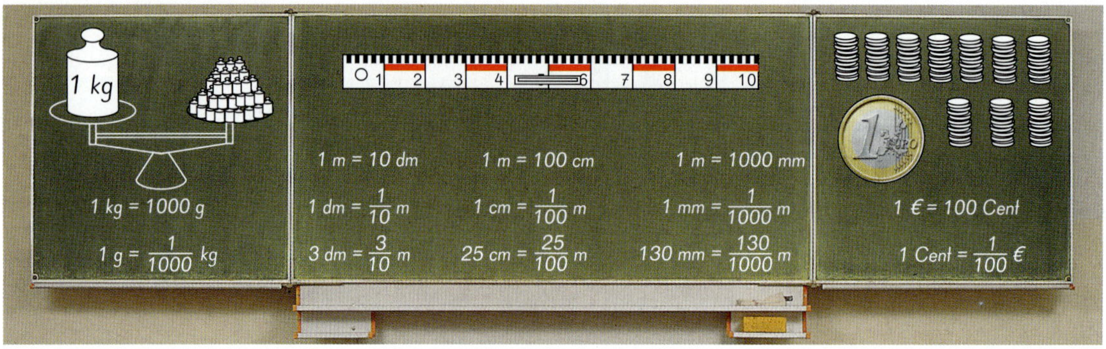

Aufgaben

1. a) 7 dm = □ m; 8 dm = □ m b) 15 cm = □ m; 70 cm = □ m c) 9 mm = □ m; 250 mm = □ m d) 5 Cent = □ €; 70 Cent = □ € e) 3 g = □ kg; 500 g = □ kg

2. a) $\frac{3}{10}$ m = □ dm; $\frac{9}{10}$ m = □ dm b) $\frac{7}{100}$ m = □ cm; $\frac{86}{100}$ m = □ cm c) $\frac{10}{1000}$ m = □ mm; $\frac{360}{1000}$ m = □ mm d) $\frac{8}{100}$ € = □ Cent; $\frac{99}{100}$ € = □ Cent e) $\frac{50}{1000}$ kg = □ g; $\frac{100}{1000}$ kg = □ g

3. Schreibe als Bruch mit dem angegebenen Nenner.

a) $1 = \frac{□}{10}$, $1 = \frac{□}{100}$, $1 = \frac{□}{1000}$ b) $2 = \frac{□}{10}$, $2 = \frac{□}{100}$, $2 = \frac{□}{1000}$ c) $7 = \frac{□}{10}$, $7 = \frac{□}{100}$, $7 = \frac{□}{1000}$

4. Addiere die Brüche.

a) $\frac{3}{10} + \frac{4}{10}$ b) $\frac{7}{100} + \frac{9}{100}$ c) $\frac{2}{10} + \frac{7}{10}$ d) $\frac{11}{100} + \frac{6}{100}$ e) $\frac{20}{100} + \frac{13}{100}$ f) $\frac{3}{10} + \frac{3}{10}$

g) $\frac{12}{100} + \frac{7}{100}$ h) $\frac{8}{1000} + \frac{3}{1000}$ i) $\frac{42}{1000} + \frac{5}{1000}$ j) $\frac{60}{100} + \frac{23}{100}$ k) $\frac{205}{1000} + \frac{9}{1000}$ j) $\frac{33}{100} + \frac{26}{100}$

5. Addiere die Brüche wie im Beispiel.

a) $\frac{48}{100} + \frac{16}{100}$ b) $\frac{27}{100} + \frac{34}{100}$ c) $\frac{29}{100} + \frac{44}{100}$ d) $\frac{56}{100} + \frac{19}{100}$

e) $\frac{43}{1000} + \frac{78}{1000}$ f) $\frac{59}{1000} + \frac{79}{1000}$ g) $\frac{141}{1000} + \frac{153}{1000}$ h) $\frac{216}{1000} + \frac{348}{1000}$

$\frac{37}{100} + \frac{28}{100} = \frac{65}{100}$ | Nebenrechnung: 37 + 28 = 65

6. Addiere die Brüche. Notiere das Ergebnis als gemischte Zahl.

a) $\frac{8}{10} + \frac{5}{10}$ b) $\frac{9}{10} + \frac{7}{10}$ c) $\frac{4}{10} + \frac{8}{10}$ d) $\frac{7}{10} + \frac{6}{10}$

e) $\frac{70}{100} + \frac{44}{100}$ f) $\frac{63}{100} + \frac{90}{100}$ g) $\frac{61}{100} + \frac{82}{100}$ h) $\frac{69}{100} + \frac{44}{100}$

$\frac{80}{100} + \frac{33}{100} = \frac{113}{100} = 1\frac{13}{100}$ | $\frac{100}{100} + \frac{13}{100}$

7. Subtrahiere die Brüche.

a) $\frac{5}{10} - \frac{3}{10}$ b) $\frac{9}{10} - \frac{2}{10}$ c) $\frac{8}{10} - \frac{5}{10}$ d) $\frac{12}{10} - \frac{9}{10}$ e) $\frac{11}{100} - \frac{4}{100}$ f) $\frac{68}{100} - \frac{21}{100}$

g) $\frac{157}{100} - \frac{43}{100}$ h) $\frac{108}{100} - \frac{71}{100}$ i) $\frac{16}{1000} - \frac{14}{1000}$ j) $\frac{27}{1000} - \frac{16}{1000}$ k) $\frac{168}{1000} - \frac{161}{1000}$ l) $\frac{276}{1000} - \frac{73}{1000}$

LVL **8.** Petra befindet sich auf Klassenfahrt und hat unter ihrem Bett alle mitgebrachten Getränke gesammelt: Die Packung Orangensaft enthält $\frac{25}{100}$ *l*. In der Kirschsaft-Flasche sind $\frac{50}{100}$ *l*. Die Flasche Apfelsaft ist mit $\frac{70}{100}$ *l* gefüllt. Vom Mineralwasser sind $\frac{75}{100}$ *l* vorhanden. Stelle mehrere Fragen hierzu. Schreibe deine Antworten auf.

Dezimalbrüche

Das zeigt die Stoppuhr

– vom Vater des Siegers
36,8 $= 36\frac{8}{10}$ s

– vom Trainer des Siegers
36,78 $= 36\frac{78}{100}$ s

– von der elektronischen Messung
36,782 $= 36\frac{782}{1000}$ s

Brüche mit dem Nenner 10, 100, 1000, ... kann man als **Dezimalbrüche** schreiben.

$\frac{8}{10} = 0{,}8$ $\frac{17}{10} = 1\frac{7}{10} = 1{,}7$ $\frac{3}{100} = 0{,}03$ $\frac{65}{100} = 0{,}65$ $\frac{141}{100} = 1\frac{41}{100} = 1{,}41$

Aufgaben

1. Schreibe zum Bruch den Dezimalbruch auf.
a) $\frac{7}{10}$ b) $\frac{3}{10}$ c) $\frac{9}{10}$ d) $\frac{8}{100}$ e) $\frac{5}{100}$ f) $\frac{16}{100}$ g) $\frac{37}{100}$
h) $\frac{16}{10}$ i) $\frac{19}{10}$ j) $2\frac{1}{10}$ k) $\frac{115}{100}$ l) $\frac{131}{100}$ m) $3\frac{41}{100}$ n) $\frac{106}{100}$

2. Schreibe den Dezimalbruch als Bruch.
a) 0,4 b) 0,2 c) 0,03 d) 0,16 e) 1,7 f) 1,22 g) 1,02

3. Schreibe die gemischte Zahl als Dezimalbruch und umgekehrt.
a) $4\frac{3}{10}$ s b) $12\frac{7}{10}$ s c) $5\frac{16}{100}$ s d) $3\frac{4}{100}$ s e) $8\frac{168}{1000}$ s f) $11\frac{45}{1000}$ s g) $9\frac{7}{1000}$ s
h) 3,8 s i) 4,1 s j) 8,06 s k) 10,007 s l) 14,18 s m) 5,381 s n) 2,047 s

4. Rechne wie im Beispiel.
a) 0,3 + 0,2 b) 0,5 + 0,4 c) 0,3 + 0,4 d) 0,6 + 0,9
e) 0,8 + 0,5 f) 0,9 – 0,2 g) 0,8 – 0,4 h) 0,6 – 0,1

$0{,}8 + 0{,}7 = \frac{8}{10} + \frac{7}{10} = \frac{15}{10} = 1{,}5$

5. Rechne jede Aufgabe wie Dana und wie Markus.
a) 0,34 + 0,52 b) 0,67 + 0,28
c) 1,66 + 0,81 d) 2,79 + 3,58
e) 0,93 – 0,62 f) 0,84 – 0,43
g) 3,89 – 2,27 h) 1,63 – 0,48

LVL **6.** Vergleiche die Rechenwege von Dana und Markus und rechne nach der Methode deiner Wahl.
a) 0,758 + 0,419 b) 1,352 – 0,918

7. a) 3,64 + 2,13   b) 4,59 + 2,38   c) 2,66 + 0,74   d) 1,97 + 3,08   e) 2,87 + 5,09

8. a) 3,84 − 2,61   b) 7,66 − 5,18   c) 4,39 − 0,46   d) 5,18 − 2,35   e) 7,24 − 5,79

9. Shirley hat einem Dreisprung-Wettkampf im Fernsehen zugeschaut und wollte es auch einmal probieren.

a) Wie weit ist Shirley insgesamt gesprungen?

b) Sebastian hat es ihr nachgemacht. Seine Sprünge: 2,88 m – 1,59 m – 2,88 m. Ist er weiter als Shirley gesprungen?

LVL c) Tatjana ist insgesamt 7,47 m gesprungen. Max sprang 25 cm weiter. Gib für Tatjana und Max jeweils zwei mögliche Dreisprung-Weiten an.

10. Schreibe untereinander und rechne aus.

a) 0,586 + 0,817   b) 1,314 − 0,776   c) 1,826 − 0,579   d) 0,807 + 0,449

11. Rechne mit einer Methode deiner Wahl.

a) 0,814 − 0,293   b) 0,692 + 0,185   c) 0,968 + 0,785   d) 0,628 − 0,473

12. Wenn du richtig gerechnet hast, erhältst du ein merkwürdiges Ergebnis.

a) 0,248 + 0,186 + 0,566   b) 0,274 + 0,334 + 0,391   c) 0,526 + 0,397 + 0,311   d) 1,635 + 0,972 + 1,714   e) 1,384 + 2,937 + 1,234

LVL **13.** Frau Kriesel hat einen interessanten Reisebericht über eine Weltumseglung verfasst. Die drei Stapel DIN-A4-Blätter sind damit gefüllt. Zwei Stapel hat sie bereits gewogen: 0,284 kg und 0,396 kg. Der dritte Stapel liegt gerade auf der Briefwaage.
Frau Kriesel möchte den gesamten Reisebericht in mehreren Briefsendungen (Porto jeweils 1,44 €) an einen Verlag schicken. Jeder Brief darf maximal $\frac{1}{2}$ kg wiegen. Stelle mehrere Fragen hierzu und schreibe deine Antworten auf.

14. Schreibe den Bruch zuerst als Dezimalbruch und rechne dann aus.

a) $\frac{3}{10} + 0{,}5$ b) $\frac{7}{10} + 1{,}3$ c) $4{,}8 + \frac{9}{10}$ d) $\frac{16}{100} + 0{,}41$ e) $1{,}87 + \frac{45}{100}$ f) $3{,}24 + \frac{9}{100}$

LVL **15.** Ergänze die Zauberquadrate. In jeder Zeile, jeder Spalte und beiden Diagonalen ist die Summe der Zahlen gleich.

a)

0,2	0,3	0,1
		0,3
	0,1	

b)

0,4		
	0,4	
	0,3	0,4

c)

0,25		0,15
	0,25	
0,35		

d)

3,25	0,5	0,75	4
2	2,75		
		1,5	2,25
0,25		3,75	

e)

0,16		0,02	0,13
	0,10		
0,09		0,07	
0,04	0,15		0,01

1. Welcher Bruchteil ist hier gefärbt?

a) 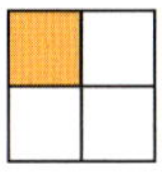 b) 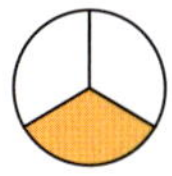 c) 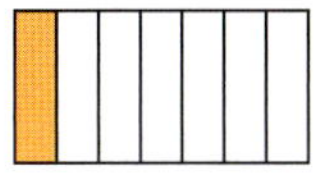

2. Berechne.

a) $\frac{1}{3}$ von 24 € b) $\frac{1}{5}$ von 30 Tagen

c) $\frac{1}{4}$ von 80 kg d) $\frac{1}{2}$ von 60 Minuten

3. Welcher Bruchteil ist hier gefärbt?

a) 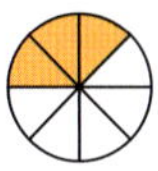 b) 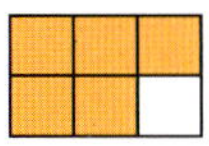 c) 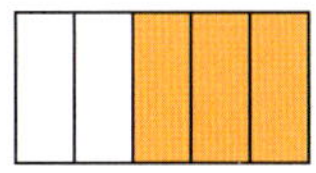

4. Berechne.

a) $\frac{3}{4}$ von 16 € b) $\frac{2}{3}$ von 24 Flaschen

c) $\frac{2}{5}$ von 40 kg d) $\frac{5}{8}$ von 32 Kindern

5. a) $25\,l \xrightarrow{\cdot \frac{3}{5}} \blacksquare$ b) $60\text{ min} \xrightarrow{\cdot \frac{7}{10}} \blacksquare$

6. Schreibe als gemischte Zahl.

a) $\frac{7}{5}$ b) $\frac{9}{4}$ c) $\frac{8}{7}$ d) $\frac{11}{5}$ e) $\frac{13}{8}$

7. Schreibe als Bruch.

a) $1\frac{2}{3}$ b) $1\frac{1}{8}$ c) $1\frac{3}{10}$ d) $2\frac{2}{5}$ e) $2\frac{6}{7}$

f) $2\frac{1}{4}$ g) $9\frac{1}{2}$ h) $3\frac{3}{5}$ i) $4\frac{2}{3}$ j) $1\frac{5}{9}$

8. a) $\frac{2}{7} + \frac{3}{7}$ b) $\frac{3}{10} + \frac{4}{10}$ c) $\frac{5}{9} + \frac{2}{9}$ d) $\frac{3}{8} + \frac{5}{8}$

9. a) $\frac{5}{6} + \frac{5}{6}$ b) $\frac{4}{5} + \frac{3}{5}$ c) $\frac{8}{9} + \frac{4}{9}$ d) $\frac{6}{7} + \frac{4}{7}$

10. a) $\frac{9}{10} - \frac{3}{10}$ b) $\frac{7}{8} - \frac{3}{8}$ c) $\frac{5}{6} - \frac{1}{6}$ d) $\frac{7}{9} - \frac{2}{9}$

11. a) $\frac{6}{8} + \frac{5}{8}$ b) $\frac{11}{15} - \frac{7}{15}$ c) $\frac{3}{10} + \frac{7}{10}$ d) $\frac{5}{6} - \frac{2}{6}$

e) $\frac{4}{7} + \frac{6}{7}$ f) $\frac{7}{12} - \frac{5}{12}$ g) $\frac{3}{8} + \frac{6}{8}$ h) $\frac{5}{7} - \frac{1}{7}$

12. Schreibe den Bruch als Dezimalbruch.

a) $\frac{3}{10}$ b) $\frac{7}{10}$ c) $\frac{5}{100}$ d) $\frac{9}{100}$

e) $\frac{11}{10}$ f) $\frac{17}{10}$ g) $\frac{31}{100}$ h) $\frac{165}{100}$

13. a) 0,6 + 0,3 b) 0,38 + 0,52 c) 0,67 + 0,19

d) 0,84 + 0,67 e) 0,96 + 1,44 f) 2,85 + 3,09

g) 0,9 – 0,5 h) 0,63 – 0,41 i) 1,84 – 0,76

j) 4,1 – 3,8 k) 5,14 – 2,76 l) 3,04 – 1,71

$\frac{1}{2}$ (ein halb), $\frac{1}{3}$ (ein Drittel), $\frac{1}{4}$ (ein Viertel) usw. heißen **Stammbrüche.**

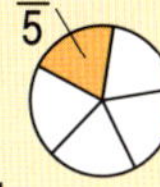

$\frac{1}{2}$ von einem Ganzen ist die Hälfte.

$\frac{1}{3}$ von einem Ganzen ist der dritte Teil.

Man erhält einen Bruchteil einer Größe so:

(1) Man **teilt** die Größe **durch** den **Nenner.**

(2) Man **multipliziert** das Ergebnis **mit** dem **Zähler.**

$\frac{3}{5}$ von 20 € = 3 · 4 € = 12 €

Nebenrechnung: 20 € : 5 = 4 €

Brüche größer als 1 kann man als unechten Bruch oder als **gemischte Zahl** notieren.

$\frac{7}{5} = 1\frac{2}{5}$

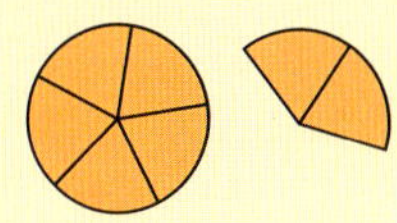

Man addiert zwei Brüche mit gleichem Nenner, indem man die Zähler addiert.

$$\frac{4}{7} + \frac{5}{7} = \frac{4+5}{7} = \frac{9}{7} = 1\frac{2}{7}$$

Man subtrahiert zwei Brüche mit gleichem Nenner, indem man die Zähler subtrahiert.

$$\frac{3}{5} - \frac{2}{5} = \frac{3-2}{5} = \frac{1}{5}$$

Brüche mit den Nennern 10, 100, 1000 usw. kann man als **Dezimalbrüche** schreiben.

$\frac{3}{10} = 0{,}3$ $\frac{7}{100} = 0{,}07$ $\frac{161}{100} = 1{,}61$

Für Dezimalbrüche gibt es eine einfache Form der Addition und Subtraktion.

1,48	3,63
+ 0,83	– 1,47
2,31	2,16

DIAGNOSETEST

1. Notiere die dargestellten Stammbrüche im Heft und ordne sie der Größe nach.

a) 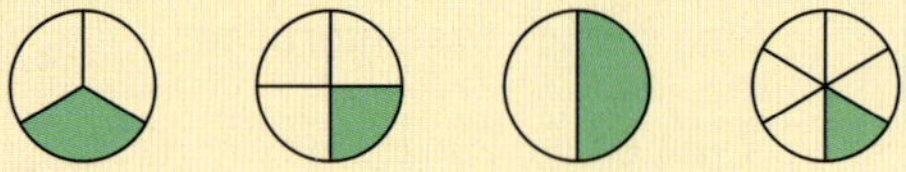

b) 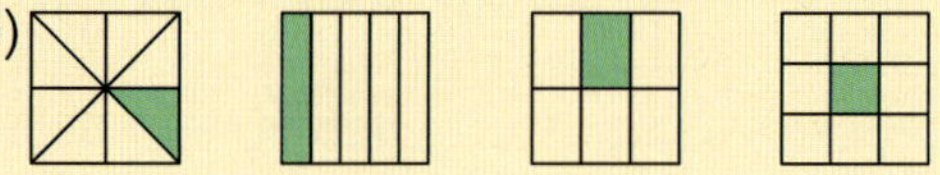

2. Berechne $\frac{1}{4}$ und $\frac{3}{4}$ a) von 36 Nüssen; b) von 48 €; c) von 120 kg; d) von 280 m.

3. a) 15 kg $\xrightarrow{\cdot \frac{3}{5}}$ ■ b) 24 cm $\xrightarrow{\cdot \frac{5}{6}}$ ■ c) 160 € $\xrightarrow{\cdot \frac{3}{8}}$ ■ d) 3,60 € $\xrightarrow{\cdot \frac{4}{6}}$ ■

4. a) $\frac{1}{3}$ von ■ = 7 € b) $\frac{3}{10}$ von ■ = 12 *l* c) ■ $\xrightarrow{\cdot \frac{3}{5}}$ 12 m d) ■ $\xrightarrow{\cdot \frac{7}{10}}$ 14 kg

5. a) $\frac{3}{7} + \frac{2}{7}$; $\frac{5}{7} - \frac{1}{7}$ b) $\frac{5}{8} - \frac{2}{8}$; $\frac{4}{8} + \frac{4}{8}$ c) $1 + \frac{3}{5}$; $1 - \frac{2}{5}$ d) $\frac{7}{10} + \frac{8}{10}$; $1 - \frac{97}{100}$

Wähle weitere 5 Aufgaben aus

1. Berechne das Ergebnis in beiden Maßeinheiten. a) 1,2 kg + 700 g b) $\frac{1}{2}$ m + 30 cm

2. Berechne und vergleiche. Was ist mehr?

a) 25 cm oder $\frac{5}{10}$ m b) $\frac{7}{10}$ cm oder 10 mm c) $1\frac{1}{2}$ h oder 100 min d) 1000 oder $\frac{1}{10}$ Mio.

3. Bei einem Würfel ist die Hälfte aller Seitenflächen rot. Eine Fläche ist blau. Die übrigen Flächen sind grün.

a) Wie viele rote Seitenflächen hat der Würfel?

b) Welcher Bruchteil der Würfeloberfläche ist blau?

c) Wie viele grüne Flächen hat der Würfel? Gib auch den Bruchteil an.

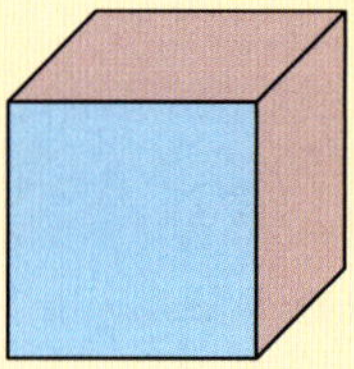

4. In einer 5. Klasse sind 24 Kinder. Stelle zu der Angabe eine Frage. Schreibe einen Antwortsatz.

a) Zwei Drittel der Kinder können schwimmen.

b) Acht Kinder dieser Klasse haben Sport als Lieblingsfach.

5. Die vier Figuren sind der Beginn einer Serie von Quadraten.

a) Wie sieht wohl die 5. Figur der Serie aus? Zeichne auf Karopapier.

b) Welcher Anteil des Quadrats ist in der 1. Figur, welcher in der 2., 3. und 4. Figur gefärbt?

c) Denke dir die 10. Figur. Ist darin mehr oder weniger als die Hälfte gefärbt?

d) In der wievielten Figur sind $\frac{9}{10}$ der Felder gefärbt?

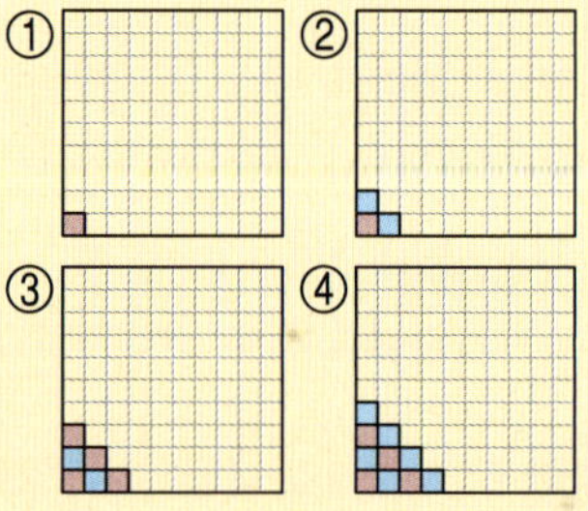

6. Wähle zwei Gefäße aus. Zusammen sollen sie mehr als 1 *l* fassen. Gib alle Möglichkeiten an.

Teilbarkeit

9

Teiler und Vielfache

5 ist ein Teiler von 30, denn 30 : 5 = 6.
Kurzschreibweise: 5 | 30

30 ist ein Vielfaches von 5, denn 5 · 6 = 30.

Die Vielfachen von 7 sind 7, 14, 21, 28, ...

Die Teiler von 12 sind 1, 2, 3, 4, 6, 12.
Die Zahlen 5, 7, 8, 9, 10, 11, 13, 14, 15, ... sind keine Teiler von 12.

Aufgaben

1.

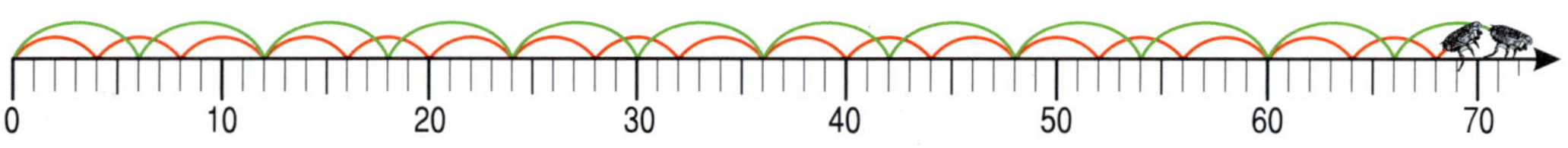

Floh Martin macht die grüne Hüpfspur, Floh Iris die rote Hüpfspur auf dem Zahlenstrahl.

a) Schreibe die ersten 10 Zahlen bei der Landung von Martin und Iris auf.

b) Wer landet auf den Zahlen 72, 74, 76, 78, 80, 82, 84, 86, 88, 90, 92, 94, 96, 98, 100?

2. Lies die Vielfachen von 8 und 12 ab, schreibe sie auf. Unterstreiche gemeinsame Vielfache.

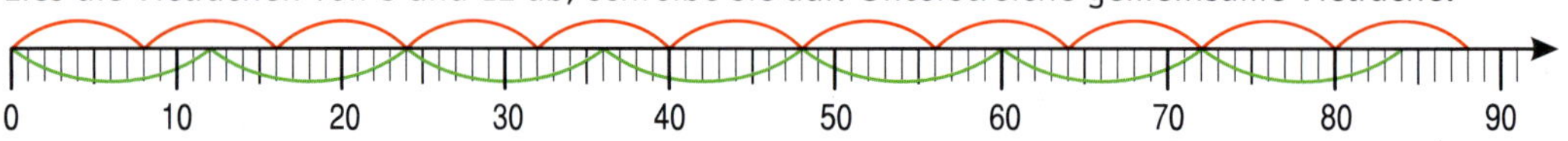

3. Notiere die Vielfachen beider Zahlen, bis du das kleinste gemeinsame Vielfache findest.

a) 3 und 4 b) 10 und 15 c) 4 und 8 d) 15 und 20 e) 16 und 24 f) 20 und 50

4. Setz ein: | (ist Teiler von) oder ∤ (ist nicht Teiler von).

a) 7 ▪ 21 b) 8 ▪ 58 c) 21 ▪ 7 d) 12 ▪ 96 e) 17 ▪ 187 f) 35 ▪ 35

5. Übertrage die Tabelle in dein Heft und vervollständige sie.

a) Welche Zahl hat die meisten Teiler?

b) Welche Zahl hat die wenigsten Teiler?

c) Welche Zahl ist stets Teiler?

Zahl \ Teiler	1	2	3	4	5	6	7	8	9	10	11	12	13	14	15	16
8	x	x		x				x								
9	x		x													
12																
16																

LVL **6.** Anikas Eisenbahn hat zwei Gleise, eine Innenbahn und eine Außenbahn. Auf beiden Gleisen starten zwei Züge gleichzeitig am Bahnhof mit Rundenzeiten von 25 s bzw. 30 s. Wann treffen sie wieder am Bahnhof zusammen?

Primzahlen

Eine Zahl mit genau zwei Teilern ist eine **Primzahl,** z. B.: 2, 3, 5, 7.
Keine Primzahlen sind z. B.: 1, 4, 8, 15.

Aufgaben

1. Welche Zahlen erhältst du auf diese Weise?

- Übertrage die Tabelle bis zur Zahl 100 ins Heft.
- Streiche alle Vielfachen von 2 bis auf (2) selbst.
- Streiche alle Vielfachen von 3 bis auf (3) selbst.
- Streiche alle Vielfachen von 5 bis auf (5) selbst.
- Streiche alle Vielfachen von 7 bis auf (7) selbst.

1	(2)	(3)	4	(5)	6	(7)	8	9	10
11	12	13	14	15	16	17	18	19	20
21	22	23	24	25	26	27	28	29	30
31	32	33	34	35	36	37	38	39	40
41	42	43	44	45	46	47	48	49	50
51	52	53	54	55	56	57	58	59	60
61	62	63	64	65	66	67	68	69	70

2. Begründe, warum die Zahl keine Primzahl ist: a) 81; b) 63; c) 77; d) 121; e) 7 Mio.

3.

108 B | 181 Z | 130 X | 110 P | 139 I | 171 V | 149 M | 198 Y | 101 P
113 R | 142 K | 191 A | 200 E | 197 H | 199 L | 185 W

Von den 16 Zahlen im oberen Feld sind 8 Primzahlen. Finde sie heraus und ordne sie nach der Größe. Die zugehörigen Buchstaben liefern das Lösungswort.

4. Schreibe die Zahl als Produkt von Primzahlen. Beispiel: $24 = 2 \cdot 2 \cdot 2 \cdot 3$

a) 15 b) 12 c) 14 d) 20 e) 70 f) 100 g) 99 h) 210 i) 350 j) 144

5. Räuber Hotzenplotz ist vergesslich. Seine Schatztruhe hat ein Nummernschloss. Er hat als Merkhilfe viele Zahlen auf seine Truhe aufgeklebt, merkt sich aber nur: „Suche alle Primzahlen heraus und ordne sie der Größe nach." Kannst du den Tresor knacken? Das Nummernschloss ist 7-stellig.

6. Schreibe alle Primzahlen auf, die kleiner als 100 sind, und lerne sie auswendig.

Größter gemeinsamer Teiler, kleinstes gemeinsames Vielfaches

Die gemeinsamen Teiler von 60 und 80 sind: 1, 2, 4, 5, 10, 20. Der *größte gemeinsame Teiler* (ggT) ist 20: ggT(60, 80) = 20.

Die gemeinsamen Vielfachen von 2 und 3 sind: 6, 12, 18, 24, ... Das *kleinste gemeinsame Vielfache* (kgV) ist 6: kgV(2, 3) = 6.

Aufgaben

1. Bestimme die Teiler beider Zahlen, unterstreiche die gemeinsamen und notiere dann den größten gemeinsamen Teiler.

a) ggT(16, 20)
ggT(10, 15)
ggT(8, 10)

b) ggT(6, 8)
ggT(12, 20)
ggT(18, 24)

c) ggT(12, 15)
ggT(15, 30)
ggT(11, 33)

d) ggT(5, 10)
ggT(75, 100)
ggT(18, 27)

2. Stelle die gemeinsamen Teiler in einem Bild dar, unterstreiche den ggT und schreibe ihn auf.

a) ggT(12, 24) b) ggT(26, 39) c) ggT(28, 42) d) ggT(30, 45)
e) ggT(48, 72) f) ggT(28, 63) g) ggT(40, 100) h) ggT(72, 96)

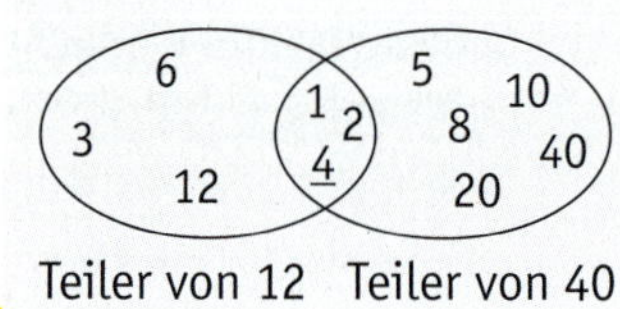

3. Schreibe die Vielfachen der größeren Zahl auf, bis du auf ein Vielfaches der kleineren Zahl stößt. Notiere dieses kgV.

a) kgV(6, 9)
kgV(8, 12)

b) kgV(9, 15)
kgV(10, 15)

c) kgV(16, 24)
kgV(20, 30)

d) kgV(15, 20)
kgV(12, 20)

e) kgV(15, 25)
kgV(18, 24)

LVL **4.** In einer Parkanlage sind zwei Treppen mit gleichen Stufen geplant, die eine mit 220 cm Höhe, die andere 160 cm hoch.

a) Wie hoch könnte die einzelne Treppenstufe theoretisch sein?

b) Welche Höhe wird man praktisch wählen?

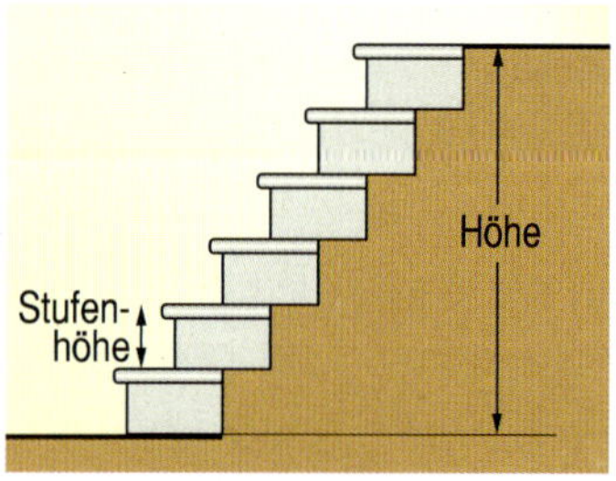

LVL **5.** Eine Firma liefert 16 cm und 18 cm hohe Treppenstufen. Welche Treppenhöhe könnte man sowohl mit der einen als auch mit der anderen Sorte Stufen bauen?

6. Prüfe nach, ob die Zahlen teilerfremd sind.

a) 9 und 19
27 und 57

b) 14 und 21
13 und 33

c) 18 und 38
15 und 33

d) 17 und 51
26 und 91

Zahlen mit 1 als ggT heißen *teilerfremd*.

7. Bestimme den ggT und das kgV der drei Zahlen.

a) 4, 6, 10 b) 12, 18, 30 c) 10, 15, 25 d) 24, 36, 72 e) 30, 45, 60 f) 28, 70, 126

Bleib FIT!

Die Ergebnisse der Aufgaben 1 bis 8 ergeben den Namen eines Ausflugsziels im südöstlichen Brandenburg.

1. Berechne.

a) 216 − 84 + 47

b) 196 − 116 − 55

c) 84 + 19 + 38 + 57

2. Berechne.

a) 333 : 9 b) 798 : 21 c) 1368 : 38

3. a) Addiere die Zahl 86 zu 138.

b) Bilde die Differenz aus 117 und 86.

c) Multipliziere 43 mit 27.

4. Wenn ich meine gedachte Zahl mit vier multipliziere und zum Ergebnis sechs addiere, erhalte ich 26. Wie heißt die gesuchte Zahl?

5. Berechne

a) den Flächeninhalt: A = ▒ cm^2

b) den Umfang des Rechtecks: u = ▒ cm

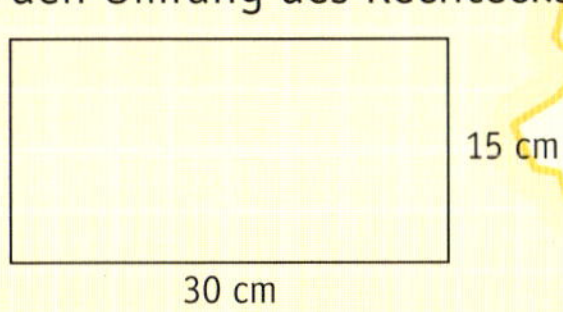

6. Wandle um.

a) 2 m 7 cm = ▒ cm b) 3,67 m = ▒ cm

c) 2 km 240 m = ▒ m

7. Franziska hat 334 € auf ihrem Sparbuch. Sie kauft sich Sportschuhe für 87 € und eine CD für 26 €. Zu Weihnachten erhält sie 40 €, die sie auf ihr Sparbuch einzahlt. Berechne den Kontostand in €.

8. Berechne die fehlende Zahl.

a) 226 + ▒ = 314

b) ▒ − 74 = 96

c) 323 : ▒ = 19

5 M | 8 H | 17 D | 25 Ü | 31 U | 36 N | 37 B | 38 E | 46 U | 70 L | 88 A | 90 P | 98 Q | 104 N | 170 L | 179 L | 189 X | 198 B | 203 A | 207 R | 224 A | 261 W | 367 E | 450 S | 1 161 I | 2 240 E

Teilbarkeit durch 2, 4, 5, 8 und 10

Eine Zahl ist durch 2 teilbar, wenn ihre Endziffer 0, 2, 4, 6 oder 8 ist, sonst nicht.
Eine Zahl ist durch 5 teilbar, wenn ihre Endziffer 0 oder 5 ist, sonst nicht.
Eine Zahl ist durch 10 teilbar, wenn ihre Endziffer 0 ist, sonst nicht.
Eine Zahl ist durch 4 teilbar, wenn die Zahl aus den letzten beiden Ziffern durch 4 teilbar ist, sonst nicht.
Eine Zahl ist durch 8 teilbar, wenn die Zahl aus den letzten drei Ziffern durch 8 teilbar ist, sonst nicht.

1 51<u>2</u> ist durch 2 teilbar. (2 | 1512)
1 5<u>12</u> ist durch 4 teilbar. (4 | 1512)
1 <u>512</u> ist durch 8 teilbar. (8 | 1512)
1 51<u>2</u> ist nicht durch 5 teilbar. (5 | 1512)
1 51<u>2</u> ist nicht durch 10 teilbar. (10 | 1512)

Aufgaben

1. Welche Zahlen sind a) durch 2 teilbar, b) durch 4 teilbar, c) durch 8 teilbar?
396   2 584   12 963   24 656   36 678   74 217   98 278   123 456   7 890 123

2. Welche Zahlen sind a) durch 5 teilbar, b) durch 10 teilbar?
575   7 340   18 730   32 785   47 930   75 503   75 730   123 321   5 678 910

3. Schreibe vier sechsstellige Zahlen auf, die teilbar sind
a) durch 5, b) durch 10, c) durch 2, d) durch 8, e) durch 4 und 5, f) durch 4 und 10.

4. Setze Ziffern so ein, dass die Zahlen durch 4 teilbar sind. Es gibt mehrere Möglichkeiten.
a) 3 1*8, 2 43*   b) 5 6*2, 7 32*   c) 17*4, 2 95*   d) 4 5*0, 7 7*6   e) 5 35*, 3 97*   f) 19 2*4, 23 65*   g) 368 43*, 78 5*8

LVL **5.** An der Pinnwand hängen Zahlen. Welche Zahlen sind durch 2, durch 4, durch 5, durch 8 oder durch 10 teilbar? Schreibe so auf: 27 650 ist teilbar durch 2, 5 und 10 … Vergleiche und besprich dein Ergebnis mit Mitschülerinnen oder Mitschülern.

6. a) Welches ist die kleinste fünfstellige Zahl, die durch 4 und durch 5 teilbar ist?
b) Welches ist die größte fünfstellige Zahl, die durch 4 und durch 10 teilbar ist?

LVL **7.** Welche Zahlen sind durch 25 teilbar? Schreibe die Regel auf: Eine Zahl ist durch 25 teilbar, wenn …
650   12 345   8 100   56 475   2 935   985   3 415   61 5250   20 024

Teilbarkeit durch 3 und 9

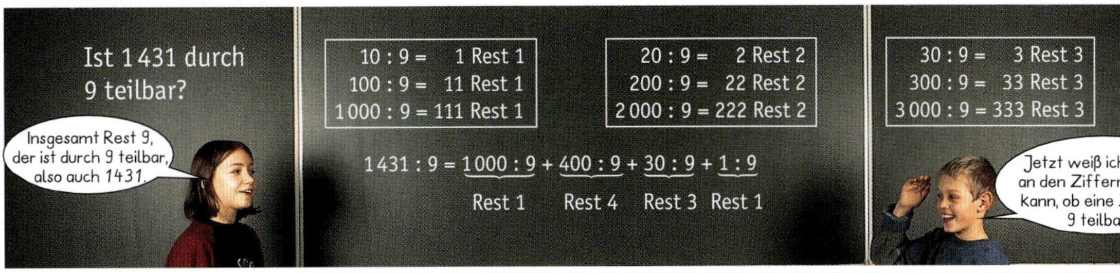

Eine Zahl ist durch 9 teilbar, wenn ihre Quersumme (Summe der Ziffern) durch 9 teilbar ist, sonst nicht.
Eine Zahl ist durch 3 teilbar, wenn ihre Quersumme durch 3 teilbar ist, sonst nicht.

151 812	Quersumme 1 + 5 + 1 + 8 + 1 + 2 = 18	$3 \mid 151\,812$ und $9 \mid 151\,812$
351 717	Quersumme 3 + 5 + 1 + 7 + 1 + 7 = 24	$3 \mid 351\,717$ und $9 \nmid 351\,717$
407 221	Quersumme 4 + 0 + 7 + 2 + 2 + 1 = 16	$3 \nmid 407\,221$ und $9 \nmid 407\,221$

Aufgaben

1. Nicht alle Zahlen sind durch 3 teilbar. Berechne die Quersumme und entscheide dann.

a) 327, 432 b) 673, 396 c) 1 212, 1 523 d) 5 273, 6 816 e) 13 236, 21 547 f) 27 336, 32 183 g) 238 236, 427 412

2. Schreibe jeweils 5 Zahlen auf, die durch 9 teilbar und

a) sechsstellig sind, b) zwischen 70 000 und 100 000 liegen, c) größer als 33 000 sind.

3. Schreibe jeweils eine fünfstellige Zahl mit der geforderten Eigenschaft auf.

a) teilbar durch 9 und 10
teilbar durch 3 und 4

b) teilbar durch 2 und 9
teilbar durch 5 und 9

c) teilbar durch 2, 5 und 9
teilbar durch 3, 4 und 5

4. a) Welche Zahlen auf der Pinnwand sind durch 3, aber nicht durch 9 teilbar?

b) Welche Zahlen auf der Pinnwand sind durch 2, aber nicht durch 4 teilbar?

5. Setze eine Ziffer so ein, dass die Zahl durch 3, aber nicht durch 9 teilbar ist.

a) 2*7 b) 7*4 c) 14*5 d) 5*73 e) 1*424 f) 3427* g) 51*41

LVL **6.** Der Hausmeister einer Schule verkauft in der großen Pause belegte Brötchen für 0,90 €. Er überprüft kurz seine Einnahmen und stellt fest, dass an einem Tag der Betrag nicht stimmen kann.
Mo.: 63,90 € Di.: 75,60 € Mi.: 83,70 € Do.: 77,60 € Fr.: 84,60 €
An welchem Tag kann die Einnahme nicht stimmen?

LVL **7.** Besprich mit anderen Kindern deiner Klasse, ob die Aussage stimmt.

a) „Alle dreistelligen Zahlen mit drei gleichen Ziffern sind durch 3 teilbar."

b) „Es gibt Zahlen, die durch 9, aber nicht durch 3 teilbar sind."

Vermischte Aufgaben

1. Schreibe alle Teiler der Zahl auf.

a) 12 b) 18 c) 24 d) 25 e) 32 f) 36 g) 49 h) 100

2. Schreibe die ersten zehn Vielfachen der Zahl auf.

a) 7 b) 9 c) 11 d) 15 e) 19 f) 21 g) 25 h) 60

3. Schreibe von den Zahlen alle gemeinsamen Teiler auf und unterstreiche den größten.

a) 12 und 18 b) 18 und 24 c) 24 und 32 d) 30 und 45 e) 34 und 51 f) 20 und 30

4. Schreibe von der größeren Zahl die Vielfachen auf, bis du ein gemeinsames Vielfaches beider Zahlen gefunden hast.

a) 3 und 4 b) 6 und 8 c) 6 und 10 d) 3 und 9 e) 8 und 12 f) 10 und 15

5. Bestimme den ggT und das kgV der beiden Zahlen.

a) 12 und 30 b) 9 und 20 c) 8 und 50 d) 18 und 24 e) 40 und 60 f) 90 und 150

LVL **6.** Sabine und Markus haben ihre Modellrennbahn aufgebaut. Das rote Rennauto fährt in 15 s eine Runde. Der blaue Sportwagen benötigt 18 s für eine Runde. Beide Flitzer starten gleichzeitig. Nach wie vielen Sekunden wird der blaue Sportwagen zum ersten Mal überrundet?

7. Beim zweiten Rennen sind ein grünes Rennauto (Rundenzeit 16 s) und ein gelber Sportwagen (Rundenzeit 20 s) am Start. Wie viel Zeit vergeht nun bis zur ersten Überrundung?

8. Anke und Tamara trainieren für das Sportabzeichen Dauerlauf. Anke schafft eine Runde in 4 Minuten, Tamara in 5 Minuten. Nach welcher Zeit sind sie wieder gemeinsam am Start?

LVL **9.** Du willst bei der Bank Geld abheben und möchtest nur Geldscheine oder Münzen von einer Sorte. Schreibe auf, wie 120 € (280 €, 550 €) ausgezahlt werden können.

10. Schreibe jeweils drei sechsstellige Zahlen auf, die teilbar sind

a) durch 2; b) durch 10; c) durch 5; d) durch 3; e) durch 2 und durch 3.

11. Untersuche mit der Quersummenregel, ob die Zahl durch 3 teilbar ist.

a) 2 457 b) 3 762 c) 3 705 d) 1 897 e) 33 300 f) 27 936 g) 55 144

12. Nenne die größte fünfstellige Zahl, die gleichzeitig durch 2, 3 und 5 teilbar ist.

LVL **13.** a) Einige Zahlen sind durch 6 teilbar. Finde sie heraus und untersuche die Quersumme und die Endstelle.

b) Formuliere eine Regel für die Teilbarkeit durch 6. Vergleiche mit den Lösungen anderer.

c) Nenne eine durch 6 teilbare siebenstellige Zahl.

27 426 | 73 233 | 99 303 | 642 182 | 31 821 | 174 321 | 6 399 | 37 854 | 21 540

Knobeleien mit der Teilbarkeit

LVL

1.

2. Autotest

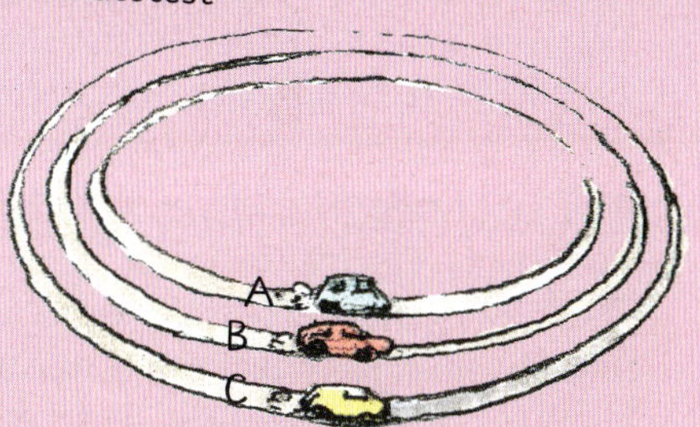

Um 11 Uhr werden die Autos gestartet. Auto A braucht 40 s für eine Runde, Auto B 60 s und Auto C 90 s. Die Runde für Auto B ist 4 km lang. Alle Autos fahren mit derselben Geschwindigkeit. Um Punkt 13 Uhr werden die Autos gestoppt.

a) Wie oft durchfahren die Autos gemeinsam den Start?

b) Wie schnell fahren die Autos und wie lang ist eine Runde für Auto C?

3. Pisa-Test im Fernsehen

Wie viele dreistellige Vielfache der Zahl 45 gibt es, die die Ziffer 1 enthalten?

A: 3 B: 4

C: 5 D: 6

4. Aus den Ziffern
0, 2, 3, 5, 8
sollen fünfstellige Zahlen gebildet werden, die

a) durch 2 b) durch 3

c) durch 5 d) durch 10

teilbar sind.

38 502 für a)
58 203 für b)
20 835 für c)
85 320 für d)

TESTEN · ÜBEN · VERGLEICHEN

1. Notiere alle Teiler der Zahl

a) 15 b) 28 c) 42 d) 125 e) 98

2. Schreibe alle Vielfachen der Zahl 8 (12, 20) bis zur Zahl 240 auf.

3. a) ggT (15, 18) b) ggT (16, 24) c) ggT (45, 60)

4. a) kgV (8, 19) b) kgV (15, 25) c) kgV (9, 12)

5. Durch welche der Zahlen 2, 3, 4, 5, 8, 9, 10 ist die Zahl teilbar? Notiere alle Lösungen.

a) 6 930 b) 13 432 c) 15 795

6. Ergänze die fehlende Ziffer so, dass die Zahl durch 2, aber nicht durch 4 teilbar ist.

a) 2 ■ 4 b) 475■ c) 534■ d) 87 ■ 8

7. Schreibe eine Zahl zwischen 100 und 120 auf, die durch 6 teilbar ist.

8. Notiere die Zahl als Produkt von Primzahlen.

a) 270 b) 144 c) 210 d) 450

9. Warum ist 91 keine Primzahl?

10. Setze das richtige Zeichen $|$ oder $\nmid$ ein.

a) 3 ■ 3 456 b) 2 ■ 3 456 c) 6 ■ 7 800
d) 9 ■ 25 812 e) 4 ■ 9 764 f) 8 ■ 7 000
g) 5 ■ 5 557 h) 9 ■ 1 116 i) 6 ■ 5 632
j) 3 ■ 99 899 k) 4 ■ 7 776 l) 10 ■ 3 007

$3 \cdot 7 = 21$
21 ist ein **Vielfaches** von 3 und von 7.
3 und 7 sind **Teiler** von 21,
kurz: $3 \mid 21$ und $7 \mid 21$

Größter gemeinsamer Teiler und *kleinstes gemeinsames Vielfaches:*
ggT (8, 12) = 4 kgV (8, 12) = 24

Eine Zahl ist teilbar durch
2, wenn ihre Endziffer gerade ist, sonst nicht.
5, wenn ihre Endziffer 0 oder 5 ist, sonst nicht.
10, wenn ihre Endziffer 0 ist, sonst nicht.
4, wenn die Zahl aus den letzten beiden Ziffern durch 4 teilbar ist, sonst nicht.
8, wenn die Zahl aus den letzten drei Ziffern durch 8 teilbar ist, sonst nicht.

Eine Zahl ist durch 3 teilbar, wenn ihre Quersumme durch 3 teilbar ist, sonst nicht.
Eine Zahl ist durch 9 teilbar, wenn ihre Quersumme durch 9 teilbar ist, sonst nicht.
Eine Zahl ist durch 6 teilbar, wenn sie durch 2 *und* durch 3 teilbar ist, sonst nicht.

Eine Zahl mit genau zwei Teilern ist eine **Primzahl.**
2, 3, 5, 7, 11, 13, 17, 19, ... sind Primzahlen. 1 ist keine Primzahl.

11. Tina und Bernd haben jeder eine Modelleisenbahn. Tinas Schienen sind 18 cm lang, Bernds Schienen 24 cm. Sie wollen nebeneinander aus den eigenen Schienen zwei gleich lange Strecken bauen. Wie lang sind die Strecken mindestens?

12. Das Zimmer von Manuel ist 3,20 m breit und 4,80 m lang. Es erhält einen neuen Bodenbelag mit quadratischen Fliesen. Es werden Fliesen mit den Seitenlängen 40 cm, 50 cm und 60 cm angeboten. Bei welchem Format entsteht kein Verschnitt?

13. Drei Kinder haben nach Abschluss des Schulfestes die Kasse gezählt. Alle Einnahmen sind von der Lehrerin und einem weiteren Kind gründlich geprüft worden.
Wie viel Geld ist in der Kasse und wie viele Getränke wurden verkauft?

14. Ergänze die fehlende Ziffer so, dass die Zahl durch 3, aber nicht durch 9 teilbar ist.

a) 2∗8 b) 9∗4 c) 10∗7 d) 2∗27

1. a) Schreibe alle Teiler der Zahl 24 auf.
b) Notiere alle Vielfachen von 14, die kleiner als 100 sind.

2. Bestimme die gesuchte Zahl: a) kgV (2, 15) b) ggT (18, 24)

3. Setze ein: | (ist Teiler von) oder ∤ (ist nicht Teiler von)
a) 6 ▒ 26 b) 12 ▒ 132 c) 11 ▒ 111 d) 70 ▒ 350

4. Prüfe, ob die Zahl durch 2, durch 3, durch 4, durch 5, durch 8, durch 9 bzw. durch 10 teilbar ist.
a) 351 990 b) 17 832

5. Schreibe die Primzahlen von 0 bis 20 auf.

6. a) Gesucht ist eine Zahl zwischen 136 und 200, die durch 5 und durch 9 teilbar ist.
b) Gesucht ist eine Zahl zwischen 73 und 150, die durch 9 und durch 8 teilbar ist.

Wähle weitere 5 Aufgaben aus

1. Bestimme.
a) ggT (40, 24) b) ggT (72, 48) c) kgV (8, 15) d) kgV (20, 25)

2. Verena hat zwei Profilholzstäbe gekauft, die 72 cm und 56 cm lang sind. Für einen Modellzaun möchte sie möglichst hohe, gleich lange Pfosten herstellen. Es soll kein Abfall bleiben. Wie hoch muss sie die Pfosten wählen?

3. Zwei Autos fahren auf einer Teststrecke gleichmäßig ihre Runden. Fahrzeug A benötigt für eine Runde 10 Minuten, Fahrzeug B 12 Minuten. Beide Fahrzeuge beginnen gleichzeitig die Testfahrt. Nach welcher Zeit passieren beide Fahrzeuge gleichzeitig wieder den Startpunkt?

4. Ergänze die fehlende Ziffer so, dass die Zahl durch 3, aber nicht durch 9 teilbar ist.
a) 2 ▒ 8 b) 9 ▒ 4 c) 10 ▒ 7 d) 2 ▒ 27

5. Alle 4 Jahre sollen Olympische Sommerspiele stattfinden. Die ersten Olympischen Sommerspiele nach dem Zweiten Weltkrieg wurden im Jahr 1948 abgehalten. Welche Jahre waren Olympiajahre oder könnten es werden?
a) 1974 b) 1976 c) 1988 d) 2016 e) 2022 f) 2038 g) 2048

6. Zahlenrätsel! Suche die beiden Zahlen, für die gilt:
a) Die Zahlen liegen zwischen 77 und 111 und sind durch 3 und durch 5 teilbar.
b) Die Zahlen liegen zwischen 147 und 189 und sind durch 3, 5 und 10 teilbar.

7. Begründe, warum 1 keine Primzahl ist.

8. Zerlege in ein Produkt von Primzahlen.
a) 64 b) 450

9. Gesucht ist eine 8-stellige Zahl, die durch 6, aber nicht durch 9 teilbar ist.

Bearbeite alle 10 Aufgaben.

1. Runde auf Hunderttausender und auf Millionen.

a) 105 798 642 b) drei Millionen zweiundfünzigtausend

2. Schreibe die nächsten drei Zahlen auf.

a) 11, 33, 55, ... b) 1, 2, 4, 8, 16, ...

c) 1, 4, 9, 16, 25, ... d) 120, 108, 96, 84, ...

3. Schreibe zuerst eine Überschlagsrechnung auf. Dann rechne genau.

a) 3 504 + 55 886 + 20 887 b) 1 049 · 207

c) 388 886 – 64 782 – 306 550 d) 28 132 : 26

4. Wie heißt der Körper? Wie viele Flächen, Kanten und Ecken hat er?

a) 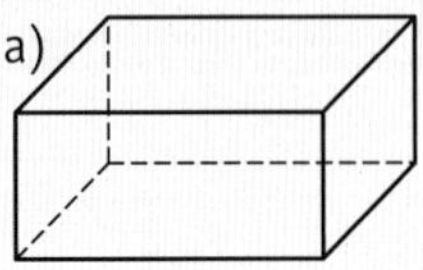

b) 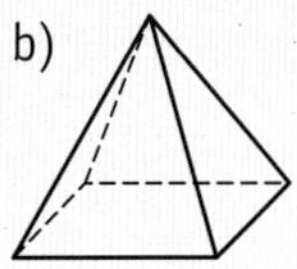

c) 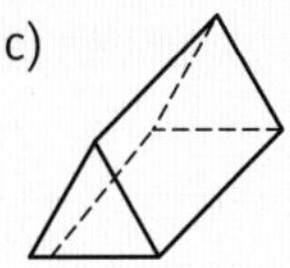

d) 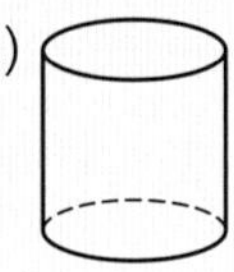

5. a) Zeichne das Viereck ab. Trage alle Symmetrieachsen ein.

b) Welche Seiten stehen senkrecht aufeinander, welche sind parallel zueinander?

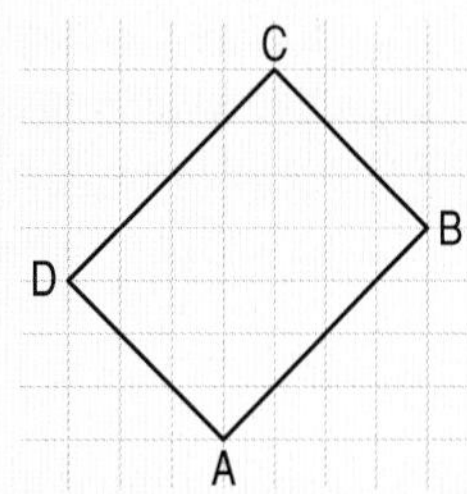

6. a) Zeichne ein Rechteck mit 5 cm und 2 cm Seitenlängen.

b) Bestimme Umfang und Flächeninhalt des Rechtecks (aus a).

7. Wandle in die angegebene Einheit um.

a) 3,7 cm = ■ mm b) 1 150 dm = ■ m

c) 2,3 t = ■ kg d) 775 g = ■ kg

8. α ist 63° groß, β ist 35° kleiner als ein rechter Winkel.
Um wieviel Grad ist α größer als β?

9. Ein Kinofilm beginnt um 15.30 Uhr. Der Film dauert mit Werbung insgesamt 110 Minuten. Wie viel Zeit ist zwischen dem Ende der Vorstellung und dem Beginn der nächsten?

Das Wunder von Bern

Beginn jeweils um:

15.30 17.30 23.00 22.00 Uhr

10. Berechne ein Fünftel und vier Fünftel

a) von 10 €; b) von 1 m; c) von 45 cm; d) von 1 Million.

Wähle weitere 10 Aufgaben dieser oder der folgenden Seite aus.

1. a) 112 + (12 + 5) − 15 b) (52 − 41) − 3 + 37
c) 82 − 72 : 6 d) (37 − 22) · (32 − 24)

2. a) Bilde die Summe der Zahlen 112 504, 5 484 und 27 058.
b) Halbiere die Zahl 400 und subtrahiere vom Ergebnis die Zahl 125.

3. Zeichne Säulen für die Höhen der genannten Bauwerke. Runde zunächst die Höhen sinnvoll. Zeichne 1 cm für 100 m Höhe und vergiss die Beschriftung im Schaubild nicht.

Kölner Dom	159 m	Stuttgarter Fernsehturm	212 m
Empire State Building (New York)	380 m	Ulmer Münster	161 m
Eiffelturm (Paris)	321 m	Olympiaturm (München)	290 m

4. Wie heißt das Viereck? Hat es eine oder sogar mehrere Symmetrieachsen? Mache eine Skizze.

a) b) c) d)

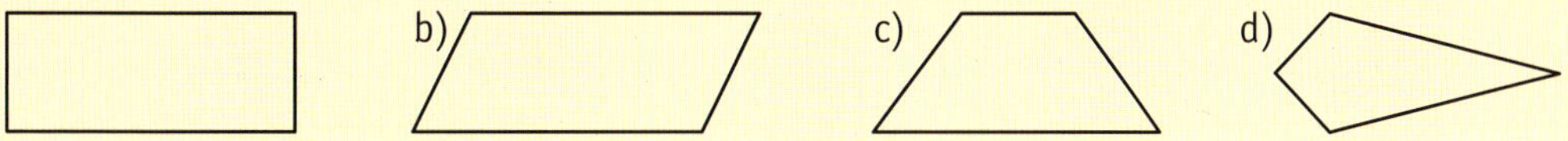

5. Übertrage in dein Heft. Ergänze die Teilfigur zu einer achsensymmetrischen Figur.

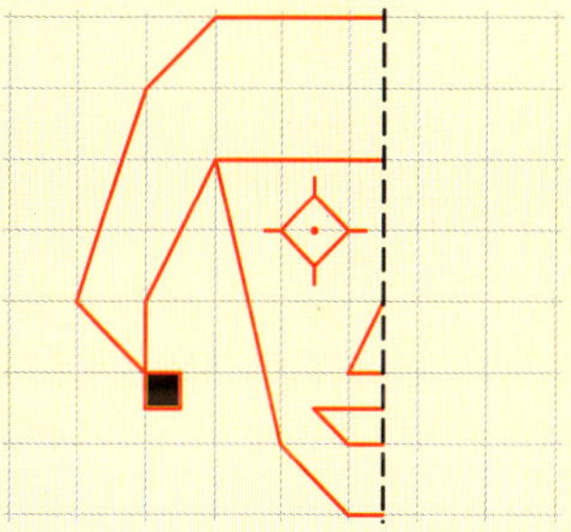

6. Auf Karopapier sind vier Kästchen zusammen 1 cm² groß.
a) Zeichne ein Rechteck mit einem Flächeninhalt von 12 cm². Wie lang ist sein Umfang? Gib zwei Möglichkeiten an.
b) Zeichne ein Quadrat mit einem Flächeninhalt von 25 cm². Wie lang ist sein Umfang?

7. Diese Zahlen haben etwas mit Quadratzahlen zu tun. Ergänze drei weitere Zahlen.
a) 2, 5, 10, 17, 26, … b) 0, 3, 8, 15, 24, 35, …

8. Welcher Körper ist das?
a) Der Körper hat vier rechteckige Flächen und zwei quadratische Flächen.
b) Zeichne ein Netz des Körpers mit den Eigenschaften in a).

9. Das Würfelnetz ist auf der Grundfläche G festgeklebt. Die anderen Flächen werden zu einem Würfel aufgefaltet. Welche Fläche ist dann vorne, hinten, links, rechts und oben?

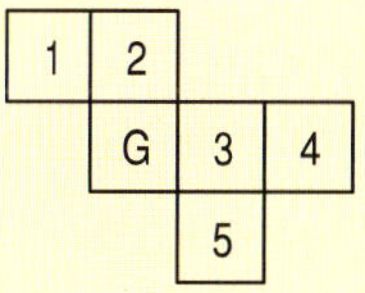

10. Arbeite mit einem Quadratgitter. Wähle als Einheit 1 cm (2 Kästchen).
a) Trage die Punkte ein: A(1|1) B(5|1) C(5|5) D(3|7) E(1|5)
b) Wähle jetzt als Spiegelachse die Gerade BC. Spiegele die Punkte A, B, C, D, E an BC. Wenn du nun Punkte passend durch Strecken verbindest, erhältst du 10 Dreiecke. Diese bilden das „Doppelhaus des Nikolaus".

11. Mira hat 60 Nüsse. Sie gibt Ahmed davon die Hälfte und Frederik ein Fünftel. Wie viele Nüsse hat Mira dann noch übrig für sich?

12. Von einem Würfel sind zwei Flächen blau gefärbt, eine orange und die restlichen nicht gefärbt. Beachte das Würfelbild.

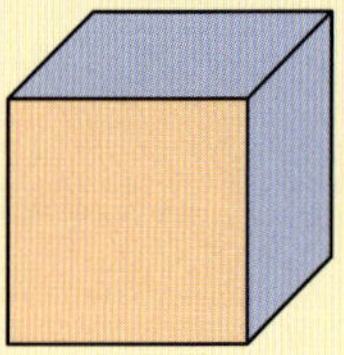

a) Zeichne ein Netz des Würfels. Färbe die Flächen.

b) Welcher Bruchteil der Würfeloberfläche ist blau, welcher orange und welcher nicht gefärbt?

13. a) Welche Teilfiguren erkennst du in der T-Figur?

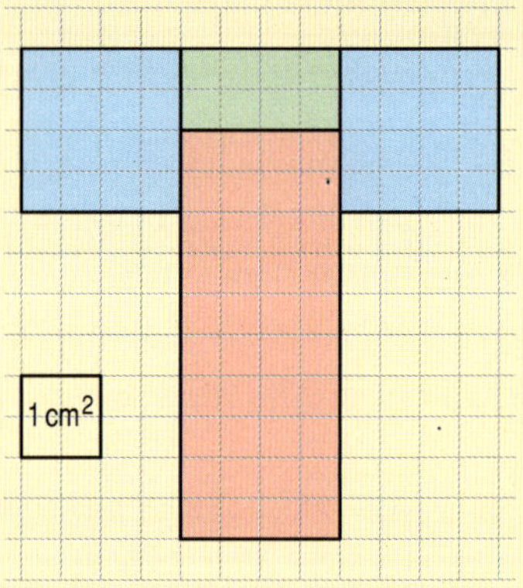

b) Wie lang ist der Umfang der T-Figur?

c) Welchen Flächeninhalt hat die T-Figur?

d) Wie groß ist der Flächeninhalt der blau gefärbten Teilfläche der T-Figur?

e) Welcher Bruchteil der Figur ist rot, welcher Bruchteil ist grün gefärbt?

14. Zeichne eine Gerade g. Zeichne mit dem Geodreieck drei zu g senkrechte Geraden und drei zu g parallele Geraden. Wie viele Vierecke sind entstanden? Welche Form haben diese Vierecke?

15. Eine Schule bestellt 16 Fußbälle zu je 19,75 €. Zum Preis für die Bälle kommen noch 6,90 € für Porto und Verpackung.

a) Berechne den Rechnungsbetrag.

b) Der Förderverein der Schule übernimmt die Hälfte der Kosten für die neuen Fußbälle. Wie viel Euro zahlt der Förderverein?

16. Schreibe zu dem Rechenausdruck eine passende Text-Aufgabe oder Rechengeschichte.
Rechenausdruck: $12 + 5 \cdot 7$. So kann der Text beginnen: „Frau Müller kauft 5 …“. Schreibe auch eine Antwort auf.

17. Frau Flink arbeitet seit 25 Jahren in einem Textilgeschäft als Verkäuferin. Ihr monatliches Gehalt beträgt 1 250 €. Zusätzlich hat sie im letzten Jahr 375 € Urlaubsgeld, 900 € Weihnachtsgeld und zu ihrem Jubiläum für jedes Jahr Betriebszugehörigkeit 150 € erhalten. Berechne ihren Jahresverdienst für das vergangene Jahr.

18. Schreibe die wichtigen Informationen auf und löse die Aufgabe. Am 1. Adventssamstag findet in der Kantschule ein Weihnachtsbasar statt. Die Klasse 5c (12 Mädchen und 14 Jungen) hat zum Verkauf 6 kg Kekse gebacken. Dafür hat sie 3 Stunden gebraucht. Die Kekse werden in Tüten zu je 75 g verpackt. Eine Tüte soll 0,65 € kosten.

a) Wie viele Tüten Kekse kann die Klasse verkaufen?

b) Wie hoch ist die Einnahme, wenn alle Tüten verkauft werden?

19. Wie groß sind die Winkel α und β?

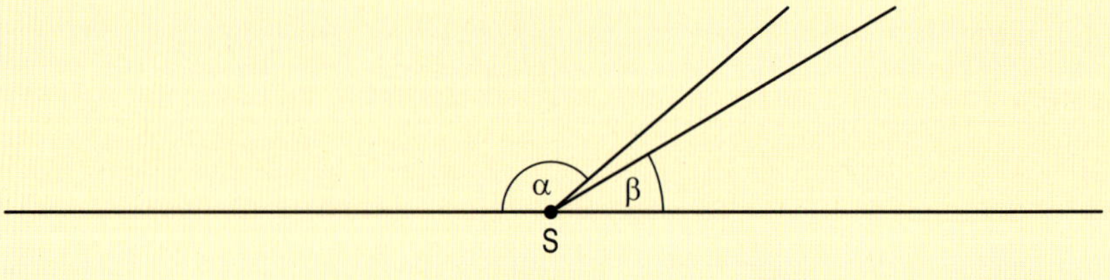

Seite 23

1. eins; zehn; hundert; tausend; zehntausend; hunderttausend; eine Million; zehn Millionen; hundert Millionen; eine Milliarde; zehn Milliarden; hundert Milliarden; eine Billion.

2. a) zwölf
dreihundertfünfzehn
b) zwölftausenddreihundert
dreihundertvierundzwanzigtausend
c) neunhundertsiebentausend
eine Million zweihunderttausend

3. 12 Mrd. 78 Mio. 905 T 346 = 12 078 905 346
100 Mrd. 269 Mio. 1 T 407 = 100 269 001 407
3 B. 267 Mrd. 310 Mio. 38 T 760 = 3 267 310 038 760

4. a) 12 034 670; 305 780 129;
b) 1 357 000 890; 1 037 419 300 000

5. –

6. a) 19 997, 19 998, 19 999, 20 000, 20 001, 20 002, 20 003, 20 004 b) 3 990, 3 991, 3 992, 3 993, 3 994, 3 995, 3 996, 3 997, 3 998, 3 999
c) 335 794, 335 795, 335 796, 335 797, 335 798, 335 799, 335 800 d) 4 444 999, 4 445 000, 4 445 001, 4 445 002, 4 445 003, 4 445 004

7. a) A = 90 000 B = 170 000 C = 370 000 D = 410 000 b) 510 000 < E < 520 000

8. a) 608 < 615 b) 852 > 851 c) 1 000 = 10 · 100 d) 100 · 100 < 1 Mio.

9. a) 2 000; 13 000; 140 000 b) 500; 1 200; 50 000 c) 20; 350; 7 900

10. Rhein 1 330 km Mosel 550 km Main 520 km
Neckar 370 km Lahn 250 km Dahme 100 km

11. a) 250 km b) 190 km

Seite 41

1. a) 30 + 70 = 100 b) 26 + 32 = 58 c) 48 + 26 = 74

2. a) 90 – 50 = 40 b) 75 – 24 = 51 c) 52 – 37 = 15

3. 37 + 25 = 62

4. 27 – 18 = 9

5. a) 31 b) 64 c) 52 d) 48

6. a) $76 \xrightarrow{+24} \mathbf{100} \xrightarrow{+13} \mathbf{113}$
b) $58 \xrightarrow{-18} \mathbf{40} \xrightarrow{-12} \mathbf{28}$

7. a) a = 45 b) x = 41 c) b = 72 d) y = 54

8. a) 1 b) 22
10 70

9. a) 8 + (7 + 3) = 18 b) 23 + (16 + 4) = 43
(59 + 41) + 27 = 127 (99 + 11) + 29 = 139

10. a) 79 – 9 + 17 = 87 b) 127 – (73 + 27) = 27
138 – 38 + 53 = 153 509 – (91 + 9) = 409

11. a) Überschlag: 400 + 500 = 900; genau: 823
b) Ü: 41 200 + 100 + 1 200 = 42 500; genau: 42 510
c) Ü: 500 – 200 = 300; genau: 274
d) Ü: 28 600 – 200 – 1 300 = 27100; genau: 26 999
e) Ü: 12 000 + 100 000 = 112 000; genau: 111 928
f) Ü: 35 000 – 1 000 – 17 000 = 17 000; genau: 16 265

12. a) 23 b) 89

13. Tobias muss insgesamt 47,36 € bezahlen; er hat dann 2,64 € übrig.

14. a) 3 002 b) 12 637

Seite 59

1.

Körper	Anzahl der Flächen	Kanten	Ecken
Würfel	6	12	8
Quader	6	12	8
Prisma	5	9	6
Pyramide	5	8	5
Zylinder	3	2	0
Kegel	2	1	1
Kugel	1	0	0

2. a) Würfel, Quader, Prisma, Pyramide b) Pyramide

3. a) Würfelnetz b) kein Würfelnetz

4. senkrecht zu a: a) b und c b) c und b
parallel zu a: a) d und e b) d und e

5. a) b (Wasserlinie); x (Regalbrett)
b) w, y (Seitenwand des Regals, Uhrpendel)

6./7.

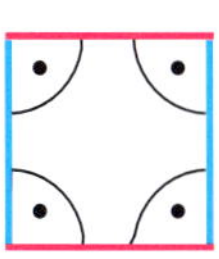

8. Zwei quadratische Flächen (4 cm x 4 cm)

Seite 89

1. a) 45 b) 17 c) 60 d) 7

2. a) x = 4 b) a = 35 c) y = 5 d) b = 4

3. 48 : 48 = 1

4. a) 1 b) 13 c) 0 d) 0
0 0 10 geht nicht

5. a) 1700 b) 47 c) 1 200
650 250 470
21 200 38 82

6. a) x = 100 b) b = 10
y = 10 c = 100

7. a) 96 b) 3
81 140

8. a) 44 b) 19
33 56

9. a) 2 b) 16
25 32

10. a) $(25 \cdot 4) \cdot 39 = 3\,900$ b) $(50 \cdot 2) \cdot 88 = 8\,800$
c) $(40 \cdot 5) \cdot 118 = 23\,600$ d) $(4 \cdot 25) \cdot 67 = 6\,700$

11. a) 700 b) 873 c) 210
d) 368 e) 300 f) 600

12. a) 2 115 b) 21 120 c) 5 775
5 712 14 220 14 896

13. $12 \cdot 145$ € = 1 740 €

14. a) 121 b) 53 c) 318
594 63 352

15. 490 € : 14 = 35 € pro Person

Seite 113

1. a) – b) – c) D hat 6,1 cm Abstand **2.** a) – b) 8,6 cm **3.** – **4.** – **5.** – **6.** – **7.** –

8. a) d= 20 cm b) d = 11,6 cm c) d = 1,6 cm **9.** $\alpha = 95°$, $\beta = 39°$, $\gamma = 156°$, $\delta = 50°$, $\epsilon = 83°$

Seite 137

1. a) 73 mm b) 272 cm c) 4 820 m

2. a) 6,4 cm b) 17,5 dm c) 8,7 km
12,3 cm 23,8 dm 1,14 km

3. a) 42 mm b) 458 cm c) 3 700 m
87 mm 1 070 cm 4 250 m

4. a) Es fehlen noch 3,80 m. b) 9,20 m **5.** 44,40 km **6.** 6,25 km **7.** a) 4 250 g b) 2 050 g c) 3 400 kg

8. a) 3,72 kg b) 5,18 kg c) 12,7 t **9.** a) 4 630 g b) 1 500 g c) 5 500 kg **10.** a) 20,2 kg b) Der Inhalt wiegt 15,8 kg.

11. Der Inhalt wiegt 145 g. **12.** a) 43,20 kg b) 625 g pro Person

13. a) 60 Monate b) 102 h c) 120 min d) 195 min
e) 260 s f) 165 s g) 12 h h) 8 min

14.

	a)	b)	c)	d)
Anfang	8.15 Uhr	12.30 Uhr	9.45 Uhr	**13.45 Uhr**
Dauer	**2 h 15 min**	**4 h 45 min**	2 h 10 min	4 h 30 min
Ende	10.30 Uhr	17.15 Uhr	**11.55 Uhr**	18.15 Uhr

15. $15 \cdot 5$ Jahre = 60 Monate
= 1 825 Tage (ohne Schaltjahre)

Seite 155

1. z.B. Duschhandtuch, Flügel einer Tafel, Frontscheibe eines Pkw, Schreibtischplatte, ...

2. a) 4 cm^2 b) 2 cm^2 c) 2 cm^2

3. a) 100 cm^2 b) 3 cm^2 c) 5 600 cm^2
2 100 cm^2 25 cm^2 2 cm^2
750 cm^2 0,5 cm^2 2 550 cm^2

4. a) 180 cm^2 b) 1 568 cm^2 **5.** a) 6 cm b) 27 cm **6.** 108 cm^2 **7.** 600 m^2 = 6 a

8. Für beide Rechtecke ist u = 22 cm **9.** a) Breite 7 cm b) Länge 34,5 cm

10. a) u = 32 cm b) u = 96 cm c) a = 6 cm d) a = 32 cm

11. a) A = 4 611 mm^2 = 46,11 cm^2, u = 280 mm = 28 cm b) A = 888 dm^2 = 8,88 m^2, u = 61 dm = 6,1 m

Seite 175

1. a) $\frac{1}{4}$ b) $\frac{1}{3}$ c) $\frac{1}{7}$ **2.** a) 8 € b) 6 Tage c) 20 kg d) 30 min **3.** a) $\frac{3}{8}$ b) $\frac{5}{6}$ c) $\frac{3}{5}$

4. a) 12 € b) 16 Flaschen c) 16 kg d) 20 Kinder **5.** a) 15 *l* b) 42 min

6. a) $1\frac{2}{5}$ b) $2\frac{1}{4}$ c) $1\frac{1}{7}$ d) $2\frac{1}{5}$ e) $1\frac{5}{8}$ **7.** a) $\frac{5}{3}$ b) $\frac{9}{8}$ c) $\frac{13}{10}$ d) $\frac{12}{5}$ e) $\frac{20}{7}$ f) $\frac{9}{4}$ g) $\frac{19}{2}$ h) $\frac{18}{5}$ i) $\frac{14}{3}$ j) $\frac{14}{9}$

8. a) $\frac{5}{7}$ b) $\frac{7}{10}$ c) $\frac{7}{9}$ d) $\frac{8}{8} = 1$ **9.** a) $\frac{10}{6} = 1\frac{4}{6}$ b) $\frac{7}{5} = 1\frac{2}{5}$ c) $\frac{12}{9} = 1\frac{3}{9}$ d) $\frac{10}{7} = 1\frac{3}{7}$ **10.** a) $\frac{6}{10}$ b) $\frac{4}{8}$ c) $\frac{4}{6}$ d) $\frac{5}{9}$

11. a) $\frac{11}{8} = 1\frac{3}{8}$ b) $\frac{4}{15}$ c) $\frac{10}{10} = 1$ d) $\frac{3}{6}$ $(= \frac{1}{2})$ e) $\frac{10}{7} = 1\frac{3}{7}$ f) $\frac{2}{12}$ $(= \frac{1}{6})$ g) $\frac{9}{8} = 1\frac{1}{8}$ h) $\frac{4}{7}$

12. a) 0,3 b) 0,7 c) 0,05 d) 0,09 e) 1,1 f) 1,7 g) 0,31 h) 1,65

13. a) 0,9 b) 0,9 c) 0,86 d) 1,51 e) 2,4 f) 5,94 g) 0,4 h) 0,22 i) 1,08 j) 0,3 k) 2,38 l) 1,33

Seite 186

1. a) 1, 3, 5, 15 b) 1, 2, 4, 7, 14, 28 c) 1, 2, 3, 6, 7, 14, 21, 42 d) 1, 5, 25, 125 e) 1, 2, 7, 14, 49, 98

2. Vielfache von 8: 8, 16, 24, 32, 40, 48, 56, 64, 72, 80, 88, 96, 104, 112, 120, 128, 136, 144, 152, 160, 168, 176, 184, 192, 200, 208, 216, 224, 232, 240
Vielfache von 12: 12, 24, 36, 48, 60, 72, 84, 96, 108, 120, 132, 144, 156, 168, 180, 192, 204, 216, 228, 240
Vielfache von 20: 20, 40, 60, 80, 100, 120, 140, 160, 180, 200, 220, 240

3. a) ggT (15, 18) = 3 b) ggT (16, 24) = 8 c) ggT (45, 60) = 15

4. a) kgV (8, 19) = 152 b) kgV (15, 25) = 75 c) kgV (9, 12) = 36

5. a) 6 930 ist teilbar durch 2, 3, 5, 9, 10 b) 13 432 ist teilbar durch 2, 4, 8 c) 15 795 ist teilbar durch 3, 5, 9

6. a) 214 oder 234 oder 254 oder 274 oder 294 b) 4 750 oder 4 754 oder 4 758
c) 5 342 oder 5 346 d) 8 718 oder 8 738 oder 8 758 oder 8 778 oder 8 798

7. 102, 108, 114

8. a) $270 = 2 \cdot 3 \cdot 3 \cdot 3 \cdot 5$ b) $144 = 2 \cdot 2 \cdot 2 \cdot 2 \cdot 3 \cdot 3$
c) $210 = 2 \cdot 3 \cdot 5 \cdot 7$ d) $450 = 2 \cdot 3 \cdot 3 \cdot 5 \cdot 5$

9. $91 = 13 \cdot 7$, d. h., 91 hat nicht nur 1 und 91 als Teiler.

10. a) $3 \mid 3456$ b) $2 \mid 3456$ c) $6 \mid 7800$ d) $9 \mid 25812$
e) $4 \mid 9764$ f) $8 \mid 7000$ g) $5 \nmid 5557$ h) $9 \mid 1116$
i) $6 \nmid 5632$ j) $3 \nmid 99899$ k) $4 \mid 7776$ l) $10 \nmid 3007$

11. kgV (18, 24) = 72; die Strecken sind mindestens 72 cm lang.

12. $40 \mid 320$ und $40 \mid 480$ → kein Rest beim Dividieren, also kein Verschnitt.
$50 \nmid 320$, $40 \nmid 480$ → Rest beim Dividieren, also Verschnitt.
$60 \mid 480$, aber $60 \nmid 320$ → Rest beim Dividieren, also Verschnitt.

13. 55,40 und 55,20 lassen sich nicht durch 0,90 teilen.
Aber 55,80 : 0,90 = 62.
In der Kasse sind 55,80 €, es wurden 62 Getränke verkauft.

14. a) 228 oder 258 b) 915 oder 975 c) 1 047 oder 1 077
d) 2 127 oder 2 427

Lösungen der Diagnosetests

Für jede richtig gelöste Aufgabe gibt es insgesamt zwei Punkte. Die Aufteilung der Punkte ist jeweils angegeben.
Bei den Auswahlaufgaben werden nur die fünf besten Aufgaben gewertet.

Seite 24

1. a) ZT (1 P.) b) 100 Mio (1 P.)

2. a) 220 500 (1 P.) b) 7 015 001 (1 P.)

3. 2 220; 2 640; 2 740; 2 840
(jede richtige Lösung = $\frac{1}{2}$ P.)

4. a) 76 563 200 (1 P.)
b) 76 560 000 (1 P.)

5. a) 24, 23, ... (1 P.) Regel: + 5, – 1, + 5, – 1, ...
b) 60, 90, ... (1 P.) Regel: – 15, + 30, – 15, + 30, ...
(Es müssen jeweils beide Zahlen stimmen!)

Auswahlaufgaben

1. a) 105 010 (1 P.) b) 52 042 006 (1 P.)

2. a) fünfzehntausenddreihundertvierundzwanzig (1 P.)
b) zwei Millionen fünfhunderteintausendeinundsiebzig (1 P.)

3. 4 560, 5 046, 5 406, 5 460, 5 604, 6 540
(mindestens drei Zahlen am richtigen Platz: (1 P.)
alle Zahlen am richtigen Platz: (2 P.)

4. a) 30 950, 31 049 b) 270 450, 270 549
(jede richtige Zahl = $\frac{1}{2}$ P.)

5. Dieter: 6 Stimmen; Uta 8 Stimmen; Kerstin: 5 Stimmen
(eins richtig: $\frac{1}{2}$ P., zwei richtig: 1 P., drei richtig: 2 P.)

6.

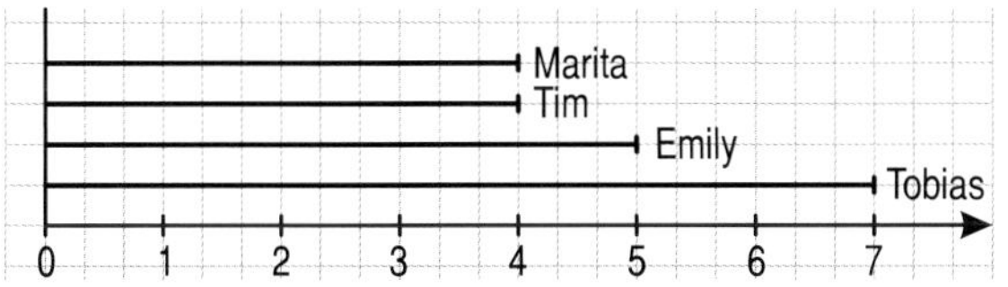

(jede richtige Lösung = $\frac{1}{2}$ P.)

7. a) 14; 1 865 b) MCMLIX; MMIX
(jede richtige Zahl = $\frac{1}{2}$ P.)

8. a) 1 111 (1 P.) b) 888 888 (1 P.)

9. a) Runden: 34 000 t Wertstoffe; 2 000 t Kunststoffe, 1 000 t Metalle, 21 000 t Papier und Pappe, 7 000 t Glas (1 P.)
b) Ordnen: 34 000, 21 000, 7 000, 2 000, 1 000 (1 P.)
(Es müssen jeweils mindestens vier Zahlen stimmen!)

10. a) 10 011 001 b) 93

Seite 42

1. a) x = 157 (1 P.) b) y = 576 (1 P.)

2. a) 27 (1 P.) b) 51 (1 P.)

3. 400 (2 P.)

4. a) 10 925 (1 P.) b) 6 832 (1 P.)

5. a) 4 321 – (1 042 + 583) = 2 696 (1 P.)
b) 1 206 + (384 + 827) = 2 417 (1 P.)

Auswahlaufgaben

1. Rechnung: 9 780 *l* – 3 720 *l* – 5 812 *l* (1 P.) Ergebnis: 248 *l* (1 P.)

2. Rechnung: 124 + (124 – 15) (1 P.) Ergebnis: 233 Autos (1 P.)

3. Rechnung: 18 200 € + 300 € – 5 800 € (1 P.) Ergebnis: 12 700 € (1 P.)

4. a) richtig (1 P.) b) falsch, richtig ist 10 167 (1 P.)

5. a) 17,98 € + 8,79 € + 3,98 € = 30,75 € ($\frac{1}{2}$ P.) Die Geldscheine sind zusammen 30,00 €, das sind 0,75 € = 75 Cent zu wenig. ($\frac{1}{2}$ P.)
b) 389 € + 29,90 € + 19,50 € = 438,40 € ($\frac{1}{2}$ P.) Die Geldscheine sind zusammen 450,00 €, das sind 11,60 € zu viel. ($\frac{1}{2}$ P.)

6. a) 1 565 km – 1 479 km = 86 km (1 P.) b) 1 641 km – 1 357 km = 284 km (1 P.)

7. Rechnung: 1 690 € – 420 € – 640 € – 170 € – 140 € = 320 € (1 P.)
Frau Rissler bleiben im Monat noch 320 € übrig. Da 320 < 425 ist, reicht das nicht für ein neues Fernsehgerät.
Dafür müsste Frau Rissler zwei Monate lang sparen. (1 P.)

Seite 60

1. a) Quader b) Kugel c) Kegel d) Zylinder
((jede richtige Lösung = $\frac{1}{2}$ P.)

2. a) 5 Flächen, 9 Kanten (je $\frac{1}{2}$ P.)
b) 5 Flächen, 5 Ecken (je $\frac{1}{2}$ P.)

3. a) nein b) ja c) ja d) ja
(jede richtige Lösung = $\frac{1}{2}$ P.)

4. $a \perp \mathbf{b}$; $a \perp \mathbf{c}$; $a \parallel \mathbf{d}$; $a \parallel \mathbf{e}$
(jede richtige Lösung = $\frac{1}{2}$ P.)

5.

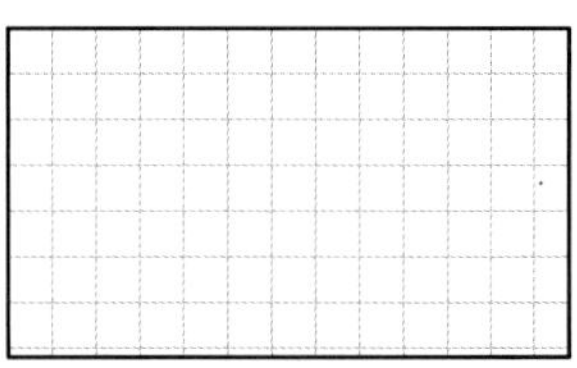

(2 P.)
(Die Zeichnung muss von der Lehrerin oder dem Lehrer kontrolliert werden!)

Auswahlaufgaben

1. a) Quader, Würfel (je $\frac{1}{2}$ P.) b) Prisma, Pyramide (je $\frac{1}{2}$ P.)

2. a) Zylinder (1 P.) b) Kugel (1 P.)

3.

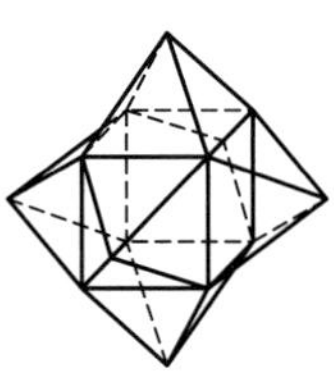

14 Ecken, 36 Kanten (je $\frac{1}{2}$ P.)
24 Flächen (1 P.)

4. 1 links, 2 hinten, 3 rechts, 4 vorne, 5 oben
(eins richtig: $\frac{1}{2}$ P., zwei richtig: 1 P., drei richtig: $1\frac{1}{2}$ P., vier oder fünf richtig: 2 P.)

5. Rechnung: 4 · 4 cm + 4 · 6 cm + 4 · 8 cm (1 P.)
Ergebnis: 72 cm (1 P.)
Der Draht muss mindestens 72 cm lang sein.

6. a und **h**; c und **d**; e und **b**; n und **k**.
(jede richtige Lösung = $\frac{1}{2}$ P.)

7. z. B.

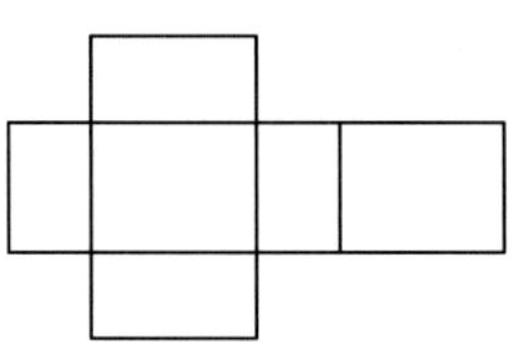

(2 P.)
Zeichnung von Lehrerin/Lehrer kontrollieren lassen.

Seite 90

1. a) 105 (1 P.) b) 12 (1 P.)

2. a) $x = 100$ (1 P.) b) $y = 4000$ (1 P.)

3. a) 2 912 (1 P.) b) 56 364 (1 P.)

4. a) 37 (1 P.) b) 405 (1 P.)

5. a) $120 \cdot 14$ € = 1 680 € (1 P.)
b) 3 150 € : 45 = 70 € (1 P.)

Auswahlaufgaben

1. a) $(7 \cdot 5) \cdot 2 = 70$ (1 P.) b) $(40 + 20) : 3 = 60 : 3 = 20$ (1 P.)

2. a) $(4 \cdot 25) \cdot 37 = 100 \cdot 37 = 3700$ (1 P.)
b) $(3 + 7) \cdot 27 = 10 \cdot 27 = 270$ (1 P.)

3. a) Die Eltern zusammen sind 40 + 42 = 82 Jahre alt.
Beide Eltern sind gleich alt, also 82 : 2 = 41 Jahre.
Der Vater ist 41 Jahre alt. ($\frac{1}{2}$ P.)
b) Suse hat eine Schwester (und zwei Brüder), zusammen vier Kinder. ($\frac{1}{2}$ P.)
c) Die Brüder sind beide 10 Jahre alt, zusammen 20 Jahre.
Suse und ihre Schwester sind zusammen 40 − 20 = 20 Jahre.
Rechnung: ■ +(■ + 6) = 20 ■ = 7
Suse ist 7 Jahre alt, ihre Schwester ist 13 Jahre alt. (1 P.)

4. $684 : 12 = (660 + 24) : 12 = 55 + 2 = 57$ (2 P.)

5. 135 € : 3 + 7 € = 45 € + 7 € = 52 € (2 P.)

6. 65 € · 18 · 3 = 3 510 € (2 P.)

7. Höchstens $999 \cdot 99 = 98\,901$ (2 P.)

8. $17 \cdot 5 = 85$; $24 \cdot 8 = 192$ (je $\frac{1}{2}$ P.); $85 + 192 = 277$ (1 P.)

9. $95 : 5 = 19$; $38 \cdot 4 = 152$ (je $\frac{1}{2}$ P.); $152 - 19 = 133$ (1 P.)

10. Rechnung: (19 € + 14 €) : 3 = 33 € : 3 (1 P.), Ergebnis: 11 € (1 P.)

11. $435 \cdot 4 = 170$ falsch, Ü: $400 \cdot 5 = 2\,000$
$284 \cdot 5 = 1\,420$ richtig, Ü: $300 \cdot 5 = 1\,500$
$518 : 7 = 74$ richtig, Ü: $490 : 7 = 70$
$2\,016 : 8 = 22$ falsch, Ü: $2\,000 : 10 = 200$
(jede richtige Lösung $\frac{1}{2}$ P.)

12. a) 25, 36, 49, 64 (Quadratzahlen) (1 P.)
b) 72, 98, 128 (Quadratzahlen verdoppelt) (1 P.)

Seite 114

1. a) $b \perp e$, $b \perp f$, $g \perp e$, $g \perp f$, $h \perp f$ (1 P., zwei davon genügen)
b) $a \parallel c$, $b \parallel g$, $b \parallel h$, $d \parallel i$, $e \parallel f$ (1 P., zwei davon genügen)

2. – vom Lehrer/Lehrerin kontrollieren lassen.
(jede richtige Lösung $\frac{1}{2}$ P.)

3.
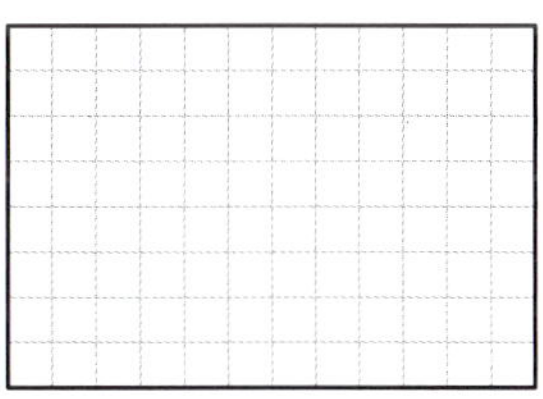
2 P.

4. ① Parallelogramm, ② Trapez, ③ Drachen, ④ Rechteck
(jede richtige Lösung $\frac{1}{2}$ P.)

5. Winkel zwischen großem und kleinen Zeiger um
8 Uhr: 240°, 13 Uhr: 30°, 22.30 Uhr: 150°

Auswahlaufgaben

1. a)
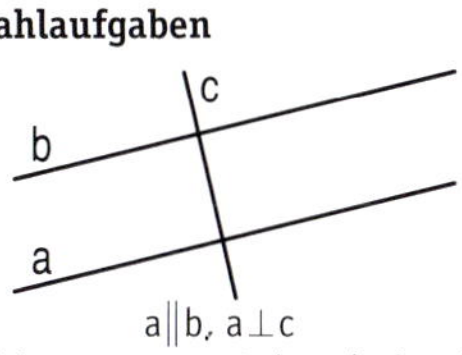

(1 P.)
$a \parallel b$, $a \perp c$

b)
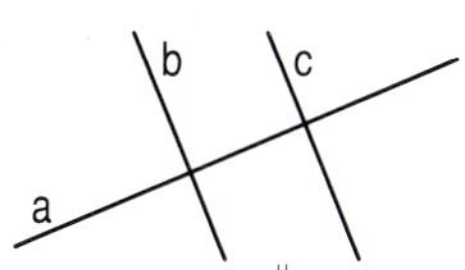

(1 P.)
$a \perp b$, $b \parallel c$

Zeichnungen von Lehrer/Lehrerin kontrollieren lassen!

2.
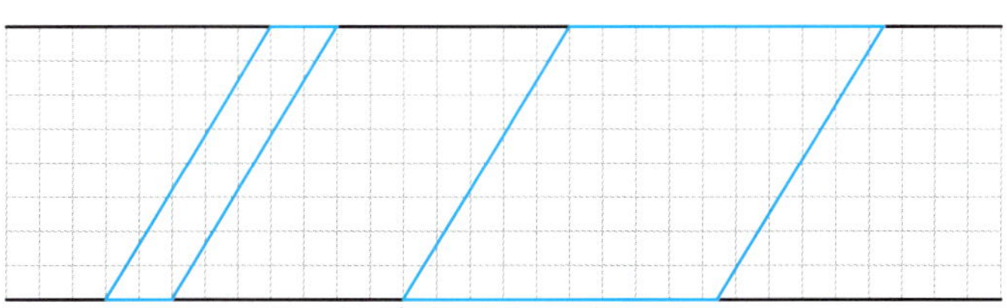
je 1 P., Zeichnungen von Lehrer/Lehrerin kontrollieren lassen!

3.
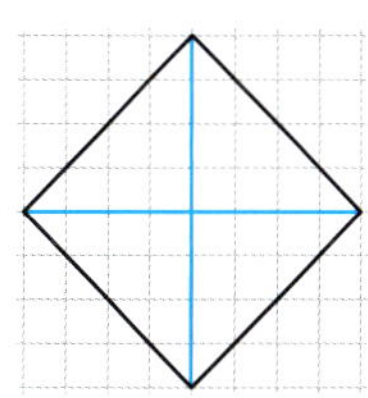
(1 P.)

4. 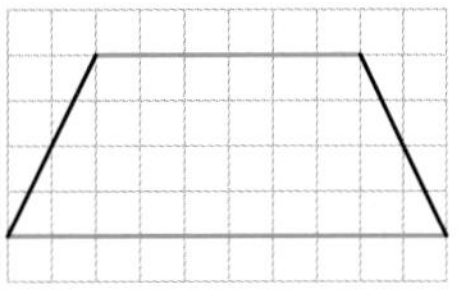 2 P.

5. a) Rechteck b) Parallelogramm c) Raute d) Quadrat
(jede richtige Lösung $\frac{1}{2}$ P.)

6. Sebastian hat Recht. Er zeichnet ein Quadrat. (2 P.)
Denn ein Quadrat hat vier rechte Winkel, ist also auch ein Rechteck. Es hat vier gleich lange Seiten, ist also eine Raute. Zwei gegenüberliegende Seiten sind parallel, also ist es auch ein Parallelogramm.

7. α ist ein spitzer Winkel, β ein stumpfer und γ ein gestreckter Winkel.

8. 36° (ohne Berücksichtigung der Speichenbreite)

Seite 138

1. 3,15 € + 1,97 € = 5,12 € (2 P.)

2. a) 3,7 cm (1 P.) b) 1,130 km (1 P.)

3. a) 7350 g (1 P.) b) 2 050 kg (1 P.)

4. a) 240 min (1 P.) b) 76 h (1 P.)

5. a) 49,5 kg – 41 kg = 8,5 kg (1 P.)
b) 310,0 km – 234,5 km = 75,5 km (1 P.)

Auswahlaufgaben

1. a) 6 · 1,78 € = 10,68 € (1 P.) b) 1,78 € – 1,59 € = 0,19 €; 6 · 0,19 € = 1,14 € (1 P.)
(oder: 6 · 1,59 € = 9,54 €; 10,68 € – 9,54 € = 1,14 €)

2. a) 19,3 kg (1 P.) b) 2,056 t (1 P.)

3. Pkw mit Fahrrädern ist 1,48 m + 0,88 m = 2,36 m hoch. (1 P.)
Man darf nicht in das Parkhaus fahren, denn 2,36 m > 2,10 m. (1 P.)

4. a) 5 h 25 min (1 P.) b) 5 · (5 h 25 min) = 25 h 125 min = 27 h 5 min (1 P.)

5. 18 cm · 400 000 = 7 200 000 cm (= 1 P.) = 72 000 m = 72 km (= 1 P.)

6. a) 15 · 9,4 km = 141 km (1 P.) b) 141 : 35 ≈ 140 : 35 = 4. Peter würde ungefähr 4 Stunden brauchen. (1 P.)

7. Peter ist an 190 Tagen zur Schule geradelt, an jedem Tag zweimal 1,3 km (hin und zurück). (1 P.)
insgesamt 190 · 2 · 1,3 km = 494 km (1 P.)

Seite 156

1. Englischbuch 340 cm^2, CD-Hülle 175 cm^2, Badetuch 2 m^2, Briefmarke 6 cm^2, Fernsehbildschirm 24 dm^2.
(eins richtig: $\frac{1}{2}$ P., zwei richtig: 1 P., drei richtig: $1\frac{1}{2}$ P., vier oder fünf richtig: 2 P.)

2. a) 6 cm · 4 cm = 24 cm^2 (1 P.)
b) 6 cm + 4 cm + 6 cm + 4 cm = 20 cm (1 P.)

3. a) 7,5 cm^2 (1 P.) b) 14 cm^2 (1 P.)

4. a) 20 cm^2 = **2 000 mm^2** (1 P.) b) 1 m^2 = **10 000 cm^2** (1 P.)

5. a) 25 000 mm^2 = 250 cm^2 (1 P.) b) 350 cm^2 = 3,5 dm^2 (1 P.)

Auswahlaufgaben

1. –, Seitenlängen z. B. 1 cm und 18 cm
oder 2 cm und 9 cm
oder 3 cm und 6 cm
oder 4 cm und 4,5 cm
(jede Zeichnung 1 P., von Lehrer/Lehrerin kontrollieren lassen!)

2. A, D und F je 20 Kästchen (1 P.)
B und E je 19 Kästchen (1 P.)
(C hat $21\frac{1}{2}$ Kästchen)

3. (Rechteck mit Seiten 12 cm und 8 cm zeichnen) (1 P.)
Mindestfläche 120 cm · 80 cm = 9 600 cm^2 = 96 dm^2 = 0,96 m^2 (1 P.)

4. Umfang: 120 cm + 80 cm + 120 cm + 80 cm = 400 cm = 4 m
Man braucht 4 m Gitterdraht, 50 cm breit (= 2 m^2). (1 P.)
Für den Deckel braucht man 120 cm · 80 cm = 9 600 cm^2 = 0,96 m^2 Sperrholz. (1 P.)

5. Seitenlänge a = 8 cm (1 P.) Flächeninhalt A = 64 cm^2 (1 P.)

6. Länge des Rechtecks 12 cm (1 P.) Flächeninhalt A = 60 cm^2 (1 P.)

7. $2\frac{1}{2}$ m^2 = 25 000 cm^2; insgesamt 6 · 25 000 = 150 000 Knoten (2 P.)

8. 20 Platten (4 Reihen mit je 5 Platten) (2 P.)

Seite 176

1. a) $\frac{1}{6} < \frac{1}{4} < \frac{1}{3} < \frac{1}{2}$ (1 P.) b) $\frac{1}{9} < \frac{1}{8} < \frac{1}{6} < \frac{1}{5}$ (1 P.)

2.

	a)	b)	c)	d)	
$\frac{1}{4}$:	9 Nüsse	12 €	30 kg	70 m	
$\frac{3}{4}$:	27 Nüsse	36 €	90 kg	210 m	(je $\frac{1}{2}$ P.)

3. a) 9 kg b) 20 cm c) 60 € d) 2,40 € (je $\frac{1}{2}$ P.)

4. a) 750 m b) 80 min. c) 25 dm^2 d) 700 g (je $\frac{1}{2}$ P.)

5. a) $\frac{5}{7}$ b) $\frac{3}{8}$ c) $1\frac{3}{5} = \frac{8}{5}$ d) $\frac{15}{10} = 1\frac{5}{10}$

$\frac{4}{7}$ $\frac{8}{8} = 1$ $\frac{3}{5}$ $\frac{3}{100}$ (jede Teilaufgabe $\frac{1}{2}$ P.)

Auswahlaufgaben

1. a) 1,9 kg = 1900 g b) 80 cm = 0,8 m (je 1 P.)

2. a) $\frac{5}{10}$ m = 50 cm; 25 cm < $\frac{5}{10}$m b) $\frac{7}{10}$ cm = 7 mm; 7 mm < 10 mm
c) $1\frac{1}{2}$ h = 90 min; 90 min < 100 min d) $\frac{1}{10}$ Mio. = 100 000; 1 000 < 100 000 (je $\frac{1}{2}$ P.)

3. a) 3 rote Seitenflächen. ($\frac{1}{2}$ P.) b) $\frac{1}{6}$ blaue. ($\frac{1}{2}$ P.) c) 2 grüne Flächen = $\frac{2}{6}$ der Würfeloberfläche. (1 P.)

4. a) Frage: Wie viele Kinder können schwimmen? Antwort: 16 Kinder können schwimmen.
b) Frage: Welcher Bruchteil hat Sport als Lieblingsfach? Antwort: $\frac{1}{3}$ aller Kinder hat Sport als Lieblingsfach.
(alle Fragen richtig: $\frac{1}{2}$ P., für jede richtige Rechung mit Antwortsatz $\frac{1}{2}$ P.)

5. a) ($\frac{1}{2}$ P.)

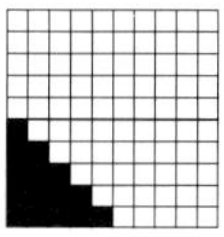

b) 1. Figur: $\frac{1}{100}$ gefärbt (1 P.)
2. Figur: $\frac{3}{100}$ gefärbt
3. Figur: $\frac{6}{100}$ gefärbt
4. Figur: $\frac{10}{100}$ gefärbt

c) mehr als die Hälfte

d) in der 15. Figur

6. 0,4 *l* + 0,7 *l*; 0,4 *l* + $\frac{3}{4}$ *l*; $\frac{1}{2}$ *l* + 0,7 *l*; $\frac{1}{2}$ *l* + $\frac{3}{4}$ *l*; 0,7 l + $\frac{3}{4}$ *l* (Alle richtig: 2 P.; für jede fehlende oder falsche Antwort $\frac{1}{2}$ P. Abzug.)

Seite 187

1. a) 1, 2, 3, 4, 6, 8, 12, 24 (1 P.) b) 14, 28, 42, 56, 70, 84, 98 (1 P.)

2. a) kgV (2, 15) = 30 (1 P.) b) ggT (18, 24) = 6 (1 P.)

3. a) 6 ∤ 26 b) 12 | 132 c) 11 ∤ 111 d) 70 | 350 (je $\frac{1}{2}$ P.)

4. a) 351 990 ist teilbar durch 2, 3, 5, 9, 10 (1 P., wenn alle richtig)
b) 17 832 ist teilbar durch 2, 3, 4, 6, 8 (1 P., wenn alle richtig)

5. a) 2, 3, 5, 7, 11, 13, 17, 19 (für 4 richtige je 1 P.)

Auswahlaufgaben

1. a) ggT (40, 24) = 8 b) ggT (72, 48) = 24 c) kgV (8, 15) = 120 d) kgV (20, 25) = 100 (je $\frac{1}{2}$ P.)

2. ggT (72, 56) = 8 (1 P.) Verena muss die Pfosten 8 cm hoch wählen. (1 P.)

3. kgV (10, 12) = 60 (1 P.) Nach 60 Minuten sind beide Fahrzeuge wieder gleichzeitig am Startpunkt. (1 P.)

4. a) Wie viele Kinder können schwimmen? 16 Kinder können schwimmen.
b) Welcher Bruchteil der Klasse hat Sport als Lieblingsfach? Ein Drittel der Klasse hat Sport als Lieblingsfach.

5. Olympiajahre sind: b) 1976 c) 1988 d) 2016 g) 2048 (je $\frac{1}{2}$ P.)

6. a) 90, 105 (1 P.) b) 150, 180 (1 P.)

7. 1 hat nur einen Teiler (nämlich 1). Eine Primzahl hat genau zwei verschiedene Teiler, nämlich 1 und sich selbst.

8. a) $64 = 2 \cdot 2 \cdot 2 \cdot 2 \cdot 2 \cdot 2$ b) $2 \cdot 3 \cdot 5 \cdot 5$

9. a) 180 b) 144

10. z. B. 10 000 002 oder 22 222 200 (letzte Ziffer gerade, Quersumme durch 3 teilbar, aber nicht durch 9)

Lösungen der Diagnosearbeit

für jede richtig gelöste Aufgabe gibt es zwei Punkte. Die Aufteilung der Punkte ist jeweils angegeben.
Bei den Auswahlaufgaben werden die 10 besten Aufgaben gewertet.

Seite 188

1. a) auf Hunderttausender: 105 800 000 b) 3 100 000
auf Millionen: 106 000 000 3 000 000 (je $\frac{1}{2}$ P.)

2. a) 77, 99, 110, ... b) 32, 64, 128, ...
c) 36, 49, 64, ... d) 72, 60, 48, ... (je $\frac{1}{2}$ P.)

3. a) Ü: 4 000 + 56 000 + 21 000 = 81 000
genau: 80 277
b) Ü: 1 000 · 200 = 200 000
genau: 217 143
c) Ü: 390 000 – 65 000 – 310 000 = 15 000
genau: 17 554
d) Ü: 25 000 : 25 = 1 000
genau: 1 082 (je $\frac{1}{2}$ P.)

4. a) Quader; 6 Flächen, 12 Kanten, 8 Ecken b) Pyramide; 5 Flächen, 8 Kanten, 5 Ecken
c) Prisma; 5 Flächen, 9 Kanten, 6 Ecken d) Zylinder; 3 Flächen, 2 Kanten, keine Ecken (je $\frac{1}{2}$ P., wenn alles richtig)

5.

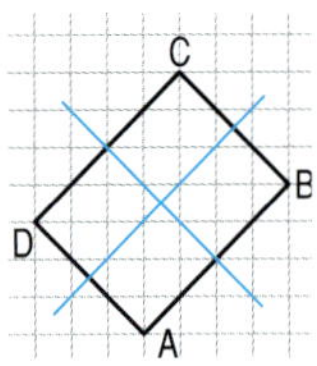

($\frac{1}{2}$ P.)
Zeichnung von-Lehrerin/Lehrer kontrollieren lassen!

b) $\overline{AB} \parallel \overline{DC}$ $\overline{AD} \parallel \overline{BC}$
$\overline{AB} \perp \overline{AD}$ $\overline{AB} \perp \overline{BC}$
$\overline{CD} \perp \overline{AD}$ $\overline{CD} \perp \overline{BC}$ (je zwei richtige = $\frac{1}{2}$ P.)

6. a)

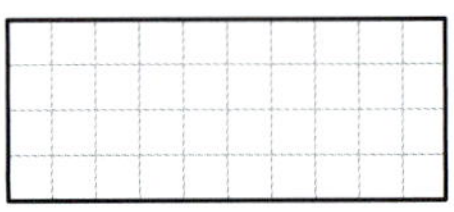

(1 P.)
Zeichnung von Lehrerin/Lehrer kontrollieren lassen!

b) u = 14 cm (je $\frac{1}{2}$ P.)
A = 10 cm² (je $\frac{1}{2}$ P.)

7. a) 37 mm b) 115 m c) 2 300 kg d) 0,775 kg (jede richtige Antwort $\frac{1}{2}$ P.)

8. $\beta = 55°$; α ist um 8° größer (2 P.)

9. 10 min. (2 P.)

10. a) 2 €; 8 € b) 20 cm; 80 cm c) 9 cm; 36 cm d) 200 000; 800 000 (jede richtige Teilaufgabe $\frac{1}{2}$ P.)

Seite 189

Auswahlaufgaben

1. a) 114 b) 45 c) 70 d) 120 (je $\frac{1}{2}$ P.)

2. 112 504 + 5 484 + 27 058 = 145 046 (1 P.) b) (400 : 2) – 125 = 75 (1 P.)

3. gerundete Höhen (1 P.)

gerundete Höhen		Säulenlänge
Empire State Building	380 m	3,8 cm
Eiffelturm	320 m	3,2 cm
Stuttgarter Fernsehturm	210 m	2,1 cm
Olympiaturm München	290 m	2,9 cm
Kölner Dom	160 m	1,6 cm
Ulmer Münster	160 m	1,6 cm

(1 P.)
Zeichnung von Lehrerin/Lehrer kontrollieren lassen!

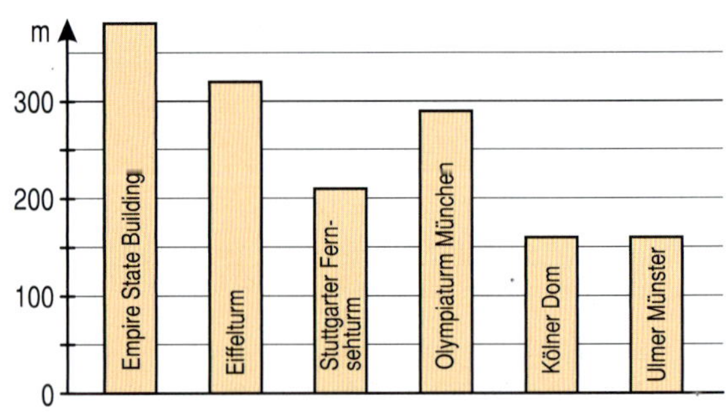

4. a) Rechteck; 2 Symmetrieachsen b) Parallelogramm; keine Symmetrieachsen
c) gleichschenkliges Trapez; 1 Symmetrieachse d) Drachen; 1 Symmetrieachse (je $\frac{1}{2}$ P.)

5. 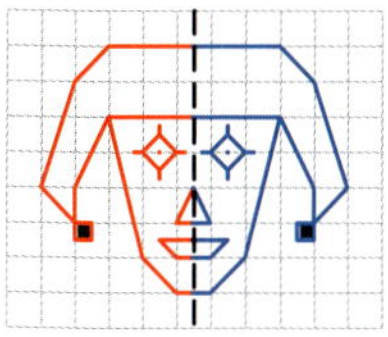

(2 P.)
Zeichnung von Lehrerin/Lehrer kontrollieren lassen!

6. a) hier ohne Zeichnung; ($\frac{1}{2}$ P.) Kontrollieren lassen!
mögliche Seitenlängen: a = 1 cm, b = 12 cm, dann u = 26 cm
a = 2 cm, b = 6 cm; dann u = 16 cm
a = 3 cm, b = 4 cm, dann u = 14 cm
(2 Lösungen ergeben $\frac{1}{2}$ P.)
b) hier ohne Zeichnung; ($\frac{1}{2}$ P.) Kontrollieren lassen!
Seitenlänge: a = 4 cm, u = 16 cm ($\frac{1}{2}$ P.)

7. a) 37, 50, 65, ... (Quadratzahl + 1) (1 P.) b) 48, 63, 80, ... (Quadratzahl – 1) (1 P.)

8. a) Quader ($\frac{1}{2}$ P.); Netz ($\frac{1}{2}$ P.); hier ohne Zeichnung.
b) Pyramide; 5 Flächen ($\frac{1}{2}$ P); Netz ($\frac{1}{2}$ P.)

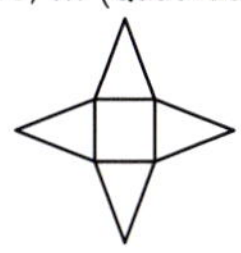

9. 1 links; 2 hinten; 3 rechts; 4 oben; 5 vorne (1 richtig : $\frac{1}{2}$ P., 2 richtig = 1 P.; 3 richtig $1\frac{1}{2}$ P., 4 oder 5 richtig 2 P.)

10. a) 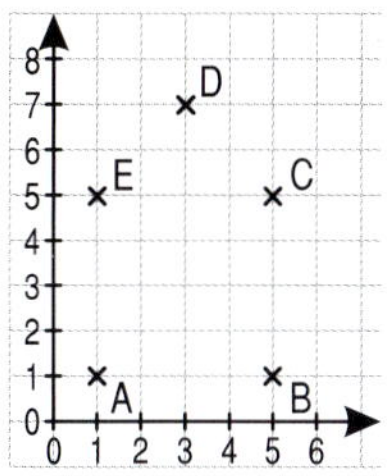

b) 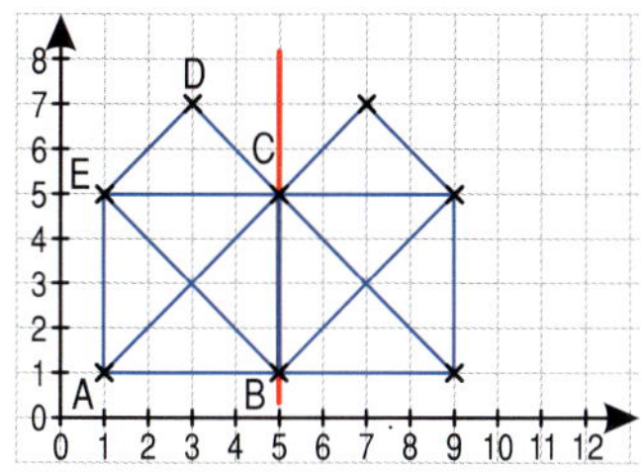

(je 1 P.)
Zeichnung von Lehrerin/Lehrer kontrollieren lassen!

11. Rechnung: 60 – 30 – 12 = 18 (1 P.) Mira behält 18 Nüsse. (1 P.)

Seite 190

12. a) z. B. 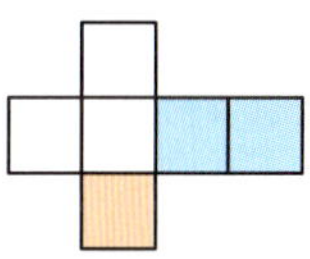

(1 P.)
Zeichnung von Lehrerin/Lehrer kontrollieren lassen!

b) $\frac{1}{3}$ blau; $\frac{1}{6}$ orange; $\frac{1}{2}$ nicht gefärbt
(alle richtig: 1 P.)

13. a) u = 24 cm b) A = 20 cm² c) 8 cm² d) rot: $\frac{1}{2}$ grün: $\frac{1}{10}$ (je $\frac{1}{2}$ P.)

14. 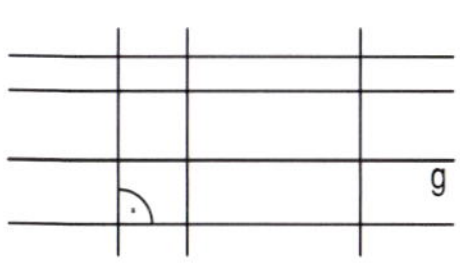

($\frac{1}{2}$ P.)
Zeichnung von Lehrerin/Lehrer kontrollieren lassen!

a) 16 Vierecke (1 P.) (6 kleine
7 aus je 2 kleinen bestehende Vierecke
2 aus je 4 kleinen bestehende Vierecke
1 aus 6 kleinen bestehendes Viereck)
b) alles sind Rechtecke. ($\frac{1}{2}$ P.)

15. a) 16 · 19,75 + 6,90 = 322,90; Rechnungsbetrag 322,90 €. 1 P.)
b) 332,90 : 2 = 161,45; der Förderverein übernimmt 161,45 €. (1 P.)

16. Z.B. Frau Müller kauft 5 Paar Strümpfe zu je 7 € und ein Paar Handschuhe zu 12 €. Wie viel muss sie bezahlen?
Antwort: Sie muss 47 € bezahlen. (2 P.) Kontrollieren lassen!

17. Rechnung: 12 · 1250 + 375 + 900 + 25 · 150 = 20025 (1 P.)
Der Jahresverdienst war 20025 €. (1 P.)

18. Insgesamt 6 kg = 6000 g Kekse.
a) 6000 : 75 = 80; es können 80 Kekstüten verkauft werden. (1 P.)
b) 80 · 0,65 = 52; die Einnahme ist 52 €. (1 P.)

19. α = 140° (1 P.); β = 30° (1 P.)

Stichwortverzeichnis